普通高等教育新工科智能制造工程系列教材

智能制造装备设计与故障诊断

张　鹏　冯　淼　张涛然　唐荣龙　编著
杨海滨　张　毅　主审

机械工业出版社

本书较为详细地阐述和分析了我国智能制造装备的设计基础和故障诊断的基本理论，内容新颖、逻辑性强。全书共7章。第1章为绪论，主要介绍了智能制造装备和故障诊断的基本概念；第2~5章着重对我国当前重点发展的智能制造装备的设计基础和先进技术进行了阐述；第6、7章对智能制造装备故障诊断的基本理论和技术进行了介绍。

本书可作为高等工科院校机械类专业的教材和学习参考书，亦可供相关领域的工程技术人员阅读参考。

图书在版编目（CIP）数据

智能制造装备设计与故障诊断/张鹏等编著．—北京：机械工业出版社，2020.11（2025.1重印）
普通高等教育新工科智能制造工程系列教材
ISBN 978-7-111-67235-7

Ⅰ.①智…　Ⅱ.①张…　Ⅲ.①智能制造系统—装备—设计—高等学校—教材　②智能制造系统—装备—故障诊断—高等学校—教材
Ⅳ.①TH166

中国版本图书馆CIP数据核字（2021）第002317号

机械工业出版社（北京市百万庄大街22号　邮政编码100037）
策划编辑：路乙达　责任编辑：路乙达
责任校对：张晓蓉　封面设计：张　静
责任印制：单爱军
北京虎彩文化传播有限公司印刷
2025年1月第1版第6次印刷
184mm×260mm・13.75印张・334千字
标准书号：ISBN 978-7-111-67235-7
定价：39.00元

电话服务	网络服务
客服电话：010-88361066	机　工　官　网：www.cmpbook.com
010-88379833	机　工　官　博：weibo.com/cmp1952
010-68326294	金　　书　　网：www.golden-book.com
封底无防伪标均为盗版	机工教育服务网：www.cmpedu.com

前　言

制造业是实体经济的主体，是富国之基、强国之本，是国家安全和人民幸福安康的物质基础，是我国经济“创新驱动，转型升级”的主战场，是实现“中国梦”的坚实基础。我国虽是世界第一制造大国，但在创新性、质量基础、产业结构、信息化等方面距离世界发达国家还有一定的差距。与此同时，发达国家以数字化、智能化制造技术应用为重点，力图依靠科技创新，抢占国际产业竞争的制高点，谋求未来发展的主动权。新工业革命正在孕育兴起，将重塑全球经济结构和竞争格局，这对我国来说既是机遇又是挑战。在我国智能制造快速发展的战略机遇期，智能制造装备的设计及故障诊断对智能制造的发展起着举足轻重的作用。

智能制造装备的种类众多，本书依据我国最新的智能制造发展方向，重点对数控机床的设计基础、数控机床典型结构的设计、工业机器人的设计和机器视觉与传感技术进行了详细讨论。此外，智能制造装备的发展离不开故障诊断技术，本书一方面对故障诊断的基础理论进行了介绍，在此基础上重点对智能故障诊断技术进行了深入分析，并结合工业机器人进行了实例讲解。

本书由张鹏、冯淼、张涛然、唐荣龙编著。重庆邮电大学移通学院张鹏编写第 1~3 章和第 6 章，冯淼编写第 4、5 章，张涛然编写第 7 章。重庆华数机器人有限公司唐荣龙工程师提供了书中部分案例并进行了指导；全书由张鹏统稿和定稿。

本书本着少而精的原则，力求做到内容新颖、重点突出、以点带面，既注重基础知识和基础理论的讲解，又理论联系实际，力求达到培养应用型人才的目的。

本书在编写过程中得到了重庆华数机器人有限公司、重庆红亿机械有限公司、重庆邮电大学先进制造工程学院的大力支持和帮助。本书的编著得到了重庆市普通本科高校新型二级学院建设项目“智能工程学院”（渝教高〔2018〕22 号）和重庆市高等教育学会高等教育科学研究课题（CQGJ19B116）的支持。

本书在编写过程中参考了许多文献资料，在此谨向这些文献资料的编著者和编写单位表示衷心的感谢。由于编者水平有限，书中难免有不足之处，恳切希望读者对书中的错误和不足之处批评指正。

编　者

目　录

第1章　绪　论

导　读

基本内容：

本章主要包含两个方面的内容，即智能制造装备设计和机械装备故障诊断。本章重点解释和讨论能制造和故障诊断的基本概念，为后续章节的开展做铺垫。

对于智能制造装备设计，主要内容为：智能制造概述，介绍了智能制造的概念、我国制造业的现状和发展形势以及发展智能制造装备的意义；智能制造装备的类型，包括五类关键技术装备，分别是高档数控机床与工业机器人、增材制造装备、智能传感与控制装备、智能检测与装配装备、智能物流与仓储装备；机械制造装备的设计方法，包括创新设计、变形设计和模块化设计三方面的内容。

对于机械装备故障诊断，主要介绍了故障及机械故障诊断的含义、故障的分类、机械故障诊断的分类、故障诊断的意义四方面的内容；智能故障诊断技术，主要介绍了智能故障诊断技术的基本概念和常用的智能故障诊断方法；故障诊断技术的应用和研究现状；故障诊断的基本流程，包括确立运行状态监测的内容，建立测试系统，测试、分析及信息提取，状态诊断、监测及预报。

学习要点：

了解智能制造的概念、现状、趋势及意义；熟悉机械制造装备的设计方法；了解机械设备故障诊断的含义、现状及发展；掌握常用的智能故障诊断技术和机械设备故障诊断的基本流程。

1.1　智能制造装备设计

1.1.1　智能制造概述

《智能制造发展规划（2016—2020年）》中指出：“智能制造是基于新一代信息通信技术与先进制造技术深度融合，贯穿于设计、生产、管理、服务等制造活动的各个环节，具有自感知、自学习、自决策、自执行、自适应等功能的新型生产方式。”

制造业是国民经济的主体，是立国之本、兴国之器、强国之基。18世纪中叶开启工业文明以来，世界强国的兴衰史和中华民族的奋斗史一再证明，没有强大的制造业，就没有国家和民族的强盛。打造具有国际竞争力的制造业，是我国提升综合国力、保障国家安全、建设世界强国的必由之路。

新中国成立尤其是改革开放以来，我国制造业持续快速发展，建成了门类齐全、独立完整的产业体系，有力推动了工业化和现代化进程，显著增强了综合国力，支撑了我国世界大国地位。然而，与世界先进水平相比，我国制造业仍然大而不强，在自主创新能力、资源利用效率、产业结构水平、信息化程度、质量效益等方面差距明显，转型升级和跨越发展的任务紧迫而艰巨。

全球新一轮科技革命和产业变革加紧孕育兴起，与我国制造业转型升级形成历史性交汇。智能制造在全球范围内快速发展，已成为制造业重要发展趋势，对产业发展和分工格局带来深刻影响，推动形成新的生产方式、产业形态、商业模式。发达国家实施“再工业化”战略，不断推出发展智能制造的新举措，通过政府、行业组织、企业等协同推进，积极培育制造业未来竞争优势。

经过几十年的快速发展，我国制造业规模跃居世界第一位，建立起门类齐全、独立完整的制造体系，但与先进国家相比，大而不强的问题突出。随着我国经济发展进入新常态，经济增速换档、结构调整阵痛、增长动能转换等相互交织，长期以来主要依靠资源要素投入、规模扩张的粗放型发展模式难以为继。加快发展智能制造，对于推进我国制造业供给侧结构性改革，培育经济增长新动能，构建新型制造体系，促进制造业向中高端迈进、实现制造强国具有重要意义。

随着新一代信息技术和制造业的深度融合，我国智能制造发展取得明显成效，以高档数控机床、工业机器人、智能仪器仪表为代表的关键技术装备取得积极进展；智能制造装备和先进工艺在重点行业不断普及，离散型行业制造装备的数字化、网络化、智能化步伐加快，流程型行业过程控制和制造执行系统全面普及，关键工艺流程数控化率大大提高；通过在典型行业不断探索，逐步形成了一些可复制推广的智能制造新模式，为深入推进智能制造初步奠定了一定的基础。但目前我国制造业尚处于机械化、电气化、自动化、数字化并存，不同地区、不同行业、不同企业发展不平衡的阶段。发展智能制造面临关键共性技术和核心装备受制于人，智能制造标准/软件/网络/信息安全基础薄弱，智能制造新模式成熟度不高，系统整体解决方案供给能力不足，缺乏国际性的行业巨头企业和跨界融合的智能制造人才等突出问题。相对工业发达国家，推动我国制造业智能转型，环境更为复杂，形势更为严峻，任务更加艰巨。我们必须遵循客观规律，立足国情，着眼长远，加强统筹谋划，积极应对挑战，抓住全球制造业分工调整和我国智能制造快速发展的战略机遇期，引导企业在智能制造方面走出一条具有中国特色的发展道路。

因此加快发展智能制造，是培育我国经济增长新动能的必由之路，是抢占未来经济和科技发展制高点的战略选择，对于推动我国制造业供给侧结构性改革，打造我国制造业竞争新优势，实现制造强国具有重要战略意义。

1.1.2 智能制造装备的类型

《智能制造发展规划（2016—2020年）》中指出，智能制造的发展目标之一就是智能制造技术与装备实现突破，研发一批智能制造关键技术装备，具备较强的竞争力。当前，我国紧缺的智能制造装备的种类和数量较多，主要体现在研发高档数控机床与工业机器人、增材制造装备、智能传感与控制装备、智能检测与装配装备、智能物流与仓储装备五类关键技术装备。如图 1-1 所示为简易的机器人智能制造生产线，该生产线包含了数控机床（加工中心）、工业机器人（包括装配、焊接、智能检测）、PLC 总控系统和信息化管理系统以及智能仓库系统等方面的内容。从这个简易的智能制造生产线中可以看到，数控机床、工业机器人和智能检测装置的应用不可或缺。因此，本书选择在加工过程中常用的智能制造装备进行重点讨论，主要包括数控机床及其典型结构的设计基础、工业机器人的设计基础、机器视觉传感技术三个方面的内容，将在后续章节中逐一进行讲解。

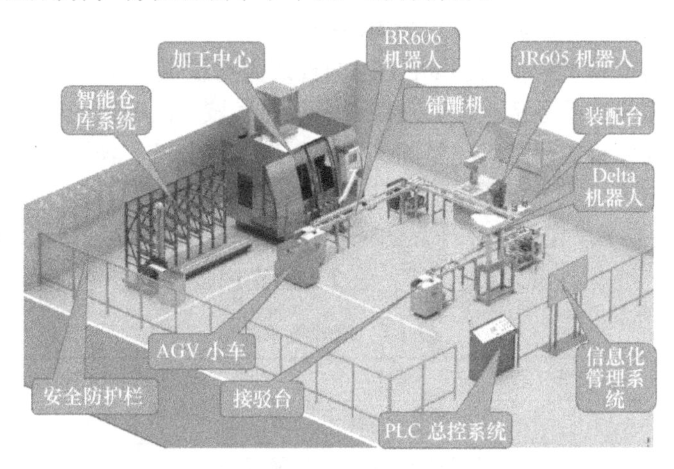

图 1-1　简易的机器人智能制造生产线

1.1.3　机械制造装备的设计方法

机械制造装备的设计方法可分为创新设计、变型设计和模块化设计三种，需依据不同的设计类型和设计要求采用不同的设计方法。

1. 创新设计

创新设计需经过的四个主要阶段如图 1-2 所示。

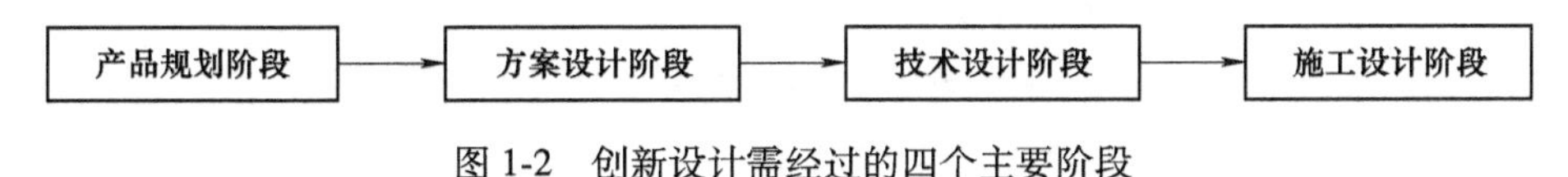

图 1-2　创新设计需经过的四个主要阶段

（1）产品规划阶段

产品规划阶段的主要内容包括需求分析、调查研究、预测、可行性分析和编制设计任务书。

1）需求分析。需求分析一般包括对销售市场和原材料市场的分析。具体来说，首先要针对产品面向的消费群体，分析该产品所需要具备的功能、质量、性能、价格等；其次，要与同类产品进行对标，比较与竞品的功能、性能、成本等各方面的优劣；最后要分析各原材料、零部件等的供应情况，了解供应能力、成本变化等。

2）调查研究。调查研究主要包括市场调研、技术调研和社会调研三个方面的内容。其中市场调研与需求分析类似，需从用户、产品、同行和供应四个方面进行调研；技术调研一般包括产品技术的现状和趋势分析、行业技术和专业技术的发展趋势、竞争企业的产品开发动向等；社会调研一般包括目标市场所处的社会环境和有关经济技术政策，例如产业发展政策、环境保护相关的法律法规和国家标准、社会的风俗习惯等。

3）预测。预测分为定性预测和定量预测。定性预测是指依靠经验和综合分析能力对未来的发展状况做出的预测，采用的方法有走访调查、资料查阅、抽样调查、类比调查等。定量预测是指对影响预测结果的各种因素进行相关分析和筛选，并筛选出主要的影响因素，建立主要因素与预测对象数量之间的数学模型，然后做出的预测。定量预测采用的方法有时间序列回归法、因果关系回归法和产品生命周期法等。

4）可行性分析。可行性分析是指在上述调查研究与预测的前提下，对产品开发过程中的重大问题进行全面的技术经济论证，最终对是否开发该产品的可行性进行评估。在进行可行性分析时，需保证分析的要素是完整的，通常需从技术分析、经济分析和社会分析三方面进行可行性分析。

5）编制设计任务书。在完成了产品的可行性分析后，就要对产品更具体的技术要求和设计参数进行制定，编制“设计要求表”，表 1-1 所列内容可供参考。

表 1-1　设计要求表

<table>
<tr><th colspan="3">设计要求</th><th rowspan="2">必须和希望达到的要求</th><th rowspan="2">需要程度次序</th></tr>
<tr><th colspan="2">类别</th><th>项目及指标</th></tr>
<tr><td rowspan="6">功能</td><td>运动参数</td><td>运动形式、方向、速度、加速度等</td><td></td><td></td></tr>
<tr><td>力参数</td><td>作用力大小、方向、载荷性质等</td><td></td><td></td></tr>
<tr><td>能量</td><td>功率、效率、压力、温度等</td><td></td><td></td></tr>
<tr><td>物料</td><td>产品物料特性</td><td></td><td></td></tr>
<tr><td>信号</td><td>控制要求、测量方式及要求等</td><td></td><td></td></tr>
<tr><td>其他性能</td><td>自动化程度、可靠性、寿命等</td><td></td><td></td></tr>
<tr><td rowspan="3">经济</td><td colspan="2">尺寸、体积和重量的限制</td><td></td><td></td></tr>
<tr><td colspan="2">生产率、每年生产件数和总件数</td><td></td><td></td></tr>
<tr><td colspan="2">最高允许成本、运转费用</td><td></td><td></td></tr>
<tr><td rowspan="3">制造</td><td>加工</td><td>公差、特殊加工条件等</td><td></td><td></td></tr>
<tr><td>检验</td><td>测量和检验的特殊要求等</td><td></td><td></td></tr>
<tr><td>装配</td><td>装配要求、地基及安装现场要求等</td><td></td><td></td></tr>
<tr><td rowspan="4">使用</td><td>使用对象</td><td>市场和用户类型</td><td></td><td></td></tr>
<tr><td>人机学要求</td><td>操纵、控制、调制、修理、配换、照明、安全、舒适</td><td></td><td></td></tr>
<tr><td>环境要求</td><td>噪声、密封、特殊要求等</td><td></td><td></td></tr>
<tr><td>工业美学</td><td>外观、色彩、造型等</td><td></td><td></td></tr>
<tr><td>期限</td><td>设计完成日期</td><td>研制开始和完成日期，试验、出厂和交货日期等</td><td></td><td></td></tr>
</table>

在上述基础上，最后进行设计任务书的编制。产品设计任务书是指导产品设计的基础性文件，其主要任务是对产品进行选型，确定最佳设计方案。

（2）方案设计阶段

方案设计实质上是根据设计任务书的要求，对产品功能原理进行设计。方案设计阶段一般包含以下几个步骤：

1）对设计任务的抽象。一般来说设计任务书的要求众多，如果对每一个要求都进行设计，很容易误导设计方案的制定。因此，对设计任务的抽象，其实质实际上是对设计任务的再认识，即对设计任务进一步抽象，找到主要要求，兼顾次要要求。

2）建立功能结构。经过对设计任务的抽象，可明确设计产品的总功能。总功能是表达输入量转变成输出量的能力。这里所谓的输入、输出量指的是物料、能量和信息。

3）寻求原理解和求解方法。对设计任务进行抽象，是为了确定最本质的功能。然后建立功能结构，将复杂的总功能分解为比较简单的、相互联系的分功能。如何实现这些功能以及他们之间的联系，就是求解问题。其中，所谓原理解是指能够实现某种功能的工作原理，以及实现该工作原理的技术手段和结构原理，即所谓的功能载体。

4）初步设计方案的形成。将所有子功能的原理解结合起来，才能形成和实现总功能原理解的结合是设计过程中很重要的一环。原理解的结合可以得到多个初步设计方案，应采用合适的结合方法，才能获得理想的初步设计方案。常用的结合方法有系统结合法、数学方法结合法。

5）初步设计方案的评价与筛选。原理解的结合可以获得多种，有时多达几十种初步设计方案，应对这些方案进行评价与筛选，找到较优的方案。该过程通常包含初步设计方案的筛选、初步设计方案的具体化以及对初步设计方案进行技术经济评价。

（3）技术设计阶段

技术设计阶段主要包含以下三方面的内容：

1）确定结构原理方案。确定结构原理方案主要包括确定结构原理方案的主要依据、确定结构原理方案以及评价和修改。

2）总体设计。总体设计的任务是将结构原理方案进一步具体化。对于复杂程度较高的重要设计项目，可以提出多个总体设计方案供选择。选优的准则一般包括：功能、使用性能、加工和装配的工艺性、生产成本、与老产品的继承性等。总体设计的内容一般包括：主要结构参数、总体布局、系统原理图和经济核算等。

3）结构设计。结构设计阶段的主要任务是在总体设计的基础上，对结构原理方案结构化，绘制产品总装图、部件装配图；提出初步的零件表，加工和装配说明书；对结构设计进行技术经济评价。此外，进行结构设计时必须遵循国家、部门和企业颁布的有关标准规范，充分考虑人机工程、造型、可靠性等因素，采用多种现代设计方法进行设计，如有限元分析、优化设计、可靠性设计和计算机辅助设计等。

（4）施工设计阶段

施工设计阶段主要进行零件工作图设计，完善部件装配图和总装配图，进行商品化设计，编制各类技术文档等。

综上所述，以上介绍的是机械制造装备设计的典型步骤，比较适用于创新设计类型，对于不同的设计类型，设计步骤大致相同。

2. 变型设计

为了快速满足市场需求的变化，常常采用适应型和变参数型设计方法。两种设计方法都是在原有的产品基础上，保持其基本工作原理和总体结构不变。适应型设计是通过改变或更换部分部件或结构；变参数型设计是通过改变部分尺寸与性能参数，形成所谓的变形产品，以扩大使用范围，满足更广泛的用户需求。适应型设计和变参数型设计统称为“变型设计”。变型设计在原有产品的基础上，按照一定规律演变出各种不同规格参数、布局和附件的产品，扩大原有产品的性能和功能，形成一个产品系列。

（1）系列化设计的基本概念

为了缩短产品的设计、制造周期，降低成本，保证和提高产品的质量，在产品设计中应遵循系列化设计的方法，以提高系列产品中零部件的通用化和标准化程度。

系列化设计方法是在设计的某一类产品中，选择功能、结构和尺寸等方面较典型产品为基型，以它为基础，运用结构典型化、零部件通用化、标准化的原则，设计出其他各种尺寸参数的产品，构成产品的基型系列。在产品基型系列的基础上，同样运用结构典型化、零部件通用化、标准化的原则，增加、减去、更换或修改少数零部件，派生出不同用途的变型产品，构成产品派生系列。编制反映基型系列和派生系列关系的产品系列型谱。在系列型谱中，各规格产品应有相同的功能结构和相似的结构形式，同一类型的零部件在规格不同的产品中具有完全相同的功能结构；不同规格的产品，同一种参数按一定规律（通常按等比级数）变化。

系列化设计应遵循“产品系列化、零部件通用化、标准化”原则（简称“三化”原则）。有时将“结构的典型化”作为第四条原则，即所谓的“四化”原则。

系列化设计是产品设计合理化的一条途径，是提高产品质量、降低成本、开发变型产品的重要途径之一。

（2）系列化设计的优缺点

系列化设计的优点如下：

1）可以用较少品种规格的产品满足市场较大范围的需求，减少产品品种意味着增加每个品种产品的生产批量，有助于降低生产成本，提高产品制造质量的稳定性。

2）系列中不同规格的产品是经过严格性能试验和长期生产考验的基型产品演变和派生而成的，可以大大减少设计工作量，提高设计质量，减少产品开发的风险，缩短产品的研制周期。

3）产品有较高的结构相似性和零部件的通用性，因而可以压缩工艺装备的数量和种类，有助于缩短产品的研制周期，降低生产成本。

4）零部件的种类少，系列中的产品结构相似，便于进行产品的维修，改善售后服务质量。

5）为开展变型设计提供技术基础。

系列化设计的缺点是：为以较少品种规格的产品满足市场较大范围的需求，每个品种规格的产品都具有一定的通用性，满足一定范围的使用需求，用户只能在系列型谱内有限的一些品种规格中选择所需的产品。选到的产品，一方面其性能参数和功能特性不一定最符合用户的要求，另一方面有些功能还可能冗余。

（3）系列化设计的步骤

1）主参数和主要性能指标的确定。系列化设计的第一步是确定产品的主参数和主要性能指标。主参数和主要性能指标应最大程度地反映产品的工作性能和设计要求。例如，卧式车床的主参数是床身上的最大回转直径，主要性能指标之一是最大的工件长度；升降台铣床的主参数是工作台工作面的宽度，主要性能指标是工作台工作面的长度；摇臂钻床的主参数是最大钻孔直径，主要性能指标是主轴轴线至立柱母线的最大距离等。上述参数决定了相应机床的主要几何尺寸、功率和转速范围，从而决定了该机床的设计要求。

2）经过技术和经济分析。将产品的主参数和主要性能指标按一定规律进行分级，制定参数标准。产品的主参数应尽可能采用优先数系。此部分内容，在第2章2.2.3节机床主要参数的设计一节有详细介绍，在此不再赘述。

3）制定系列型谱。系列型谱通常是二维甚至多维的，其中一维是主参数，其他维是主要性能指标。通过系列型谱的制订，确定产品的品种、基型和变型、布局、各产品品种的技术性能和技术参数等。在系列型谱中，结构最典型、应用最广泛的是所谓的“基型产品”，进行产品的系列设计通常从基型产品开始。

在制订系列型谱过程中，应周密地策划系列内产品零部件的通用化和标准化。通用化是指同一类型、不同规格或不同类型的产品中，部分零部件彼此相互适用。标准化是指使用要求相同的零部件按照现行的各种标准和规范进行设计和制造。

系列型谱内的产品是在基型产品的基础上经过演变和派生而扩展成的。扩展的方式有纵系列、横系列和跨系列扩展三类。

1）纵系列产品。纵系列产品是一组功能、工作原理和结构相同，而尺寸和性能参数不同的产品。纵系列产品一般应综合考虑使用要求及技术经济原则，合理确定产品主参数和主要性能参数系列。如主参数和主要性能指标按优先数系选择，能较好地满足用户要求且便于设计。

2）横系列产品。横系列产品是在基型产品基础上，通过增加、减去、更换或修改某些零部件，实现功能扩展的派生产品。例如，在卧式车床基础上开发的为加工轴承套圈的无尾座短床身车床，为加工大直径工件的马鞍形车床等。

3）跨系列产品。跨系列产品是采用相同的主要基础件和通用部件的不同类型产品。例如，通过改造坐标镗床的主轴箱部件和部分控制系统，可开发出坐标磨床、坐标电火花成形机床、三坐标测量机等不同类型产品，即跨系列产品。其中机床的工作台、立柱等主要基础件及一些通用部件适用于跨系列的各种产品。

3. 模块化设计

模块化设计是产品设计合理化的另一条途径，是提高产品质量、降低成本、加快设计进度、进行组合设计的重要途径。模块化设计是按合同要求，选择适当的功能模块，直接拼装成所谓的“组合产品”。进行组合产品的设计，是在对一定范围内不同性能、不同规格的产品进行功能分析的基础上，划分并设计出一系列功能模块，通过这些模块的组合，构成不同类型或相同类型不同性能的产品，以满足市场的多方面需求。模块应该用系列化设计原理进行设计，即每类模块具有多种规格、其规格参数按一定的规律变化，而功能结构则完全相同，不同模块中的零部件可标准化和通用化。

（1）模块化设计的优点

1）便于用新技术、新设计性能更好的模块取代原有旧模块，提高产品的性能，加快产品的更新换代。

2）采用模块化设计，只需更换部分模块，或设计制造个别模块和专用部件，便可快速满足用户提出的特殊订货要求，大大缩短设计和供货周期。

3）模块化设计方法由于产品的大多数零部件由单件小批生产性质变为批量生产，有利于用成组加工等先进工艺，有利于组织专业化生产，既提高质量，又降低成本。

4）模块系统中大部分部件由模块组成，设备如发生故障，只需更换有关模块，维护修理更为方便，对生产影响少，还能加快产品更新换代。

（2）模块化设计的步骤

1）对市场需求进行深入调查，明确任务。为了能以最少的模块组合出数量最多、总功能各不相同的产品，需要对市场需求进行深入调查，对所有欲实现的总功能加以明确，摒弃市场需求很少而又需要付出很大设计和制造代价的那些总功能。

2）建立功能结构。待实现的总功能可由多个具有分功能的模块组合而成。如何划分模块是模块化产品设计的关键问题。模块种类少、通用化程度高、加工批量大，对降低成本较有利。但每个模块需具有更多的功能和更高的性能，其结构必然复杂，组成的每个产品的功能冗余也多，模块化系统的结构柔性化程度也低。设计时应对功能、性能和成本等方面进行全面分析，才能合理地划分模块。

划分模块的出发点是功能分析。根据产品的总功能分解为分功能、功能元，求相应的功能模块，再具体化生产模块。功能模块是从满足技术功能的角度来确定的，因此它可以通过模块的相互组合来实现各种总功能结构。生产模块则不是根据其功能，而纯粹是从制造的角度来确定的。

3）合理确定产品的系列型谱和参数。模块化系统也应遵循系列化设计的原理，以用户的需求为依据，通过市场调查及技术经济分析，确定模块的系列型谱。纵系列模块系统中模块功能及原理方案相同，结构相似，而尺寸参数有变化。随参数变化对系列产品划分合理区段，同一区段内模块通用。横系列模块系统是在一定基型产品基础上更换或添加模块，以得到扩展功能的同类变型产品。跨系列模块系统中包括具有相近动力参数的不同类型产品，可有两种模块化方式：在相同的基础件结构上选用不同模块系统的模块组成跨系列产品；基础件不同的跨系列产品中具有同一功能的零部件选用相同的功能模块。

4）模块的组合。模块化系统的设计要考虑模块如何组合，以达到用较少种类的模块组合出尽可能多的组合产品的目的。

模块系统分开式和闭式两类：闭式系统由一定数量种类的模块组成有限数量的组合，而开式系统则是由模块得到无限多的组合。闭式系统可计算出模块的理论组合数。实际组合时要考虑使用需要、工艺可能及相容关系，实际组合数远远小于理论组合数。

模块组合要精心设计结合部的结构，结合部位的形状、尺寸、配合精度等应尽量符合标准。

5）模块的计算机管理系统。先进的模块化系统不但可采用 CAD，而且可用计算机进行管理，以更好地体现模块化设计的优越性。模块的计算机辅助管理的功能包括对模块进行编码、给出模块系统最多可组合的产品数、根据用户要求分析组合方案的可行性、选择最佳的组合方案、为新的模块设计提供信息等。

1.2 机械装备故障诊断

机械故障诊断与智能制造的发展是相互联系且不可分割的。《智能制造发展规划(2016—2020年)》中将智能制造装备与故障诊断均作为智能制造的重点发展方向，可见二者具有极其紧密的联系，因此，研究机械装备故障诊断对智能制造装备的设计和智能制造的发展均具有非常重要的意义。

1.2.1 故障诊断概述

1. 故障及机械故障诊断的含义

设备故障是指系统的构造处于不正常状态，并可导致设备相应的功能失调，致使设备相应行为（输出）超过允许的范围。这种不正常状态称为故障状态。《工程项目管理人员测试性与诊断性指南》（AD-A208917）对故障的定义为：造成装置、组件或元件不能按规定方式工作的一种物理状态。例如发动机无法起动、汽车制动不灵、机床运转不平稳、机床加工精度超标、机器运行时振动噪声过大、齿轮轮齿折断等现象。

机械故障诊断，是指对机械系统所处的状态进行检测，判断其是否正常，当出现异常时分析其产生的原因、部位和严重程度，并预报其发展趋势。

2. 故障的分类

为了便于信息交流，同时便于在处理故障时更有针对性，需要对故障进行分类。可以从不同角度对故障进行分类。

（1）按故障发生的原因

1）磨损性故障：是指机械系统因使用过程中的正常磨损而引发的一类故障，对这类故障形式，一般只进行寿命预测。

2）错用性故障：是指因使用不当而引起的故障。

3）先天性故障：是指由于涉及或制造不当而造成机械系统中存在某些薄弱环节而引发的故障。

（2）按故障造成的后果

1）危害性故障：是指故障发生后会对人身、生产和环境造成危险或危害的一类故障，如机床保护系统不能进行有效地工作而造成损害工件或操作者的故障，毒气泄漏，高压罐爆炸等。

2）安全性故障：是指故障的发生不会对人身、生产和环境造成危害的一类故障，如保护系统在不需保护时动作的故障等。

（3）按故障发生的快慢

1）突发性故障：是指不能靠早期测试探测出来的一类故障。即此类故障是不可预测的，对这类故障只能进行预防，如过载造成的机器损坏。

2）渐发性故障：是指故障的发展有一个过程，因而可对其进行预测和监视，如疲劳裂纹的产生和扩展。

（4）按故障发生的范围

1）部分性故障：是指设计功能部分丧失的一类故障。

2）完全性故障：是指设计功能完全丧失的一类故障。

（5）按故障发生的频次

1）偶发性故障：是指发生频率很低的一类故障，即“意外现象”，如齿轮折断等。

2）多发性故障：是指经常发生的一类故障，如齿轮磨损等。

机械故障还有其他分类方法，如单一故障、复杂故障等，可参考有关文献。

3. 机械故障诊断的分类

同样是为了便于信息交流，也对机械故障诊断进行分类，通常可按如下方法进行分类。

（1）按诊断目的

1）功能诊断：是指对新安装或刚维修过的机械系统诊断其功能是否正常，也就是投入运行前的诊断。

2）运行诊断：是指对服役中的机械系统进行的诊断。

（2）按诊断方式

1）在线监测：是指连续地对服役中的机械系统进行监测，测试传感器及二次仪表等安装在设备现场，随机械系统一起工作。

2）巡回检测：是指每隔一定的时间对服役中的机械系统进行检查和诊断。

（3）按提取信息的方式

1）直接诊断：是指诊断对象与诊断信息来源直接对应的一种诊断方法，即一次信息诊断。如通过检测齿轮的安装偏心和运动偏心等参数来判断齿轮运转是否正常等。

2）间接诊断：是指诊断对象与诊断信息来源不直接对应的一种诊断方法，即二次、三次等非一次信息的诊断。如通过测箱体的振动来判断齿轮箱中齿轮是否存在偏心等。通常所谓的诊断主要是指间接诊断。

（4）按诊断时所要求的机械运行工况条件

1）常规工况诊断：是指在机械的正常运行条件下进行的一种故障诊断方式。

2）特殊工况诊断：是指对某些机械，需为其创造特殊的工作条件才能对其进行诊断。如动力机组的升降速过程诊断，提升机起、停过程诊断等。

（5）按诊断功能

1）简易诊断：是指对机械系统的状态做出相对粗略的判断，又称“状态监测”。一般只回答“正常与否”“有无故障”等问题，而不分析故障原因、故障部位及故障程度等。

2）精密诊断：是指在简易诊断基础上更为细致的一种诊断过程，又称“故障诊断”。它不仅要回答“正常与否”“有无故障”的问题，而且还要详细地分析出故障原因、故障部位、故障程度及其发展趋势等一系列的问题。

机械故障诊断还可根据所采用的技术手段不同分为振动诊断、油样分析、温度监测和无损检测等。

4. 故障诊断的意义

机械设备是制造业的重要装备，是企业生产的重要手段和物质基础。设备的管理是一项系统工程，故障诊断是实施这一工程的重要手段之一。设备维修方式从事后维修逐渐发展到定期维修。显然，事后维修无法避免意外停机引起的生产损失，同时还可能引起设备的二次损坏，甚至出现灾难性事故。而定期维修同样不能避免意外事故的发生，同时还可能产生因过剩维修导致维修费用的增加，甚至产生因过剩维修引起的人为故障。当前，随着计算机和电子技术的快速发展，企业现代化制造装备越来越多，设备的自动化程度、设备结构、设备功能等方面均有了大幅提高，因此无论是事后维修还是定期维修都无法满足现代化生产高速化、连续性等要求，这就迫使企业从生产方式、管理理念等方面提出改进，也对机械设备故障诊断与维修提出了更高的要求，从而带来了设备维修技术与方式的变革。因此，不规定修理间隔，而是根据设备诊断技术监测设备有无故障，在必要时进行维修，计划维修中的定期维修在状态监测维修中被定期监测维修所代替，如图 1-3 所示。

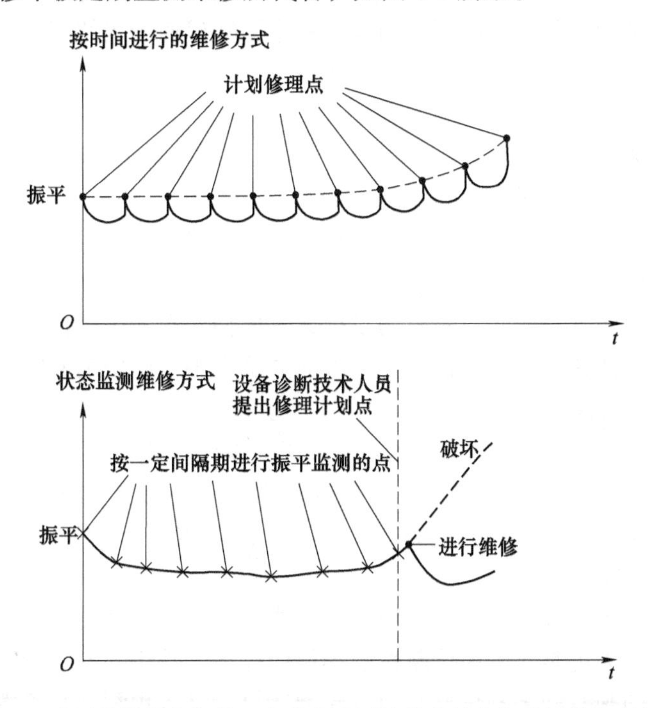

图 1-3　计划维修中定期修理在状态监测维修中被定期监测维修所代替

综上所述，机械设备故障诊断可及时对各种异常状态或故障状态做出诊断，预防或消除故障，同时对设备运行进行必要的指导，保证设备发挥设计能力，制订合理的监测维修制度，以便在允许的条件下充分挖潜，延长服役期限和使用寿命，降低设备全寿命周期费用。此外，通过检测监视、故障分析、性能评估等，为设备结构改进、优化设计、合理制造及生产过程提供数据和信息。因此，机械设备故障诊断是避免灾难性事故的需求，也是设备管理发展的客观需求。

1.2.2　智能故障诊断技术

1. 智能故障诊断技术概述

由于机器设备日趋复杂化、智能化及光机电一体化，传统的诊断技术已经不能适应当前需求，随着计算机技术、人工智能技术特别是专家系统的发展，诊断技术进入到智能化阶段。

智能故障诊断是在对故障信号进行检测和处理的基础上，结合领域专家知识和人工智能技术进行诊断推理，具有对给定环境下的诊断对象进行状态识别和状态预测的能力。它适用于模拟人的思维过程，解决需要进行逻辑推理的复杂诊断问题，可以根据诊断过程的需要搜索和利用领域专家的知识及经验来达到诊断目的。

智能故障诊断技术包括模糊技术、灰色理论、模式识别、故障树分析、诊断专家系统等。前几种技术只是在某种程度上运用了逻辑推理知识，部分解决了诊断过程中诸如信息模糊、不完全、故障分类和定位等问题，而诊断专家系统则可以以自身为平台，综合其他诊断技术，形成混合智能故障诊断系统。狭义的智能诊断技术一般就指专家系统。

智能故障诊断过程的实质是知识的运用和处理的过程，知识的数量和质量决定了智能诊断系统能力的大小和诊断效果，推理控制策略决定了知识使用的效率。因此，关于智能诊断理论研究的核心内容为知识的表示和知识的使用。

2. 智能故障诊断技术的方法

（1）基于故障树的方法

故障树曾是故障诊断中最普通、最常用的方法。故障树的起点开始于症状或测试的结果，接着是决策树权重、行为组成和决策，最后是修理建议。

故障树的主要优点是简单易行，故障树方法几乎不需要使用训练方法。然而，对复杂系统而言，故障树会很庞大。采用故障树的系统通常依赖性很强，而且工程上几乎是不可改变的，这意味着系统不能更新。另外，故障树不能显示出求解所使用的知识。

（2）基于实例的推理方法

基于实例的推理（Case Based Reasoning，CBR）能通过修改相似问题的成功结果来求解新问题。它能通过将获取新知识作为实例来进行学习，不需要详细的应用领域模型。CBR的主要技术包括实例表达和索引、实例检索、实例修订和实例学习等。

（3）基于模型的方法

在过去的十多年里，基于模型的方法作为智能诊断系统的主要的研究方向之一已经取代了基于实例的方法。模型是实际被诊断系统的近似描述。基于模型的诊断方法即利用从实际系统或器件中得到的观察结果和信息，通过模型对故障进行预测。基于模型的方法采用的是多级方式，首先用高级模型对系统整体进行初级诊断再用详细模型对部分进行诊断，如此逐渐循环诊断，找到故障。

（4）基于专家系统的方法

这种方法不依赖于系统的数学模型，而是根据人们长期的实践经验和大量的故障信息知识设计出的一套智能计算机程序，以此来解决复杂系统的故障诊断问题。若某一时刻系统发生故障，领域专家往往可以凭视觉、听觉、嗅觉或测量设备得到一些客观事实，并根据对系统结构和系统故障历史的深刻了解很快做出判断，确定故障发生的原因和部位。对于复杂系统的故障诊断，这种基于专家系统的故障诊断方法尤其有效。

专家系统主要具有以下特点：具有丰富的经验和高水平的技术及专家级的知识；能够进行符号操作；能够根据不确定的知识进行推理；具有自我知识；知识库和推理机明显分离，使系统易于扩充；具有获取知识的能力；具有灵活性、透明性及交互性；具有一定的复杂性和难度。但由于客观现实的复杂多样性，专家的领域知识有时很难提炼到规则表示这一步，这使专家系统的发展受到了一定的限制。

（5）基于神经网络的方法

人工神经网络（Artificial Neural Network，ANN）是大量神经元广泛互连而成的复杂网络系统，它诞生于1943年。ANN是人类大脑神经细胞结构和功能的模仿，具有与人脑类似的记忆、学习、联想等能力。在 ANN 中，信息处理是通过神经元之间的相互作用来实现的，知识与信息的存储表现为分布式网络元件之间的关联，网络的学习和识别取决于各神经元连接权值的动态演化过程。ANN 是大规模并行结构，信息可以分布式存储，并且具有良好的自适应性、自组织性和容错性，因此 ANN 在故障诊断领域已经得到了广泛的应用。

（6）基于模糊推理的方法

在模糊理论中引入了“部分真”“部分假”的概念，这是与传统的要么真（1）要么假（0）的认识最大的区别与进步。在模糊集理论中，对模糊集定义了一系列的操作，这与传统集合的操作是相似的。模糊推理是利用模糊推理规则对有条件的和无条件的模糊命题或规则进行操作。故障检测时，特征信号有时是连续变化的，这种变化易导致测量误差和噪声，因此很难定义可靠的测量阈值。模糊逻辑通过使用部分重叠的语言变量给这个问题提供了很好的解决方法。故障诊断时，由于测量到的特征信号值不完全精确，因此该过程的诊断也只是近似的。基于模糊规则的模糊推理系统对该问题提供了一种解决方法。

（7）基于模式识别的方法

模式识别系统的输入为模式矢量，而输出为该输入模式所属的范畴或类别。一般情况下，模式识别系统可分为两个步骤来实现，第一步为特征获取，第二步为分类。特征获取就是选择输入模式的明确特征，向分类器提供一个测量特征的列表。分类的任务就是将输入模式的特征与分类状态相匹配，也就是说，在给定输入特征的情况下，分类器必须决定哪一级的模式范畴与输入模式最相匹配。在模式分类方面，模式识别通常被定义为分类任务的一种抽象描述。在给定某种形式的输入情况下，就可能分析这些输入，从而根据数据的内容得到一种有意义的分类。典型的分类器是根据距离大小和概率理论来进行分类。一旦特征获取器确定下来，就可得到特征矢量。下一步就是如何设计最优化规则，以便分类器能够做出关于特征矢量属于哪个范畴的正确决策，一般通过分析不可能得到最优化规则。那么设计的分类器要能够根据训练集进行学习，从而可给出合适的决策。训练集是由已知类别的特征矢量组成。训练过程中，逐一向系统输入特征矢量，并告知相应矢量的所属类别。系统学习算法中使用的这些信息学会了所需要的决策规则。

表 1-2 列出了主要的智能故障诊断方法的优缺点对比。

表 1-2 主要智能故障诊断方法优缺点对比

诊断方法	优 点	缺 点
基于故障树的方法	简单易行	依赖性强，对于复杂的系统，故障树会很庞大而不适用
基于实例的推理方法	知识获取容易；知识更新方便；可以自动获取经验知识	严重依赖事例知识库
基于模型的方法	能够处理新遇到的情况；可以进行动态故障检测；适用于从产品设计角度考虑	由于该模型的结构诊断信息较难获取，使得诊断精确度不高
基于专家系统的方法	不依赖数学模型；能够根据不确定的知识进行推理；具有获取知识的能力；具有灵活性、透明性及交互性	产品的复杂性，使得规则表示的提炼很困难

（续）

诊断方法	优　点	缺　点
基于模糊推理的方法	更接近人类思维方式；结果便于实用	模糊诊断知识获取困难；依赖模糊知识库；学习能力差
基于神经网络的方法和基于模式识别的方法	不需要系统模型；对噪声不敏感；应用范围广；诊断速度快；复杂非线性系统适用	训练时间不受控；严重依赖训练样本集；无法处理动态系统；无法给出推理说明

1.2.3 智能故障诊断的应用及现状

1. 故障诊断技术的应用

目前，诊断技术主要应用在以下五个方面。

（1）旋转机械故障诊断

旋转机械是最常见的机械设备，也是当前应用范围最广、成熟度最高的应用领域。如电力行业中的汽轮发电机组，风机、磨煤机等各种辅机，石化行业的压缩机，化肥五大机组以及航空工业的各种航空发动机等均采用旋转机械故障诊断技术。

（2）往复式机械的故障诊断

往复式机械故障诊断的应用也较为成熟，特别是在铁谱及油液分析中的应用。近年来，利用振动及噪声技术开展往复机械故障诊断的研究工作也取得了很大的进展。

（3）各种流程工业设备的故障诊断

该类技术主要应用在如石化行业中的各种反应塔、压力容器、管道，以及冶金行业中的各种轧机等的故障诊断。同时，除应用传统的诊断技术外，还有很多新的故障诊断技术的应用，如红外、超声波发射、光谱等，也取得了较为显著的成果。这一领域的研究与应用也将是今后的重点和热点发展方向之一。

（4）加工过程的故障诊断

加工过程的故障诊断主要包括刀具的磨损、破损以及机床本身的各种故障的诊断。目前在各种先进的数控机床及加工中心中，这类机床已经有较为完善的故障诊断功能。而关于各种刀具的磨损、破损的诊断一直未取得较大的突破。在欧美等发达国家，其加工线上的关键设备普遍装备了各种刀具磨损、破损检测装置，其有效率在80%左右，在国内的加工生产线上普遍缺乏这类监控装置。随着加工过程的不断自动化，势必对这一技术提出越来越迫切的需求，这也将是今后的一大研究热点。

（5）各种基础零部件的故障诊断

各种基础零部件的故障诊断包括对各种齿轮、轴承以及液压零部件等的诊断。这类基础零部件普遍存在于各种设备之中，应用范围极广，是诊断技术最重要的应用对象之一。基础零部件的故障诊断工作已取得相当重要的进展，目前最重要的问题是研究适合于工程应用的更可靠的诊断方法与仪器。

2. 国内诊断技术的研究现状

目前，我国在诊断技术方面的研究主要集中在以下几方面。

（1）信号分析与处理技术的研究

从传统的谱分析、时序分析以及时域分析，开始引进一些先进的信号分析手段，像短时傅里叶分析、Wigner 谱分析、小波变换等，这类新方法的引入弥补了传统分析方法存在的不足。

（2）传感器技术的研究

国内先后开发了许多类型的传感器，但是在可靠性、稳定性方面尚有一定的差距，这也是今后的努力方向之一。

（3）关于人工智能与专家系统的研究

从 1985 年开始到现在，特别是 1985~1991 年间，国内有许多研究机构开展了这一技术的研究工作，人工智能与专家系统几乎成了诊断技术发展的主流，但在工程应用方面远未达到人们所期望的水平，因而近年来其研究工作渐趋缓慢，目前只有少数几个单位仍在继续从事这一技术的开发与应用研究。

（4）关于神经网络的研究

由于人工智能和专家系统技术在诊断技术的工程应用中遇到了一系列的困难，从 20 世纪 90 年代初开始，许多机构转向人工神经网络的研究，这股热潮至今未衰。人们在这方面做了大量的研究工作，但在应用方面进展慢，同样遇了许多实际困难，主要问题在于用于网络训练的实例不足，这同专家系统所遇到的困难如出一辙。

（5）关于诊断系统的开发与研究

诊断系统的开发与研究是目前人们花费精力最大的一个方向。从 20 世纪 80 年代的单机巡检与诊断，到上、下位式的主从机构，再到今天的以网络为基础的分布式结构，在系统开发上目前已陆续出现了离线诊断系统、在线诊断系统和便携式诊断系统，但国内系统的可靠性同国外系统相比还有较大的差距，这是今后需花大力气解决的问题。

1.2.4　故障诊断的基本流程

一个完整的诊断过程一般由以下四个基本环节组成：确立运行状态监测的内容，建立测试系统，测试、分析及信息提取，状态监测、判断及预报。

1. 确立运行状态监测的内容

主要包括确立监测参数、监测部位及监测方式（在线/巡检）等方面的内容，这主要取决于故障形式，同时也要考虑被监测对象的结构、工作环境等因素以及现有的测试设备条件，这是整个诊断工作的基础。

状态监测的内容确立得当，不仅能极大地提高诊断效率，有时甚至决定着诊断工作的成败。如矿用风机轴承的温度、振动监测。

2. 建立测试系统

根据状态监测的要求选取传感器及其配套仪器，组成测试系统，用以收集故障诊断所需的信息。

在建造测试系统时，不仅要注意有用信号的获取（灵敏度和精度等性能），同时还要考虑测试系统的环境适应性以及如何在测试阶段进行降噪除噪等，以便简化后续的信号分析处理过程。

取得正确、有效的信号是准确诊断的先决条件，偏离了这个前提，诊断工作就无从谈起。

3. 测试、分析及信息提取

主要内容：对测试系统所获得的信号进行加工，包括滤波、异常数据剔除、各种分析算法（如时域、频域）等。

测试、分析及信息提取的主要目的是从有限的信号中获得尽可能多的关于被诊断对象状态的有用信息，这是机械故障诊断的核心。

4. 状态监测、判断及预报

主要内容有构造或选定判据，确定划分设备状态的各有关参量的门槛值等内容。其主要目的是判定被诊断对象的运行状态，并对其未来发展趋势进行预测。

思考题与习题

1. 机械制造装备创新设计包含哪几个阶段？
2. 智能制造的定义是什么？
3. 智能故障诊断的主要有哪些方法？
4. 故障诊断的基本流程包含哪些？

第2章 数控机床设计基础

导 读

➲ **基本内容：**

数控机床作为工业之母，也作为我国智能制造的重点发展装备，其设计理论和方法自然具有举足轻重的作用。本章重点对数控机床的设计基础进行了讨论。首先对数控机床的基本概念进行了讨论，比如数控机床的组成、工作过程、类型等；其次结合数控机床设计的基本要求，介绍了数控机床的总体设计方案；然后对数控机床两个最主要的系统设计进行了详细讨论，分别是数控机床的主传动系统设计和数控机床的进给传动系统设计。

➲ **学习要点：**

了解数控机床的工作过程、分类和基本要求；了解数控的基本设计理论，如零件表面的成形方法及机床的运动、机床原理图等；掌握数控机床的总体方案设计、数控机床的主传动系统和进给传动系统的设计。

2.1 数控机床概述

当前，随着全球经济、科技的快速发展和人民生活水平的逐渐提高，使得消费者对产品的个性需求越来越高，因此也迫使企业必须加快产品更新迭代的速度，缩短产品开发的周期，同时尽可能提高产品的个性化。个性化就意味着产品无论是简单的、复杂的、小型的、大型的，生产企业都需要尽可能去实现，以满足市场的需要。此外，除了一般的民用市场之外，在关于国计民生的领域，如机床、航空航天、国防、造船等重大领域，也存在着大量的各种复杂和高精度零件的加工。在这双重的背景之下，普通的加工机床难以满足这样的高要求，数控机床应运而生。同时，随着近年来计算机、控制理论、物联网等技术的发展与结合，数控机床的发展也非常迅速，多自由度的、柔性化的、智能化的数控机床已经成为每个国家重点发展的对象。可以说，高档数控机床的发展在一定程度上直接决定和影响国民经济和国防事业的发展。下面对数控机床的定义和基本概念加以简单介绍。

数控机床是一种利用数字化信息对加工过程及机床的运动进行控制的机床。其中，数控机床采用数控技术进行控制，通常简称为数控（Numerical Control，NC）。数控是指用数控装置的数字化信息来控制执行机构实现预定的动作。早期常用硬件来实现数控，通常这一类机床被称为 NC 机床，这类机床通常只能实现较简单的数控功能。后期逐渐发展到使用微处理器或专用微机的数控系统，即由系统程序（软件）来实现逻辑控制，一般称为计算机数控（Computer Numerical Control，CNC）系统，也称为 CNC 系统，这样的机床称为 CNC 机床。数控机床就是利用将零件加工信息变成数字化的代码，然后将此代码通过信息载体传送给数控装置，数控装置驱动执行机构去进行各种加工动作。

2.1.1 数控机床的组成

如图 2-1 所示，数控机床一般由信息载体、计算机数控系统、伺服系统、机床本体、测量反馈装置五部分组成，是典型的机电一体化装备。

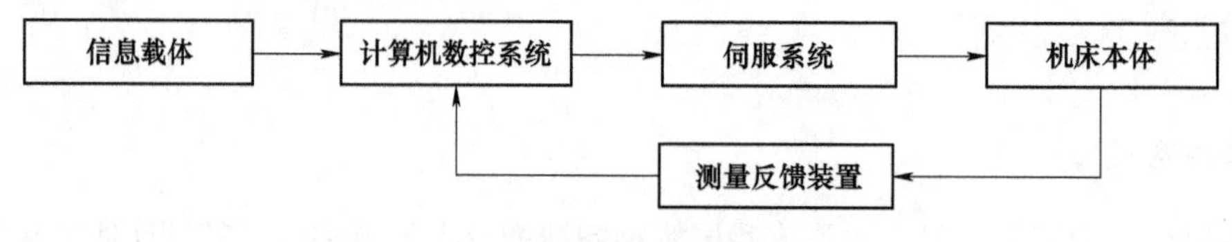

图 2-1 数控机床的组成

1. 信息载体

信息载体（控制介质）的作用，是将被加工零件的加工信息按照既定的格式和代码存储在某一个载体上，然后通过该载体将零件加工信息输入到数控装置中进行加工。零件的加工信息通常包括零件的几何信息、工艺信息、位置信息等。而常用的信息载体有穿孔卡、穿孔带、磁盘、磁带等。此外，数控装置上往往带有操作面板，也可通过该操作面板直接输入零件的各个加工参数；其次，在计算机上编写的加工程序也可通过串行口输入到数控装置中控制加工。高档的数控系统可能还包含一套自动编程机或者 CAD/CAM 系统，由这些设备实现编制程序、输入程序、输入数据及显示、模拟显示、存储和打印等功能。

2. 计算机数控系统

计算机数控系统是数控装置中的一种。数控装置可分为普通数控系统和计算机数控系统。对于高档数控机床，一般均采用计算机数控系统。计算机数控系统的工作过程是：在其接收到信息载体输入的加工信息以后，计算机数控系统对这些加工信息进行处理（编译、运算、逻辑处理等），将处理后的结果形成输出信号传送到伺服系统，由伺服系统控制执行机构进行零件的加工。其中，输出的信号内容涵盖了零件加工所需的所有信息，如进给速度、进给方向、位移量、主轴变速、主轴换向、主轴起停、选刀换刀指令、冷却液起停、夹具松开和夹紧、分度台转位等各类信息。数控装置通常由输入装置、控制器、运算器和输出装置等组成。

3. 伺服系统

伺服系统的主要作用是接收来自计算机数控系统的指令信号（通常为脉冲信号），并通过伺服驱动元件控制执行机构执行指令信号，以完成零件加工的目的。一般的，伺服系统每接收到一个脉冲信号，就驱动执行元件完成既定的动作（通常为进给部件的直线位移或角位移）。该脉冲信号的脉冲当量通常为 0.001mm/脉冲。因此伺服系统决定了机床的主要性能。

伺服系统多用于闭环和半闭环数控机床。由于数控伺服系统是数控机床的最后环节，其性能将直接影响数控机床的精度和速度等技术指标。因此，数控机床的伺服驱动应具有良好的快速响应性能，能灵敏而准确地跟踪由数控装置发出的指令信号。常用的伺服驱动元件有直流伺服电机、交流伺服电机、电液伺服电机等。

4. 机床本体

机床本体即数控机床的机械部件，一方面起到支撑、受力、减振、辅助安装等作用，另一方面接收伺服系统的控制，完成零件的加工，是零件加工的执行者。数控机床的机床本体与普通机床相比，有很多共有的机械部件，如机床床身、机床立柱、主轴、进给工作台、冷却、润滑、转位、夹紧等。这里需要说明的是，虽然数控机床与普通机床有很多类似的机床本体，但由于数控机床对零件的加工精度要求更高，同时在强度、刚度、抗振等方面有更高的要求，因此数控机床机床本体的设计也自然会有更高的、不同的要求。除一般的机械结构之外，数控机床还配有自动换刀装置、机械手、伺服装置等。同时，由于数控机床的传动和变速方案需更加的自动化，因此数控机床的主传动系统和进给传动系统需大大的简化，以实现自动化的要求，同时可减少复杂传动系统引起的传动误差，提高零件的加工精度。

5. 测量反馈装置

测量反馈装置的主要作用，是在零件加工的过程中实时检测各执行部件的速度、位移等信息，将检测的结果反馈到计算机数控系统中，与理论上输入的速度和位移等参数进行比较，实时修正执行部件的运动误差，提高零件的加工精度。测量反馈装置，又称位置反馈装置，若数控机床无测量反馈装置，称为开环控制系统；若测量反馈装置安装在伺服系统之后，执行部件之前，称为半闭环控制系统；若测量反馈装置直接对最终的执行部件进行检测并反馈，称为闭环控制系统。显然闭环控制系统的检测精度最高，但结构也最为复杂，成本相对较高。

测量反馈装置中，根据测量对象和测量目的的不同，需采用不同的测量部件，如脉冲编码器、旋转变压器、感应同步器、光栅和磁尺等。

2.1.2　数控机床的工作过程

数控机床的工作过程如图 2-2 所示。首先根据被加工零件的图纸和工艺要求等，采用手动或计算机自动编程，编制零件的加工程序，即把加工零件所需机床的各种动作及工艺参数编成数控装置所能识别和接收的程序代码，并将这些程序代码存储在信息载体（控制介质）上（如穿孔带、磁带、U 盘等），然后输入到计算机数控系统之中。进入数控装置的信息，经一系列的处理、运算及控制转变成伺服系统所能接收的脉冲信号。伺服系统在接收到数控装置发出的脉冲信号后，便通过伺服驱动装置驱动相关部件的运动，并最终控制各执行部件完成各自的运动，包括主运动、进给运动、换刀、起停、润滑、冷却等，从而完成零件的加工。

需要说明的是，数控机床的加工过程虽大体相同，但对于不同类型的数控机床，会有不同的加工特点、不同的应用场合和不同的加工精度。下面针对不同类型数控机床的原理及特点加以说明。

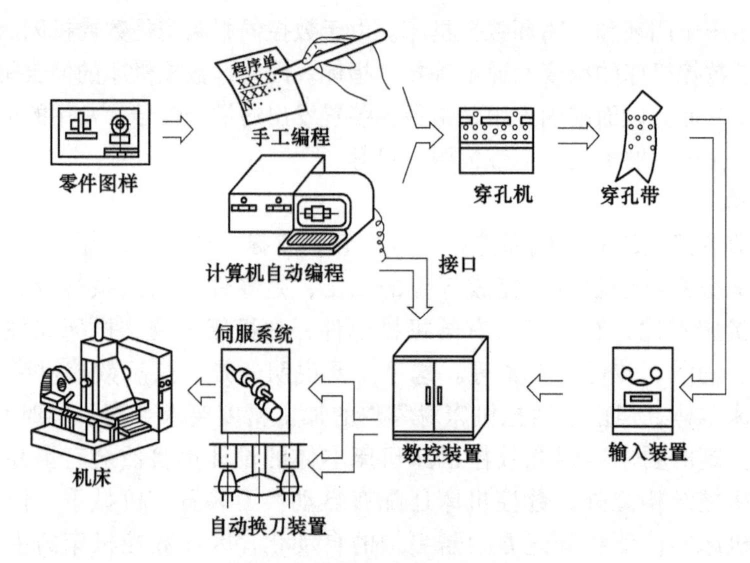

图 2-2　数控机床的工作过程

2.1.3　数控机床的类型

数控机床的品种齐全、规格繁多，可按照不同角度进行分类，本书从数控系统的运动方式和控制方式两个角度进行分类讨论。

1. *按运动方式分类*

按运动方式分类是指根据数控系统的运动方式的不同来分类，可分为点位控制数控机床、直线控制数控机床和轮廓控制数控机床。

（1）点位控制数控机床

采用点位控制系统的机床称为点位控制数控机床。点位控制系统是指数控系统仅能实现刀具相对于工件从一点到另一点的精确定位运动，对轨迹不做控制要求，且运动过程中不进行任何加工。具体的，为了减少移动部件的运动与定位时间，刀具一般是先快速移动到终点附近位置，然后以低速准确移动到终点定点位置，以保证良好的定位精度。移动过程中刀具不进行切削。这一类数控机床包括数控冲床、数控坐标镗床、数控钻床及数控弯管机等。如图 2-3 所示为数控钻床加工示意图。

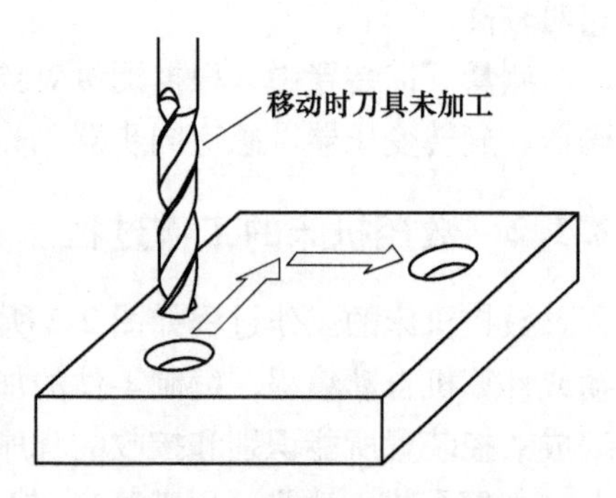

图 2-3　数控钻床加工示意图

（2）直线控制数控机床

采用点位直线控制系统的机床称为直线控制数控机床。点位直线控制系统是指数控系统不仅精确地控制刀具或工作台从一个点运动到另外一个点，同时还能保证该运动为直线运动，同时与点位控制系统不同的是，移动部件在移动过程中进行切削。应用这类控制系统的有数控车床、数控钻床和数控铣床等。图 2-4 所示为数控铣床加工示意图。

（3）轮廓控制数控机床

采用轮廓控制系统（也称连续控制系统）的数控机床称为轮廓控制数控机床。轮廓控制系统是指数控系统既能够精确地控制刀具或工作台从一个点运动到另一个点，同时还能控制在运动过程中的速度和位移，且运动的轨迹不再仅仅是直线，而是具有一定形状的轮廓曲线。应用这类控制系统的有数控车床、数控铣床、数控齿轮加工机床和加工中心等。如图 2-5所示为轮廓控制系统加工示意图。

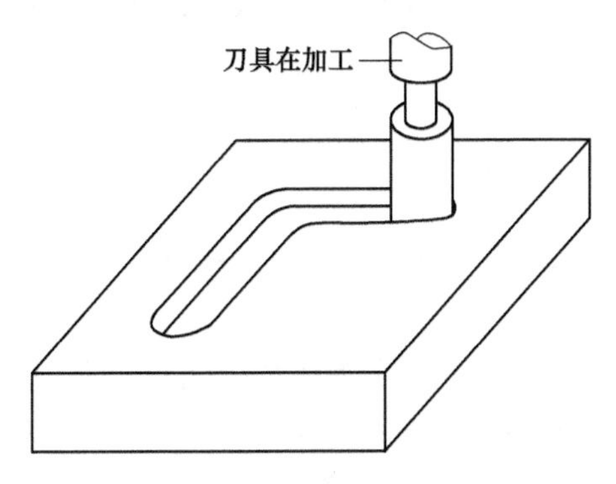

图 2-4　数控铣床加工示意图

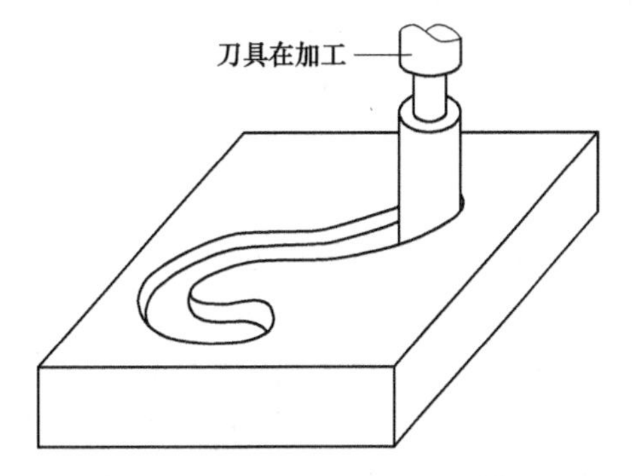

图 2-5　轮廓控制系统加工示意图

2. 按控制方式分类

按控制方式分类是指根据数控机床有无反馈装置，且按照反馈装置位置的不同来进行分类，可分为开环控制数控机床、半闭环控制数控机床和闭环控制数控机床。

（1）开环控制数控机床

开环控制数控机床是指其数控系统为开环控制。开环控制系统是指不带检测反馈装置的控制系统。具体的，它是根据控制介质上的数据指令，经过数控装置运算处理后发出脉冲信号，伺服机构在接收到脉冲信号后，其驱动装置便转过相应的角度，然后经过减速齿轮和丝杠螺母机构，转换为工作台的直线位移。图 2-6 所示为开环控制系统框图。

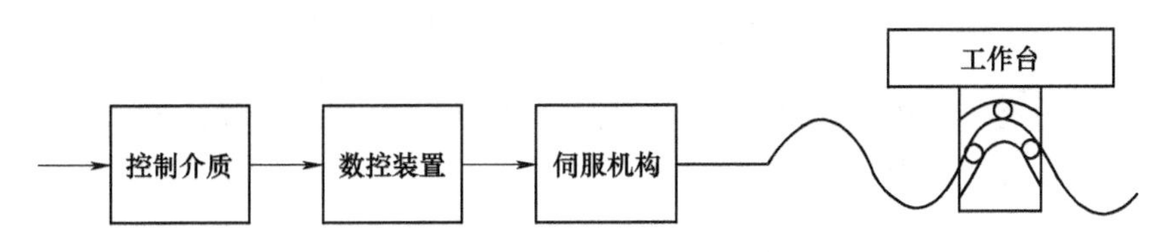

图 2-6　开环控制系统框图

开环数控系统中，伺服机构、减速齿轮、丝杆螺母机构等均会产生传动误差，该误差未得到检测和补偿，因此系统精度较低（±0. 02mm），已逐渐无法满足数控机床日益提高的精度要求。相对应的，开环数控系统也具有结构简单、工作稳定、调试维修方便、成本较低等特点。

（2）半闭环控制数控机床

半闭环控制数控机床是指其数控系统为半闭环控制。半闭环控制系统增加了检测反馈装置，该装置安装在伺服机构中，用以检测滚珠丝杠的转动角度，从而间接地检测工作台的位移，由于半闭环控制系统将移动部件的传动丝杠螺母机构不包括在闭环之内，所以传动丝杠螺母机构的误差仍然会影响移动部件的位移精度，因此称为半闭环控制系统。具体的，在检测到滚珠丝杠的转角后，检测反馈装置将转角信息反馈到数控装置的比较器中进行比较运算，将运算后得到的误差通过放大器进行放大，然后输入给伺服机构以修正该误差，直到误差消除为止。图2-7所示为半闭环控制系统框图。

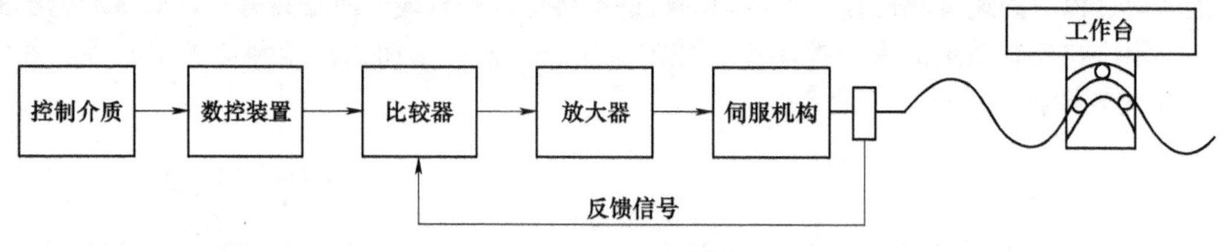

图2-7 半闭环控制系统框图

半闭环控制系统调试方便，稳定性好，被大多数中、小型数控机床广泛采用。

（3）闭环控制数控机床

闭环控制数控机床是指其数控系统为闭环控制。如图2-8所示为闭环控制系统框图，与半闭环控制系统不同，闭环控制系统的检测反馈装置直接安装在机床移动部件上，其运行过程与半闭环控制系统相同，以达到精确定位的作用。显然，由于闭环控制系统为直接检测，无丝杠螺母副等传动误差的影响，因此其定位精度较高（一般可达±0.01mm，最高可达±0.001mm），但调试、维修都比较复杂，成本较高，因此一般应用在高精度数控机床上，如超精车床、超精磨床、大型数控机床等。

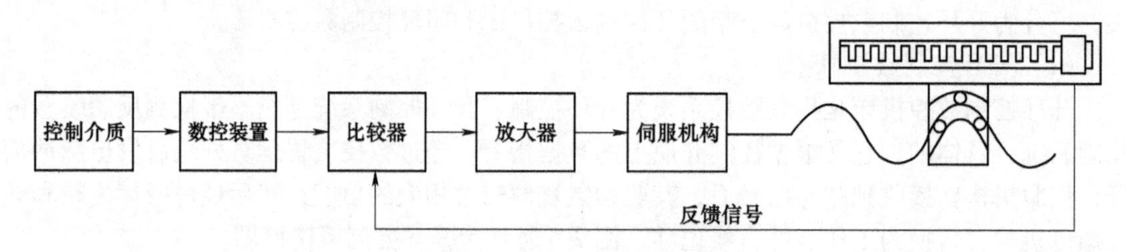

图2-8 闭环控制系统框图

除了以上的分类方式外，还可以按照数控机床的工艺用途、精度等级以及数控机床的功能水平进行分类，在此不再详细介绍。

2.1.4 数控机床设计的基本要求

从本质上说，数控机床与普通机床一样，也是一种通过去除材料将毛坯加工成各种不同形状零件的设备。早期的数控机床、国产普及型数控机床以及通过改造改装而成的数控机床，大都是以普通机床为基础，通过部分结构的改进而形成的产品。因此，在许多场合，普通机床的结构形式、设计计算方法仍适用于数控机床。

但是，随着技术的发展，为了适应现代制造业对生产效率、加工精度、安全环保等方面越来越高的要求，现代数控机床的机械结构已从早期对普通机床的改进，逐步发展形成了自身独特的结构。特别是随着电主轴、直线电动机、转台直接驱动电动机等新产品的普及和应用，其机械结构日趋简化，新颖的结构和部件不断涌现，数控机床的机械结构正在发生重大变化。例如，虚拟轴机床的出现和实用化，使传统的机床结构正面临着新的挑战。

数控机床是一种高效、自动化加工设备，它不仅在控制系统上与传统机床有本质的区别，且对机床的机械结构也提出了如下不同的要求。

1. 安全可靠

数控机床，特别是车削中心、加工中心、车铣复合加工机床、FMC 等现代先进机床，都是高度自动化的加工设备，其动作复杂、高速运动部件众多，部分机床还需要用于无人化加工，其可靠性和安全性的要求远高于普通机床。因此，机床设计必须以安全、可靠运行作为最高准则，严防发生人身和设备安全事故。

数控机床需要进行高速、自动加工，它通常配有高压、大流量的冷却系统。为了防止切屑、冷却液的飞溅，数控机床需要有安全、可靠的全封闭防护罩等保护措施，以确保操作者的安全。

方便、舒适的操作性能是操作者普遍关心的问题。目前，大多数数控机床的刀具、工件装卸，刀具、夹具调整等还需要操作者手动完成，机床的调试和维修更离不开人；而且，由于加工效率的提高，数控机床的工件装卸可能比普通机床更频繁。因此，良好的操作性能是数控机床设计时必须考虑的问题。

2. 刚性好

结构刚度反映了机床抵抗变形的能力。刚性变形所产生的误差，目前还很难通过数控系统的调整和补偿等办法解决，由于数控机床的适应性强、加工范围广、运动速度快，其传动部件不但需要有足够的精度，而且还必须有足够的结构强度和刚度，以防止运动和加工时的变形。

数控机床大多属于高速、高效或高精度加工设备，它需要有稳固的结构和支承；另外，为了充分发挥数控机床的高速、高效性能，机床还应有良好的抗振性，以减轻切削时的共振和颤振，保证零件加工精度和表面质量。因此，数控机床对机械结构部件的静、动刚度要求比普通机床更高。

3. 精度高

利用伺服进给系统代替机械进给系统是数控机床和普通机床的本质区别。数控机床的伺服进给系统的最小移动量通常在 0.001mm 以下，最低进给速度可小于 1mm/min，这就要求进给传动系统具有足够高的运动精度、良好的跟踪性能和低速稳定性，才能对数控系统的指令做出准确的响应，达到要求的精度。

传动系统的间隙直接影响到机床的定位精度，虽然数控系统可通过间隙补偿、单向定位等措施减小间隙的影响，但不能完全消除；特别当传动系统存在非均匀间隙时，必须利用机械措施消除间隙。

4. 热变形小

良好的稳定性是保证机床长时间运行的前提条件，机床的热变形是影响机床加工精度的主要因素之一。

由于数控机床的主轴转速、刀具运动速度远高于普通机床，机床长时间连续工作时，电动机、丝杠、轴承、导轨的发热比较严重；在高速加工机床上，高速切削产生的发热及高温切屑也将导致部件的温升。因此，数控机床的热变形比普通机床更为严重，机械结构设计时需要通过强制冷却等措施降低温升，或通过对称的结构设计，减小机床的热变形。

5. 振动小

机床振动会降低加工精度、工件表面质量和刀具耐用度，影响生产率并加速机床的损坏而且会产生噪声，使操作者疲劳等，故提高机床抗振性是机床设计中一个重要的课题。机床抗振性是指机床在交变载荷作用下抵抗变形的能力。它包括两个方面：抵抗受迫振动的能力和抵抗自激振动的能力，前者有时习惯上称之为抗振性，后者常称为切削稳定性。

（1）受迫振动

受迫振动的振源可能来自机床内部，如高速回转零件的不平衡等，也可能来自机床之外。机床受迫振动的频率与振源激振力的频率相同，振幅与激振力大小及机床阻尼比有关。当激振频率与机床的固有频率接近时，机床将呈现“共振”现象，使振幅激增，加工表面的粗糙度也将大大增加。机床是由许多零部件及结合部组成的复杂振动系统，它属于多自由度系统，具有多个固有频率。在其中某一个固有频率下自由振动时，各点振幅的比值称为主振型。对应于最低固有频率的主振型称为一阶主振型，依次有二阶、三阶等主振型。机床的振动乃是各阶主振型的合成。一般只需要考虑对机床性能影响最大的几个低阶振型，如整机摇摆、一阶弯曲和扭转等振型，即可较准确地表示机床实际的振动。

（2）自激振动

机床的自激振动是发生在刀具和工件之间的一种相对振动，它在切削过程中出现，由切削过程和机床结构动态特性之间的相互作用而产生的，其频率与机床系统的固有频率相近。自激振动一旦出现，它的振幅由小到大增加很快。在一般情况下，切削用量增加，切削力越大，自激振动就越剧烈，但切削过程停止，振动立即消失。故自激振动也称为切削稳定性。

6. 噪声小

物体振动是产生声音的源头，机床工作时各种振动频率不同，振幅也不同，它们将产生不同频率和不同强度的声音，这些声音无规律地组合在一起即成噪声。噪声过大会有损身心健康，是一种环境污染，因此需要尽可能降低噪声。

声音的度量指标有客观和主观两种，具体如下：

1）客观度量。噪声的物理量度量可用声压级、声功率和声功率级、声强和声强级等来表示。下面以声压和声压级的表示方法为例说明。当声波在介质中传播时，介质中的压力与静压的差值为声压，通常用 p 表示，其单位是 Pa。通常人耳能听到的最小声压称为听阀，把听阀作基准声压，用相对量的对数值来表示，称之为声压级 L_p(dB)。声压级的变化范围为 0~120dB。

2）主观度量。人耳对声音的感觉不仅和声压有关，而且还和频率有关，声压级相同而频率不同的声音听起来不一样。根据这一特征，人们引入将声压级和频率结合起来表示声音强弱的主观度量。有响度、响度级和声级等。

机床噪声的测量应按照《金属切削机床噪声测量标准》的要求进行，一般机床允许噪声不大于 85dB(A)，精密机床不大于 75dB(A)。

减少噪声的主要途径是控制噪声的生成和隔声。控制噪声的生成应找出主要的噪声源并采取降低噪声的措施，如传动系统的合理安排，轴承和齿轮机构的合理设计。提高主轴箱体和主轴系统的刚度，避免结构共振，选用合理的润滑方式和轴承结构形式等。在隔声方面降低噪声主要是根据噪声的吸收和隔离原理，采取隔声措施。如齿轮箱严格密封，选用吸声材料作箱体罩壳等。

7. 低速平稳性

机床上有些运动部件，需要做低速或微小位移。当运动部件低速运动时，主动件匀速运动，被动件往往出现明显的速度不均匀的跳跃式运动，即时走时停或者时快时慢的现象。这种现象称为爬行。爬行是个很复杂的现象，目前一般认为它是摩擦自激振动现象，产生这一现象的主要原因是摩擦面上摩擦因数的变化和传动机构的刚度不足。

机床运动部件产生爬行，影响工件的加工精度和表面粗糙度。如精密机床和数控机床加工中的定位运动速度很低或位移极小，产生爬行影响定位精度。在精密、自动化及大型机床上，爬行危害极大，是评价机床质量的一个重要指标。

2.2 数控机床的总体设计

2.2.1 机床设计的基本理论

1. 工件表面的成形方法及机床的运动

（1）工作原理

机床是依靠刀具与工件之间的相对运动，加工出一定几何形状和尺寸精度的工件表面。不同的工件几何表面，往往需要采用不同类型的刀具，做不同的表面成形运动，而成为不同类型的机床。例如，车床为获得圆柱面，应有主轴回转运动（主运动）和刀架溜板的纵向移动（进给运动），车端面时则刀架做横向进给运动。因此，要进行机床的几何运动设计，需要先了解工件表面成形的几何方法。

（2）工件表面的成形方法

1）几何表面的成形。任何一个表面都可以看成是一条曲线（或直线）沿着另一条曲线（或直线）运动的轨迹。这两条曲线（或直线）称为该表面的发生线，前者称为母线，后者称为导线。图 2-9 中给出了几种表面的成形原理，图中 1、2 表示发生线，图 2-9a、c 的平面分别由直线母线和曲线母线 1 沿着直线导线 2 移动而成形的；图 2-9b 的圆柱面是由直线母线 1 沿轴线与它相平行的圆导线 2 运动而成形的；图 2-9d 的圆锥面是由直线母线 1 沿轴线与它相交的圆导线 2 运动而成形的；图 2-9e 的自由曲面是由曲线母线 1 沿曲线导线 2 运动而成形的。有些表面的母线和导线可以互换，如图 2-9a、b、c 所示；有些不能互换，如图 2-9d、e 所示。

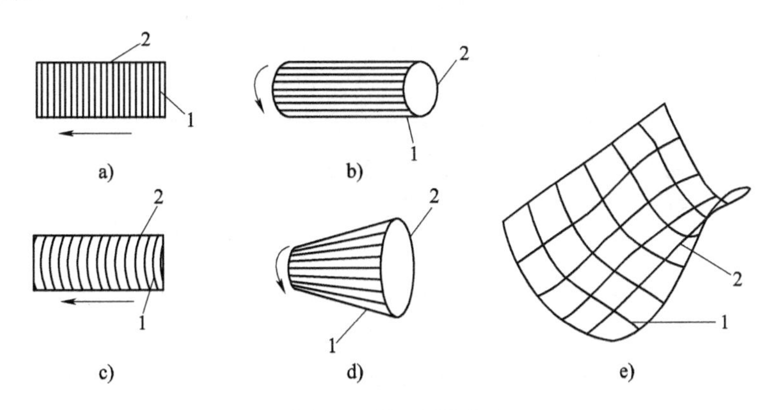

图 2-9　表面成形原理

a）平面一　b）圆柱面　c）平面二　d）圆锥面　e）自由曲面

1—母线　2—导线

2）发生线的成形。在切削加工中，由于所使用刀具的切削刃的形状和采用的加工方法不同，形成生成线的方法也不同。一般可归纳为四种方法，分别是：轨迹法、成形法、相切法和展成法。

加工表面的成形方法是母线成形方法和导线成形方法的组合。因此，加工表面成形所需要的刀具与工件之间的相对运动也是形成母线和导线所需相对运动的组合。

（3）机床的运动

不同的工艺方法所要求的机床运动轨迹的类型和数量是不同的。机床的运动可按下面的方法进行分类。

1）按功用分，可分为表面成形运动和非表面成形运动。表面成形运动又可分为主运动和进给运动。通常主运动消耗的功率占总切削功率的大部分，例如车床工件的转动、铣床主轴的转动、刨床的往复直线运动等。相反进给运动只消耗总切削功率的一小部分，如车床工作台的移动等。除去表面成形运动，就是非表面成形运动，该运动对工件表面形状的成形不起作用，非表面成形运动包含各种空行程运动、切入运动、分度运动和操作及控制运动。

2）按组成分，可分为简单运动和复合运动。所谓简单运动，是指最容易得到的运动，一般把旋转运动和直线运动称为简单运动。但是，对于复杂的生成线，比如螺旋线的生成，就需要两个简单运动的组合，一般是工件的旋转运动和刀具的纵向进给运动，这样的运动就称为复合的表面成形运动，或简称复合成形运动。

（4）机床的运动功能式

运动功能式表示机床的运动个数、形式（直线回转运动）、功能（主运动、进给运动、非成形运动）及排列顺序，是描述机床的运动功能的最简洁的表达形式。

运动功能式的左边写工件，用 W 表示；右边写刀具，用 T 表示；中间写运动，按运动顺序排列；工件、运动和刀具之间用“/”分开。下标 p 表示主运动，下标 f 表示进给运动，下标 a 表示非成形运动。例如，车床的运动功能式为 W/C_p，Z_f，X_f/T。其中 C_p 表示工件的回转运动，为主运动；Z_f，X_f 为工作台的直线进给运动。

2. 机床运动原理图

机床运动原理图是将机床的运动功能式用简洁的符号和图形表达出来，除了描述机床的运动轴个数、形状及排列顺序之外，还表示了机床的两个末端执行器和各个运动轴的空间相对方位，是认识、分析和设计机床传动系统的依据。车床运动原理图的图形符号可用如图 2-10 的形式表示，其中图 2-10a 表示回转运动，图 2-10b 表示直线运动。

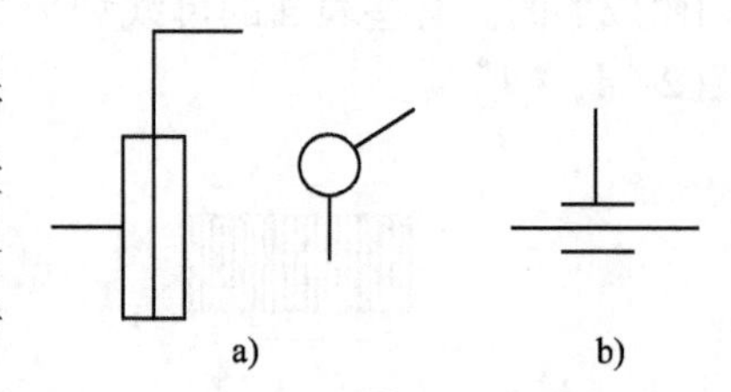

图 2-10　车床运动原理图的图形符号
a）回转运动　b）直线运动

图 2-11 是车床的运动原理图。回转运动 C_p 为主运动，直线运动 Z_f 和 X_f 为进给运动。对于一般的车床，C_p 仅为主运动；对于有螺纹加工功能或有加工非圆回转面（如椭圆面）功能的数控车床，则 C_p 一方面为主运动，另一方面 C_p 可与 Z_f 组成复合运动进行螺纹加工，或 C_p 可与 X_f 组成复合运动进行非圆回转面加工，称这类数控车床具有轴功能。

掌握了机床运动原理图的原理和方法，可以对任何复杂原理的机床进行运动功能分析，同时也是一种运动功能设计的有用工具。

3. 机床传动原理图

（1）机床的传动联系

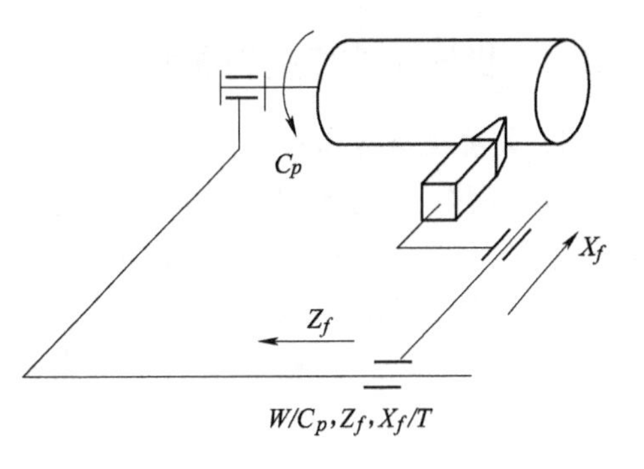

图 2-11　车床运动原理图

一般的，机床由执行件、传动装置和运动源三个部分组成。执行件是指执行机床运动的部件，如主轴、刀架、工作台等；运动源是为执行件提供运动和动力的装置，如交流异步电动机、直流电动机、步进电机等；传动装置是传递运动和动力的装置，通过它把执行件和运动源，或者把一个执行件和另一个执行件联系起来，使执行件获得一定的速度和方向的运动，并使有关执行件之间保持某种确定的运动关系。机床的传动装置有机械、液压、电气、气压等多种形式。

使执行件和运动源以及两个有关的执行件保持运动联系的一系列顺序排列的传动件，称为传动链。传动链中通常包含两类传动机构，一类是传动比和传动方向固定不变的传动机构，另一类是根据加工要求可以变换传动比和传动方向的传动机构。

根据传动联系的性质，传动链可以分为外联系传动链和内联系传动链两类。

1）外联系传动链。它是联系运动源（如电动机）和机床执行件（如主轴、刀架、工作台等）的传动链，使执行件得到运动，而且能改变运动的速度和方向，但不要求运动源和执行件之间有严格的传动比关系。

2）内联系传动链。当表面成形运动为复合的成形运动时，它是由保持严格的相对运动关系的几个单元运动（旋转或直线运动）所组成的。为完成复合的成形运动，必须由传动链把实现这些单元运动的执行件与执行件之间联系起来，并使其保持确定的运动关系，这种传动链称为内联系传动链。

（2）传动原理图

机床的运动原理图只表示运动的个数、形式、功能及排列顺序，不表示运动之间的传动关系。若将动力源与执行件、不同执行件之间的运动及传动关系同时表示出来，就是传动原理图。图 2-12 给出了传动原理图所用的主要图形符号，其中图 2-12a、b、c 所示分别为合成机构、传动比可变的变速传动和传动比不变的定比传动的图形符号。

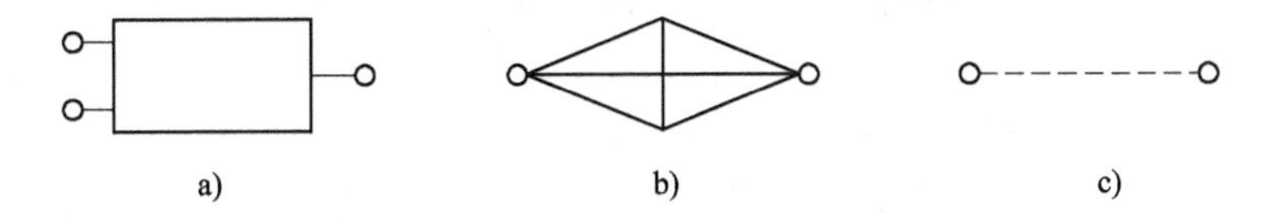

图 2-12　传动原理图的主要符号

a）合成机构　b）传动比可变的变速传动　c）传动比不变的定比传动

图 2-13 给出了滚齿机传动原理图。对机械传动的机床，u_v 表示主运动变速传动机构的传动比，u_f 表示进给运动变速传动机构的传动比，u_i 表示内联系传动链的传动比。内联系 u_{i1} 实现刀具回转 n_1 与工件回转 n_2 组成展成运动；加工斜齿轮时，内联系 u_{i2} 使刀架垂直移动一个斜齿轮导程，工件附加转动一周。

2.2.2 机床总体结构方案设计

1. 数控机床总体布局

在采用数控机床加工零件时，对于不同表面形状的工件，往往需采用不同类型的刀具，分配不同的表面成形运动，因此就产生了不同类型的数控机床。数控机床的总体布局对制造和使用都有很大的影响，在该阶段的主要作用是得到机床的总体结构布局形态。

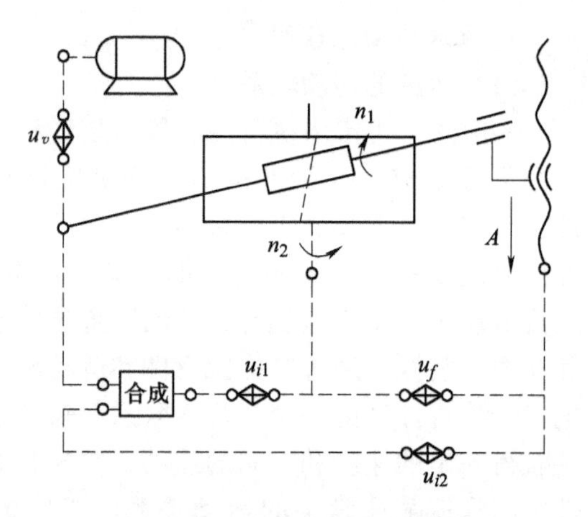

图 2-13 滚齿机传动原理图

首先多数数控机床的总体布局形式已基本固定，且各方面性能均比较成熟。其次，由于机床的种类繁多，使用要求各异，即使是同一用途的机床，其结构形式与总布局的方案可以是多种多样的，在确定数控机床的总体布局时，需要考虑多个方面的问题：一方面需考虑部件之间的相对运动关系，同时结合工件的性质、尺寸和重量等因素，来确定各主要部件之间的相对位置关系和配置；另一方面还要全面考虑机床的外部因素，例如外观形状、操作维修、生产管理和人机关系等问题。下述的一些问题，可以作为数控机床总体布局设计时参考。

（1）总体布局与工件形状、尺寸和重量的关系

加工工件所需要的运动仅仅是相对运动，因此，对部件的运动分配可以有多种方案。有的可以由工件来完成主运动而由刀具来完成进给运动；有的正好相反，由刀具完成主运动而由工件完成进给运动。铣削加工时，进给运动可以由工件运动也可以由刀具运动来完成，或者部分由工件运动，部分由刀具运动来完成，这样就影响到了部件的配置和总体的关系。当然，这都取决于被加工工件的尺寸、形状和重量。如图 2-14 所示，同是用于铣削加工的铣床，根据工件的重量和尺寸的不同，可以有四种不同的布局方案。图 2-14a 是加工件较轻的升降台铣床，由工件完成三个方向的进给运动，分别由工作台、滑鞍和升降台来实现。当加工件较重或者尺寸较大时，则不宜由升降台带着工件做垂直方向的进给运动，而是改由铣头带着刀具来完成垂直进给运动，如图 2-14b 所示。这种布局方案，铣床的尺寸参数即加工尺寸范围可以取得大一些。如图 2-14c 所示，工作台载着工件做一个方向的进给运动，其他两个方向的进给运动由多个刀架即铣头部件在立柱与横梁上移动来完成。这样的布局不仅适用于重量大的工件加工，而且由于增加了铣头，使铣床的生产效率得到很大的提高。加工更大更重的工件时，由工件做进给运动，在结构上是难以实现的，因此采用图 2-14d 所示的布局方案，全部进给运动均由铣头运动来完成，这种布局形式可以减小铣床的结构尺寸和重量。

（2）运动分配与部件的布局

数控机床的运动数目，尤其是进给运动数目的多少，直接与表面成形运动和加工功能有关。运动的分配与部件的布局是机床总体布局的中心问题。以数控镗铣床为例，一般都有四个进给运动的部件，要根据加工的需要来配置这四个进给运动部件。如果需要对工件的顶面进行加工，则铣床主轴应布局成立式的，如图 2-15a 所示。在三个直线进给坐标之外，再在工作台上加一个既可立式也可卧式安装的数控转台或分度工作台作为附件。如果需要对工件的多个侧面进行加工，则主轴应布局成卧式的，同样是在三个直线进给坐标之外再加一个数

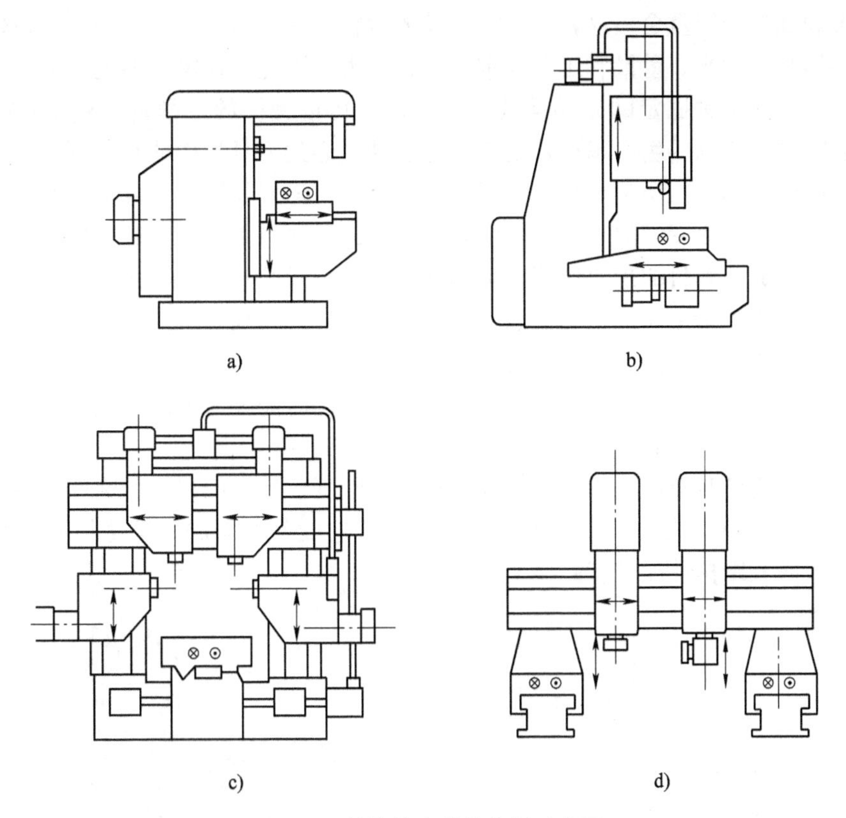

图 2-14 数控铣床总体布局示意图

a）升降台铣床 b）铣头垂直进给、工作台水平进给 c）铣头单坐标进给方向 d）铣头双坐标进给方向

控转台，以便在一次装夹时集中完成多面的铣、镗、钻、铰、攻螺纹等多工序加工，如图 2-15b、c 所示。

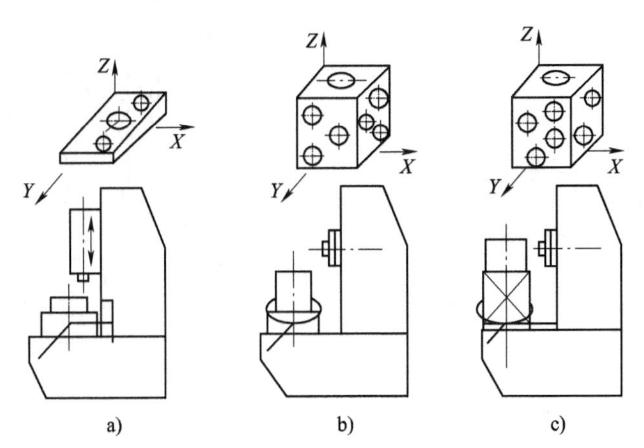

图 2-15 进给运动部件配置

a）立式主轴 b）卧式主轴加分度工作台 c）卧式主轴加数控转台

在数控铣床上用面铣刀加工空间曲面型工件，是一种最复杂的加工情况，除主运动以外，一般需要有三个直线进给坐标 X、Y、Z，以及两个回转进给坐标，以保证刀具轴线向量

处与被加工表面的法线重合，这就是五轴联动的数控铣床。由于进给运动的数目较多，而且加工工件的形状、大小、重量和工艺要求差异也很大，因此，这类数控铣床的布局形式更是多种多样，很难有某种固定的布局模式。在布局时可以遵循的原则是：获得较好的加工精度、表面粗糙度和较高的生产率；转动坐标的摆动中心到刀具端面的距离不要过大，这样可使坐标轴摆动引起的刀具切削点直角坐标的改变量小，最好是能布局成摆动时只改变刀具轴线向量的方位，而不改变切削点的坐标位置；工件的尺寸与重量较大时，摆角进给运动由装刀具的部件来完成，其目的是要使摆动坐标部件的结构尺寸较小，重量较轻；两个摆角坐标的合成矢量应能在半个空间范围的任意方位变动；同样，布局方案应保证铣床各部件或总体上有较好的结构刚度、抗振性和热稳定性；由于摆动坐标带着工件或刀具摆动的结果，将使加工工件的尺寸范围有所减小，这一点也是在总体布局时需要考虑的问题。

（3）总体布局与机床的结构性能

总体布局应能同时保证机床具有良好的精度、刚度、抗振性和热稳定性等结构性能。图 2-16 所示的几种数控卧式铣床，其运动要求与加工功能是相同的，但是结构的总体布局却各不相同，因而其结构性能是有差异的。

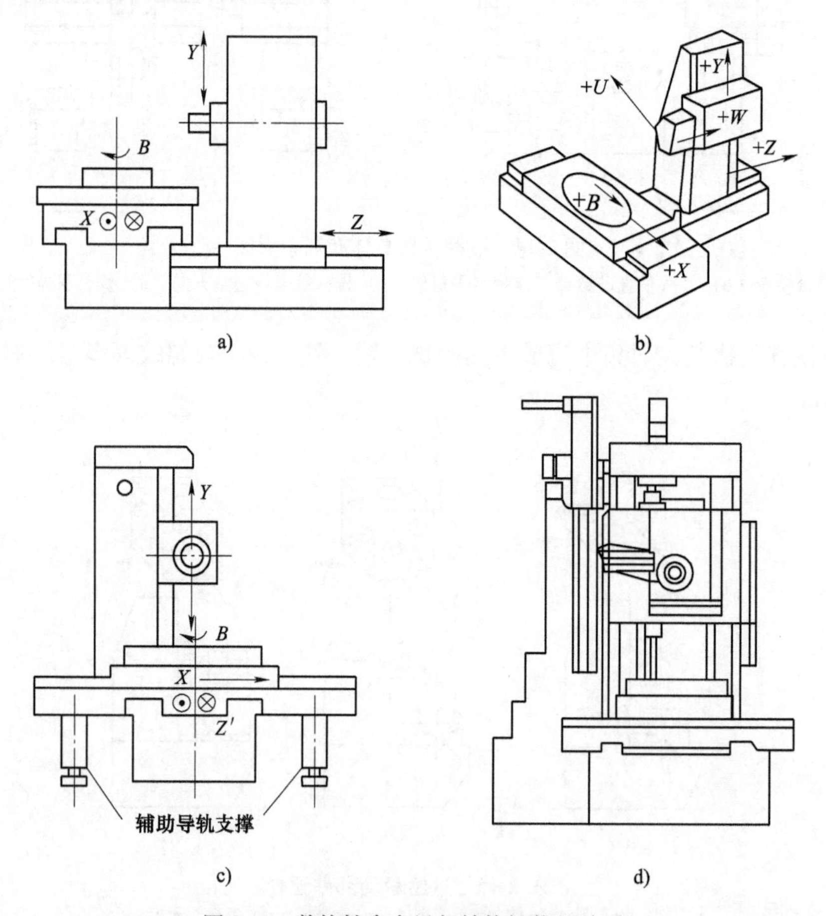

图 2-16　数控铣床布局与结构性能的关系

a）对称 T 形床身布局　b）非对称 T 形床身布局　c）非对称十字形床身布局　d）对称十字形床身布局

图 2-16a 与图 2-16b 的方案采用了 T 形床身布局，前床身横置，与主轴轴线垂直，立柱

带着主轴箱一起做 Z 向进给运动，主轴箱在立柱上做 Y 向进给运动。T 形床身布局的优点是：工作台沿前床身方向做 X 向进给运动，在全部行程范围内工作台均可支承在床身上，故刚性较好，提高了工作台的承载能力，易于保证加工精度，而且可用较长的工作行程，床身、工作台及数控转台为三层结构，在相同的台面高度下，比图 2-16c 和图 2-16d 所示的十字形工作台的四层结构，更易保证大件的结构刚性。而且在图 2-16c 和图 2-16d 的十字形工作台的布局方案中，当工作台带着数控转台在横向（即 X 向）做大距离移动和下滑板做 Z 向进给时，Z 向床身的一条导轨要承受很大的偏载，在图 2-16a、b 的方案中就没有这一问题。

图 2-16a、d 中，主轴箱装在框式立柱中间，设计成对称结构；图 2-16b 和 c 中，主轴箱悬挂在单立柱的一侧，从受力变形和热稳定性的角度分析，这两种方案是不同的。框式立柱布局要比单立柱布局少承受一个扭转力矩和一个弯曲力矩，因而受力后变形小，有利于提高加工精度；框式立柱布局的受热与热变形是对称的，因此，热变形对加工精度的影响小。

所以，一般数控镗铣床和自动换刀数控镗铣床大都采用这种框式立柱的结构形式。在这四种总布局方案中，都应该使主轴中心线与 Z 向进给丝杠布置在同一个平面 YOZ 平面内，丝杠的进给驱动力与主切削抗力在同一平面内，因而扭转力矩很小，容易保证铣削精度和镗孔加工的平行度。但是在图 2-16b、c 中，立柱将偏向 Z 向滑板中心的一侧，而在图 2-16a、d 中，立柱和 X 向横床身是对称的。

立柱带着主轴箱做 Z 向进给运动的方案其优点是能使数控转台、工作台和床身为三层结构。但是当铣床的尺寸规格较大，立柱较高较重，再加上主轴箱部件，将使 Z 向进给的驱动功率增大，而且立柱过高时，部件移动的稳定性将变差。

综上所述，在加工功能与运动要求相同的条件下，数控机床的总布局方案是多种多样的，以机床的刚度、抗振性和热稳定性等结构性能作为评价指标，可以判别出布局方案的优劣。

（4）机床的使用要求与总体布局

数控机床在装卸工件和刀具（加工中心可以自动装卸刀具）、清理切屑、观察加工情况和调整等辅助工作时，还得由操作者来完成。因此，在考虑数控机床总体布局时，除遵循布局的一般原则外，还应该考虑在使用方面的特定要求，例如：数控机床各操作按钮的布置位置要便于操作、数控机床的刀具和工件要易于拆装以及机床的结构布局要便于排屑等。

近年来，由于大规模集成电路、微处理机和微型计算机技术的发展，使数控装置和强电控制电路日趋小型化，不少数控装置将控制计算机、按键、开关、显示器等集中装在吊挂按钮站上，其他的电器部分则集中或分散与主机的机械部分装成一体，而且还采用气-液传动装置，省去液压油泵站，这样就实现了机、电、液一体化结构，从而减少机床占地面积，又便于操作管理。

数控机床一般都采用大流量与高压力的冷却和排屑措施；运动部件也采用自动润滑装置，为了防止切屑与切削液飞溅，避免润滑油外泄，将机床制成全封闭结构，只在工作区处留有可以自动开闭的门窗，用于观察和装卸工件。

2. 机床总体结构的概略形状和尺寸设计

该阶段主要是进行功能（运动或支承）部件的概略形状与尺寸设计，设计的主要依据是：机床总体结构布局设计阶段评价后所保留的机床总体结构布局形态图、驱动与传动设计结果、机床动力参数、加工空间尺寸参数以及机床整机的刚度与精度分配。其设计过程大致如下：

1）首先确定末端执行件的概略形状与尺寸。

2）设计末端执行件与其相邻的下一个功能部件的结合部的形式、概略尺寸。若为运动导轨结合部，则执行件一侧相当于滑台，相邻部件一侧相当于滑座，考虑导轨结合部的刚度及导向精度，选择并确定导轨的类型及尺寸。

3）根据导轨结合部的设计结果和该运动的行程尺寸，同时考虑部件的刚度要求，确定下一个功能部件（即滑台侧）的概略形状与尺寸。

4）重复上述过程，直到基础支承件（底座、立柱、床身等）设计完毕。

5）若要进行机床结构模块设计，则可将功能部件细分成子部件，根据制造厂的产品规划，进行模块提取与设置。

6）初步进行造型与色彩设计。

7）机床总体结构方案的综合评价。

在上述所有的设计完成后，得到的设计结果是机床总体结构方案图。然后对所得到的各个总体结构方案按照性能、成本、生产周期、生产率、物流系统的开放性、外观造型及机床总体结构方案进行综合评价比较，最后根据综合评价，选择一种或两种较好的方案，进行方案的设计修改、完善或优化，最终确定方案。

2.2.3 机床主要参数的设计

机床的主要技术参数包括机床的主参数和基本参数，基本参数可包括尺寸参数、运动参数及动力参数。

1. 主参数和尺寸参数

机床主参数是代表机床规格大小及反映机床最大工作能力的一种参数，为了更完整地表示机床的工作能力和工作范围，有些机床还规定有第二主参数，见 GB/T 15375—2008《金属切削机床型号编制方法》。通用机床主参数已有标准，根据用户需要选用相应数值即可，而专用机床的主参数，一般以加工零件或被加工面的尺寸参数来表示。

机床的尺寸参数是指机床的主要结构的尺寸参数，通常包括以下尺寸：

1）与被加工零件有关的尺寸，如卧式车床刀架上最大加工直径，摇臂钻床的立柱外径与主轴之间的最大跨距等。

2）标准化工具或夹具的安装面尺寸，如卧式车床主轴锥孔及主轴前端尺寸。

2. 运动参数

运动参数是指机床执行件如主轴、工作台和刀架的运动速度。

（1）主运动参数

1）最高转速和最低转速的确定。对于主运动是回转运动的机床，切削速度和转速的关系是：

$$n=\frac{1000v}{\pi d} \tag{2-1}$$

式中 n——主轴转速（r/min）；

v——切削速度（m/min）；

d——工件或刀具直径（mm）。

主轴最高转速和最低转速的确定，通常是分析该机床可能涉及的所有工序当中，根据切削速度和工件的直径，按照式（2-1），可得：

$$n_{max}=\frac{1000v_{max}}{\pi d_{min}}\quad n_{min}=\frac{1000v_{min}}{\pi d_{max}}\quad R_n=\frac{n_{max}}{n_{min}} \tag{2-2}$$

式中　R_n——变速范围。

其中，v_{max} 和 v_{min} 根据切削用量手册、现代机床使用情况调查或者切削实验确定；而 d_{max} 和 d_{min} 是指实际使用情况下，采用 v_{max}（或 v_{min}）时常用的经济加工直径，对于通用机床，一般取：

$$d_{max}=KD\quad d_{min}=R_d d_{max} \tag{2-3}$$

式中　D——机床能加工的最大直径（mm）；

K——系数，根据对现有同类机床使用情况的调查确定，如卧式车床 $K=0.5$，摇臂转床 $K=1.0$；

R_d——计算直径范围，通常 $R_d=0.2\sim0.25$。

确定机床主轴的最高转速主要考虑以下两个因素：

①机床主传动的类型。主运动的传动系统包括变速部分和传动部分，按照传动方式主运动传动系统可分为机械传动、机电结合传动和零传动三种方式。三种方式所允许的主轴最高转速不同。机械传动形式主传动一般用于传统的普通机床，一般主轴最高转速在 2000r/min 左右。机电结合传动形式主传动在数控机床中用得较多，一般主轴最高转速可达 5000~9000r/min。对于零传动形式主传动多用于高速、高精密数控机床，一般主轴最高转速可达 10000~15000r/min。

②采用的刀具类型、材质和切削角度等。刀具的最大切削速度与其类型、材质和切削角度有直接的关系，如镶片车刀经过镀层后，精加工钢材时最大切削速度可从 60~200m/min 提高到 200~520m/min。

随着主电动机技术、轴承技术及刀具技术的发展，数控机床的主轴转速越来越高。实际使用中使用到的典型工艺可能有多种，因此为贴合实际，可多选择几种工艺作为确定最低和最高转速的参考。此外，还应结合生产现场的调查研究等分析，校验和修正计算结果。

2）主轴转速的合理安排。在确定了转速的范围后，接下来要实现确定的转速范围，就需要确定采用何种方式去实现。例如采用有级变速、无级变速或者无级变速结合分级变速的方式等。

目前，大多数机床的主轴转速按照等比级数排列，原因是在转速范围内的转速相对损失均匀，通常公比用符号 φ 表示。转速数列如下：

$$n_1=n_{min},\quad n_2=n_{min}\varphi,\quad n_3=n_{min}\varphi^2,\cdots,\quad n_z=n_{min}\varphi^{z-1} \tag{2-4}$$

对于有的数控机床，其中间转速选用的机会多，最高和最低转速选用的机会较少，可采用两段公比大，中间公比小的混合公比转速数列。

3）标准公比 φ 值和标准数列。为避免产生过大的转速损失，φ 不能过大，一般取 $1<\varphi<2$；同时，为了使用方便并结合电动机的转速，可得标准公比，见表 2-1。

表 2-1 标准公比 φ

φ	1.06	1.12	1.26	1.1	1.58	1.78	2
$\sqrt[E_1]{10}$	$\sqrt[40]{10}$	$\sqrt[20]{10}$	$\sqrt[10]{10}$	$\sqrt[20/3]{10}$	$\sqrt[5]{10}$	$\sqrt[4]{10}$	$\sqrt[20/6]{10}$
$\sqrt[E_2]{2}$	$\sqrt[12]{2}$	$\sqrt[6]{2}$	$\sqrt[3]{2}$	$\sqrt[1]{2}$	$\sqrt[3/2]{2}$	$\sqrt[6/5]{2}$	2
A_{max}	57%	11%	21%	29%	37%	44%	50%
与1.06的关系	1.06^1	1.06^2	1.06^4	1.06^6	1.06^8	1.06^{10}	1.06^{12}

注：E_1、E_2 为正整数，A_{max} 为最大相对转速损失率。

通过标准公比，再根据标准数列，便可得到转速的标准数列。如设计一台卧式车床，$n_{min}=10\text{r/min}$，$n_{max}=1600\text{r/min}$，根据标准公比表，选 $\varphi=1.26$，再根据转速的标准数列可得：10，12.5，16，20，25，31.5，40，50，63，80，100，125，160，200，250，315，400，500，630，800，1000，1250，1600。

4）公比选用。由表 2-1 可见，φ 值小则相对转速损失小，但当变速范围一定时变速级数将增多，结构复杂。通常，对于通用机床，为使转速损失不大，机床结构又不过于复杂，一般取 $\varphi=1.26$ 或 1.41；对于大批量生产用的专用机床、专门化机床及其自动机床，$\varphi=1.12$ 或 1.26，因其生产率高，转速损失影响较大，且又不经常变速，可用交换齿轮变速，不会使结构复杂；而非自动化小型机床，加工中切削时间远小于辅助时间，即使转速损失大些也影响不大，故可取 $\varphi=1.58$、1.78 甚至 2。

5）变速范围 R_n、公比 φ 和级数 z 的关系。由等比级数规律可知：

$$R_n=\frac{n_{max}}{n_{min}}=\varphi^{z-1}$$

则有：

$$\varphi=\sqrt[z-1]{R_n}$$

两边取对数，可写成：

$$\lg R_n=(z-1)\lg\varphi$$

故得：

$$z=\frac{\lg R_n}{\lg\varphi}+1 \tag{2-5}$$

式（2-5）给出了变速范围 R_n、公比 φ 和级数 z 三者的关系。需注意的是，由公式求出的公比 φ 和级数 z，应圆整为标准值和整数。

（2）进给运动参数

大部分机床的进给量用工件或刀具每转的位移量表示，单位为 mm/r，如车床、钻床、镗床、滚齿机等。直线往复运动的机床，如刨床、插床，以每一往复的位移表示。对于铣床和磨床，由于使用的是多刃刀具，进给量常以每分钟的位移量表示，单位为 mm/min。

数控机床的进给量通常采用电动机无级变速的方式实现。而普通机床则既有机械无级变速方式，又有机械有级变速方式。在采用有级变速时，对于进给量的变化只影响生产率的机床，为使相对损失为一定值，进给量的数列一般取等比数列。例如，T68 型镗床的进给数列是：0.05、0.07、0.10、0.13、0.19、0.27、0.37、0.52、0.74、1.03、1.43、2.05、2.9、4、5.7、8、11.1、16，共 18 级，公比为 1.41。但是有的机床，如刨床和插床等，为使进给机构简单而采用间歇进给的棘轮机构，进给量由每次往复转过的齿数而定，这就不是等比数列而是等差数列了。供大量生产用的自动和半自动车床，常用交换齿轮来调整进给量，可以不按一定的规则，而用交换齿轮选择最有利的进给量。卧式车床因为要车螺纹，进给箱的分级应根据螺纹标准而定。螺纹标准不是一个等比数列，而是一个分段的等差数列。

3. 动力参数

机床的动力参数较多，包括电动机的功率、液压缸的牵引力、液压马达或步进电动机的额定转矩等。机床各传动件的结构参数（轴或丝杠的直径、齿轮及蜗轮的模数、传动带的类型等）都是根据动力参数设计计算的。动力参数既不能太大也不能调小，由于通用机床的使用情况相当复杂，切削力和进给力的规律研究不够等原因，现阶段动力参数的确定方法还未完全成熟。由于篇幅有限，本书仅对主传动电动机的功率、进给驱动电动机的功率和快速运动电动机的功率采用计算的方法加以讨论。

（1）主传动电动机功率的确定

机床主运动电动机的功率 P_L 为：

$$P_L = P_c/\eta_c + P_q \tag{2-6}$$

$$\eta_c = \eta_1\eta_2\cdots \tag{2-7}$$

式中　P_c——消耗于切削的功率，又称有效功率（kW）；

P_q——空载功率（kW）；

η_1，$\eta_2\cdots$——主传动系统中各传动副的机械效率。

当机床结构尚未确定时，应用式（2-6）有一定的困难，也可用式（2-8）粗略估算主电动机的功率：

$$P_L = P_c/\eta_c \tag{2-8}$$

式中　η_c——机床主传动系统总机械效率，主运动为回转运动时，η_c =0.7~0.85；主运动为直线运动时，η_c =0.6~0.7。

对于间断工作的机床，由于允许电动机短时超载工作，故按式（2-6）、式（2-8）计算的 P_L 是指电动机在允许范围内超载时的功率。电动机的额定功率可按式（2-9）计算：

$$P_n = \frac{P_c}{K} \tag{2-9}$$

式中　P_n——选用电动机的额定功率（kW）；

P_c——计算出的电动机功率（kW）；

K——电动机超载系数，对连续工作的机床 $K=1$；对间断工作的机床，$K=1.1\sim1.25$。间断时间长，取较大值。

（2）进给驱动电动机功率的确定

机床进给运动驱动源可分成如下几种情况：

1）进给运动与主运动合用一台电动机。

2）进给运动中工作进给与快速进给合用一台电动机时，由于快速进给所需功率远大于工作进给的功率，且两者不同时工作，所以不必单独考虑工作进给所需功率。

3）进给运动采用单独电动机驱动，则需要确定进给运动所需功率（或转矩）。

而对于数控机床的进给运动，一般采用伺服电动机驱动，其转矩公式为：

$$M_m = \frac{9550P_f}{n_m} \tag{2-10}$$

式中　M_m——电动机转矩（N·m）；

n_m——电动机转速（r/min）。

（3）快速运动电动机功率的确定

快速运动电动机起动时消耗的功率最大，要同时克服移动件的惯性力和摩擦力，即：

$$P_q = P_g + P_{fw} \tag{2-11}$$

式中　P_q——快速运动电动机功率（kW）；

P_g——克服惯性力所需的功率（kW）；

P_{fw}——克服摩擦力、重力所需的功率（kW）。

其中，

$$P_g = \frac{M_g n_g}{9550\eta} \tag{2-12}$$

式中　M_g——克服惯性力所需电动机轴上转矩（N·m）；

n_g——电动机转速（r/min）；

η——传动件的机械效率。

其中，

$$M_g = J_e \frac{\omega_1}{t_a} \tag{2-13}$$

式中　J_e——转化到电动机轴上的当量转动惯量（$kg \cdot m^2$）；

ω_1——电动机的角速度（rad/s）；

t_a——电动机起动时间，中型机床 $t_a = 0.5s$，大型机床 $t_a = 1.0s$。

一般普通机床的快速运动电动机功率和空行程速度选择可参考表 2-2 进行。

表 2-2　机床部件空行程速度和电动机功率

机床类型	主参数/mm		移动部件	速度/$m \cdot min^{-1}$	电动机功率/kW
卧式车床	床身上最大回转直径	400	溜板箱	3~5	0.25~0.5
		630~800	溜板箱	4	1.1
		1000	溜板箱	3~4	1.5
		2000	溜板箱	3	4
立式车床	最大车削直径	单柱 1250~1600	横梁	0.44	2.2
		双柱 2000~3150	横梁	0.35	7.5
		5000~10000	横梁	0.3~0.37	17
摇臂钻床	最大钻孔直径	25~35	摇臂	1.28	0.8
		40~50	摇臂	0.9~1.4	1.1~2.2
		75~100	摇臂	0.6	3
		125	摇臂	1.0	7.5

（续）

机床类型	主参数/mm		移动部件	速度/m · min^{-1}	电动机功率/kW
卧式镗床	主轴直径	63~75	主轴箱和工作台	2.8~3.2	1.5~2.2
		85~110	主轴箱和工作台	2.5	2.2~2.8
		126	主轴箱和工作台	2.0	4
		200	主轴箱和工作台	0.8	7.5
升降台铣床	工作台工作面宽度	200	工作台和升降台	2.4~2.8	0.6
		250	工作台和升降台	2.5~2.9	0.6~1.7
		320	工作台和升降台	2.3	1.5~2.2
		400	工作台和升降台	2.3~2.8	2.2~3
龙门铁床	工作台工作面宽度	800~1000	横梁	0.65	5.5
			工作台	2.0~3.2	4
龙门刨床	最大刨削宽度	1000~1250	横梁	0.57	3.0
		1250~1600	横梁	0.57~0.9	3~5.5
		2000~2500	横梁	0.42~0.6	7.5~10

2.3　数控机床主传动系统设计

2.3.1　概述

主传动系统是用来实现机床主运动的传动系统，它应具有一定的转速（速度）和一定的变速范围，以便采用不同材料的刀具，加工不同材料、不同尺寸、不同要求的工件，并能方便地实现运动的开停、变速、换向和制动等。

数控机床主传动系统主要包括电动机、传动系统和主轴部件，与普通机床的主传动系统相比在结构上比较简单，这是因为变速功能全部或大部分由主轴电动机的无级调速来承担，省去了复杂的齿轮变速机构，有些只有二级或三级齿轮变速系统用以扩大电动机无级调速的范围。主传动系统的设计要求如下：

1）主轴具有一定的转速和足够的转速范围、转速级数，能够实现运动的开停、变速、换向和制动，以满足机床的运动要求。

2）主电动机具有足够的功率，全部机构和元件具有足够的强度和刚度，以满足机床的动力要求。

3）主传动的有关结构，特别是主轴组件要有足够高的精度、抗振性，热变形和噪声要小，传动效率要高，以满足机床的工作性能要求。

4）操纵灵活可靠，调整维修方便，润滑密封良好，以满足机床的使用要求。

5）结构简单紧凑，工艺性好，成本低，以满足经济性要求。

2.3.2　无级变速主传动系统

数控机床的主传动系统广泛采用无级变速，因此有级变速主传动系统的设计在此不再讨论。无级变速不仅能使主传动系统在一定的调速范围内选择到合理的切削速度，而且还能在运转中自动变速。无级调速有机械、液压和电气等多种形式，数控机床一般都采用由直流或交流调速电动机作为驱动源的电气无级调速。由于数控机床主运动的调速范围较宽，一般情况下单靠调速电动机无法满足；另一方面调速电动机的功率和转矩特性也难以直接与机床的功率和转矩要求完全匹配。因此，需要在无级调速电动机之后串联机械分级变速传动，以满足调速范围和功率、转矩特性的要求。

1. 无级变速装置的分类

无级变速是指在一定范围内，转速（或速度）能连续地变换，从而获取最有利的切削速度。机床主传动中常采用的无级变速装置有三大类：变速电动机、机械无级变速装置和液压无级变速装置。

（1）变速电动机

机床上常用的变速电动机有直流电动机和交流变频电动机，在额定转速以上为恒功率变速，通常调速范围仅为2~3；额定转速以下为恒转矩变速，调整范围很大，可达30甚至更大。上述功率和转矩特性一般不能满足机床的使用要求。为了扩大恒功率调速范围，可在变速电动机和主轴之间串联一个分级变速箱。变速电动机广泛用于数控机床、大型机床中。

（2）机械无级变速装置

机械无级变速装置有柯普（Koop）型、行星锥轮型、分离锥轮钢环型和宽带型等多种结构，它们都是利用摩擦力来传递转矩，通过连续地改变摩擦传动副工作半径来实现无级变速。由于它的变速范围小，多数是恒转矩传动，通常较少单独使用，而是与分级变速机构串联使用，以扩大变速范围。机械无级变速装置应用于对功率和变速范围要求较小的中小型车床、铣床等机床的主传动中，更多用于进给变速传动中。

（3）液压无级变速装置

液压无级变速装置通过改变单位时间内输入液压缸或液动马达中液体的油量来实现无级变速。它的特点是变速范围较大、变速方便、传动平稳、运动换向时冲击小、易于实现直线运动和自动化。常用在主运动为直线运动的机床中，如刨床、拉床等。

2. 电动机无级调速的配置方式

目前主流的数控机床主传动系统多采用电动机无级调速的方式，为了扩大恒功率调速范围，在变速电动机和主轴之间串联一个分级变速箱，总体上主要有四种配置方式，如图2-17所示。

（1）带有变速齿轮的主传动

如图2-17a所示，大、中型数控机床采用这种变速方式。通过少数几对齿轮降速，扩大输出转矩，以满足主轴低速时对输出转矩特性的要求。数控机床在交流或直流电动机无级变速的基础上配以齿轮变速，使之成为分段无级变速。滑移齿轮的移位大都采用液压缸加拨叉，或者直接由液压缸带动齿轮来实现。

（2）通过带传动的主传动

如图2-17b所示，这种传动主要应用在转速较高、变速范围不大的机床。电动机本身的调速就能够满足要求，不用齿轮变速，可以避免齿轮传动引起的振动与噪声。它适用于高速、低转矩特性要求的主轴。常用的是V带和同步齿形带。

（3）用两个电动机分别驱动

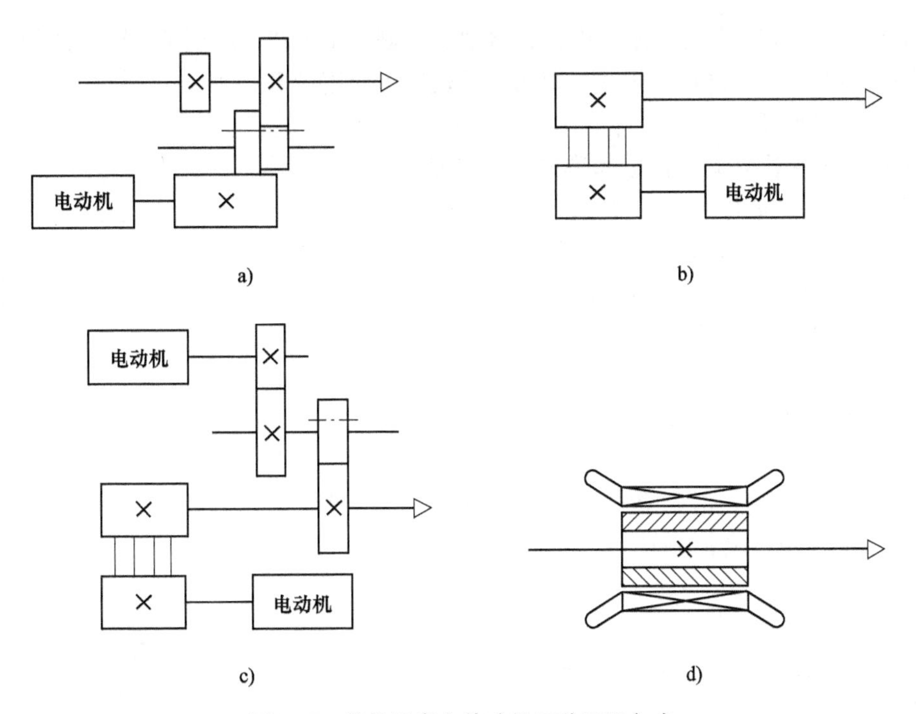

图 2-17　数控机床主传动的四种配置方式

a）带有变速齿轮的主传动　b）通过带传动的主传动　c）用两个电动机分别驱动　d）内装电动机主轴传动结构

如图 2-17c 所示，这是上述两种方式的混合传动，具有上述两种性能。高速时电动机通过带轮直接驱动主轴旋转；低速时，另一个电动机通过两级齿轮传动驱动主轴旋转，齿轮起到降速和扩大变速范围的作用，这样就使恒功率区增大，扩大了变速范围，克服了低速时转矩不够且电动机功率不能充分利用的缺陷。

（4）内装电动机主轴传动结构

如图 2-17d 所示，这种主传动方式大大简化了主轴箱体与主轴的结构，有效地提高了主轴部件的刚度，但主轴输出转矩小，电动机发热对主轴影响较大。

2.3.3　主传动系统变速方案设计

现代切削加工正朝着高速、高效和高精度方向发展，对机床的性能提出越来越高的要求，如：转速高；调速范围大，恒转矩调速范围可达 100~1000，恒功率调速范围可达 10 及以上，更大的功率范围达 2.2~250kW；能在切削加工中自动变换速度，机床结构简单，噪声小，动态性能好，可靠性高等。数控机床主传动设计应满足上述要求，并具有如下特点。

1. 调速电动机的选择及其功率和转矩特性

数控机床上常用的无级变速机构为直流或交流调速电动机。

（1）直流电动机

直流电动机从额定转速 n_d 向上至最高转速 n_{max}，是用调节磁场电流（简称调磁）的办法来调速的，属于恒功率；从额定转速 n_d 向下至最低转速 n_{min}，是用调节电枢电压（简称调压）的办法来调速的，属恒转矩。一般直流电动机恒转矩调速范围较大，达 30，甚至更大；而恒功率调速范围小，一般在 2~3 之间，满足不了现代数控机床的要求；在高转速范围要进一步提高转速，就必须加大励磁电流，将引起电刷产生火花，限制了电动机的最高转速和调速范围。因此，直流电动机仅在早期的数控机床上应用较多。

（2）交流电动机

交流调速电动机靠调节供电频率的办法调速，因此常称为调频主轴电动机。通常，额定转速向上至最高转速 n_{max} 为恒功率，调速范围为 3~5；额定转速 n_d 至最低转速 n_{min} 为恒转矩，调速范围为几十甚至超过一百。直流和交流调速电动机的功率转矩特性见图 2-18。

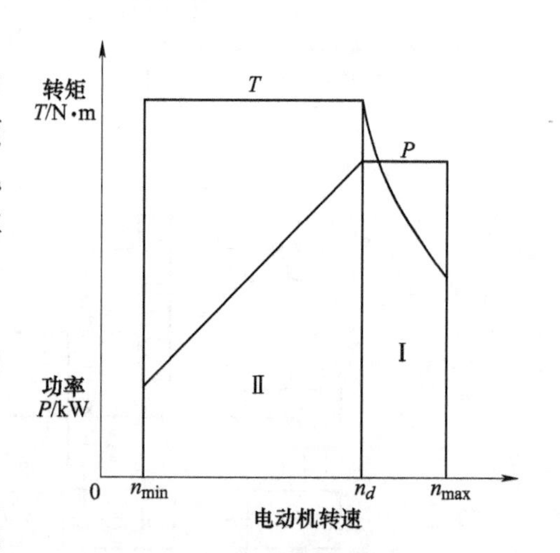

图 2-18　直流和交流调速电动机的功率转矩特性

Ⅰ—恒功率区　Ⅱ—恒转矩区

交流调速电动机由于体积小，转动惯性小，动态响应快，没有电刷，能达到的最高转速比同功率的直流电动机高，磨损和故障也少。现在，在中、小功率领域，交流调速电动机已占优势，应用更加广泛。

由于伺服电动机和脉冲步进电动机都是恒转矩的，而且功率不大，所以只能用于直线进给运动和辅助运动。

基于上述分析可知，如果直流或交流调速电动机用于拖动直线运动执行机构，例如龙门刨床工作台（主运动）或立式车床刀架（进给运动），可直接利用调速电动机的恒转矩调速范围，用电动机直接带动或通过定比减速齿轮拖动执行机构。

如果直流或交流调速电动机用于拖动旋转运动，例如拖动主轴，则由于主轴要求的恒功率调速范围远大于电动机所能提供的恒功率范围，常用串联分级变速箱的办法来扩大其恒功率调速范围。

2. 电动机和主轴功率特性的匹配设计

在设计数控机床主传动时，必须考虑电动机与机床主轴功率特性匹配问题。由于主轴要求的恒功率变速范围 R_{np} 远大于电动机的恒功率变速范围 R_{dp}，所以在电动机与主轴之间要串联一个分级变速箱，以扩大其恒功率调速范围，满足低速大功率切削时对电动机输出功率的要求。

在设计分级变速箱时，考虑到机床结构的复杂程度、运转平稳性要求等因素，变速箱公比的选取有下列三种情况：

1）取变速箱的公比 φ_f 等于电动机的恒功率调速范围 R_{dp}，即 $\varphi_f=R_{dp}$，功率特性图是连续的，无缺口和无重合。若变速箱的变速级数为 Z，则主轴的恒功率变速范围 R_{np} 等于：

$$R_{np}=\varphi_f^{Z-1}R_{dp}=\varphi_f^{Z}$$

变速箱的变速级数 Z 可由式（2-14）算出：

$$Z=\frac{\lg R_{np}}{\lg\varphi_f} \tag{2-14}$$

【例 2-1】 有一数控机床，主轴最高转速为 4000r/min，最低转速为 30r/min，计算转速为 150r/min，最大切削功率为 5.5kW。采用交流调频主轴电动机，额定转速为 1500r/min，最高转速为 4500r/min。设计分级变速箱的传动系统并选择电动机的功率。

解：主轴要求的恒功率调速范围：

$$R_{np}=4000/150=26.7$$

电动机的恒功率调速范围：

$$R_{dp}=4500/1500=3$$

主轴要求的恒功率调速范围远大于电动机所能提供的恒功率调速范围，故必须配以分级变速箱。如取变速箱的公比：

$$\varphi_f=R_{dp}=3$$

则由于无级变速时：

$$R_{np}=\varphi_f^{Z-1}R_{dp}=\varphi_f^{Z}$$

故变速箱的变速级数：

$$Z=\frac{\lg R_{np}}{\lg\varphi_f}=2.99$$

取 $Z=3$。传动系统和转速图见图 2-19a、b，图 2-19c 为主轴的功率特性。从图 2-19b 可看出，电动机经 35/77 定比传动降速后，如果经 82/42 传动主轴，则电动机转速从 4500r/min 降至 1500r/min（恒功率区），主轴转速从 4000r/min 降至 1330r/min。在图 2-19c 中就是 AB 段。主轴转速再需下降时变速箱变速，经 49/75 传动主轴。电动机又恢复从 4500r/min 降至 1500r/min，主轴则从 1330r/min 降至 440r/min，在图 2-19c 中就是 BC 段。同样，当经 22/102 传动主轴时，主轴转速为 145～440r/min，图 2-19c 中是 CD 段。可见，主轴从 145～4000r/min 的恒功率，是由 AB、BC、CD 三段接起来的。从 145r/min 至 30r/min，电动机从 1500r/min 降至 310r/min，属电动机的恒转矩区，图 2-19c 中为 DE 段。如取总效率为 $\eta=0.75$，则电动机功率 $P=5.5/0.75\text{kW}=7.3\text{kW}$。可选用北京数控设备厂的 BESK-8 型交流主轴电动机，连续额定输出为 7.5kW。

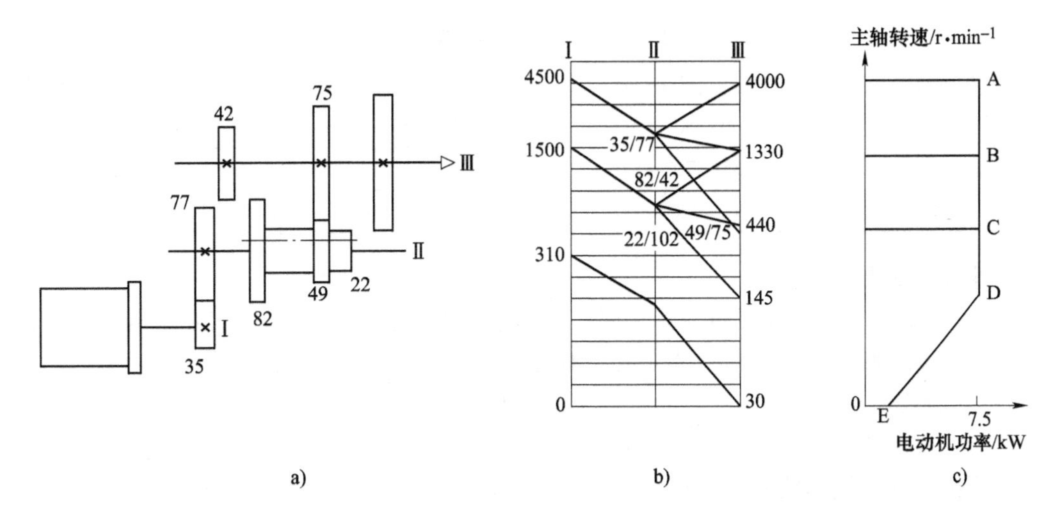

图 2-19　无级变速主传动链

a）传动系统　b）转速图　c）主轴的功率特性

2）若要简化变速箱结构，变速级数应少些，变速箱公比 φ_f 可取大于电动机的恒功率调

速范围 R_{dp}，即 $\varphi_f > R_{dp}$。这时，变速箱每档内有部分低转速只能恒转矩变速，主传动系统功率特性图中出现“缺口”，称为功率降低区。使用“缺口”范围内的转速时，为限制转矩过大，根据转矩、功率和转速的关系，因此得不到电动机输出的全部功率。为保证缺口处的输出功率，电动机的功率应相应增大。

3）数控机床为了恒线速切削需在运转中变速时，取变速箱公比 φ_f 小于电动机的恒功率变速范围，即 $\varphi_f < R_{dp}$，在主传动系统功率特性图上有小段重合，这时变速箱的变速级数将增多，使结构变得复杂。适合于恒线速切削时可在运转中变速的场合，如数控车床切削阶梯轴或端面的情况。在恒线速切削时，随着工件直径的变化，主轴转速也要随之而自动变化。这时不能用变速箱变速，必须用电动机变速。因为用变速箱变速时必须停车，这在连续切削时是不允许的。因此，可采用增加变速箱的变速级数 Z、降低公比的方法解决。

2.3.4 主轴转速的自动变换

在采用调速电动机的主传动无级变速系统中，主轴的正、反起动与停止是通过直接控制电动机来实现的，主轴转速的变换则由电动机转速的变换与分挡变速机构的变换相配合来实现。由于主轴转速的二位 S 代码最多只有 99 种，即使是使用四位 S 代码直接指定主轴转速也只能按一转递增，而且分级越多，指令信号的个数越多，则越难以实现。因此，实际上将主轴转速按等比数列分成若干级，根据主轴转速的 S 代码发出相应的有级级数与电动机的调速信号来实现主轴的主动换速。电动机的驱动信号由电动机的驱动电路根据转速指令信号来转换。齿轮有级变速则采用液压拨叉或电磁离合器实现。

例如，某数控车床的主运动变速系统采用交流变频调速电动机，通过分档变速机构驱动主轴。为获得主轴的某一转速，必须接通相应的分档变速级别和调节电动机的运行频率。主轴转速范围为 9~1400r/min，主电动机功率为 7.5kW，额定转速为 1400r/min。S 代码转换计算实例见表 2-3。

表 2-3 S 代码转换计算实例

档位/传动比	S（转速）代码/$r \cdot min^{-1}$	转速计算	对应输出频率/Hz
I/8	9~350	5+95/(350−9)×(S−9)	5~100
II/4	351~700	50+50/(700−351)×(S−351)	50~100
III/2	701~1400	50+50/(1400−701)×(S−701)	50~100

变速过程如下：

1）读入 S 值，判断速度对应哪一档，并判断是否需要换档，如不需要换档，则在该档转速范围内按线性插值求出新的速度值，输出至电动机变频驱动装置，调节电动机的转速。

2）如需要换档，发降速指令，即换档时对应 f = 5Hz，经延时等速度稳定后，发换档请求信号，换档继电器动作，然后检测判断换档结束信号，即等齿轮到位后，在新档位内，根据 S 值按新的直线插值方法，求出新的转速值并输出至电动机变频驱动装置。

常用的有通过液压拨叉变档和用电磁离合器变档两种形式。在数控机床中常使用无集电环摩擦片电磁离合器和牙嵌式电磁离合器。由于无集电环摩擦片式电磁离合器采用摩擦片传递转矩，所以允许不停车变速。但如果速度过高，会由于滑差运动产生大量的摩擦热。牙嵌式电磁离合器由于在摩擦面上制成一定的齿形，提高了传递转矩，减小了离合器的径向、轴向尺寸，使主轴结构更加紧凑，摩擦热减小。但牙嵌式电磁离合器必须在低速时（每分钟数转）变速。

2.3.5 主传动系统的结构设计

1. 变速机构

大多数机床的主运动都要进行变速，变速方式分为分级变速和无级变速。分级变速机构有下列几种。

（1）交换齿轮变速机构

变换齿轮变速机构的变速简单，结构紧凑，主要用于大批量生产的自动或半自动机床、专用机床及组合机床等。

（2）滑移齿轮变速机构

滑移齿轮变速机构广泛应用于通用机床和一部分专用机床中。其优点是变速范围大，变速级数也较多，变速方便，又节省时间，在较大的变速范围内可传递较大的功率和转矩，不工作的齿轮不啮合，因而空载功率损失较小等。其缺点是变速箱的构造较复杂，不能在运转中变速。为使滑移齿轮容易进入啮合，多用直齿圆柱齿轮传动，故传动平稳性不如斜齿轮传动。

（3）离合器变速传动

在离合器变速机构中应用较多的有牙嵌式离合器、齿轮式离合器和摩擦片式离合器。

当变速机构为斜齿或人字齿圆柱齿轮时，不便于采用滑移齿轮变速，则应用牙嵌式或齿轮式离合器变速。

摩擦片式离合器可以是机械的、电磁的或液压的，特点是可在运转过程中变速，接合平稳冲击小，便于实现自动化。采用摩擦离合器变速时，为减小离合器的尺寸，应尽可能将离合器安排在转速较高的传动轴上，而且要防止出现超速现象。

2. 齿轮在轴上的布置

齿轮的布置方式直接影响到变速箱的尺寸、变速操纵的方便性以及结构实现的可能性，设计时要根据具体要求合理加以布置。

在变速传动组内，尽量以较小的齿轮为滑移齿轮，使得操纵省力。在同一个变速组内，须保证当一对齿轮完全脱开啮合之后，另一对齿轮才能开始进入啮合，即两个固定齿轮的间距应大于滑移齿轮的宽度，二者之差一般为 1~4mm。因此，对于图 2-20 所示的双联滑移齿轮传动组，占用的轴向长度为 $B \geqslant 4b$ ，三联滑移齿轮传动组占用的轴向长度为 $B \geqslant 7b$ ，如图 2-21 所示。

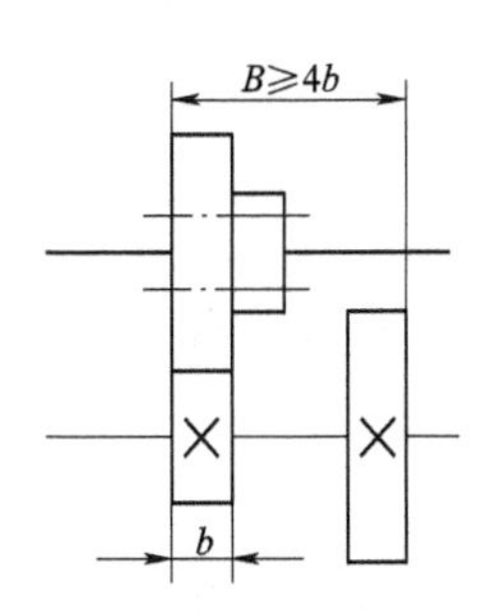

图 2-20　双联滑移齿轮轴向排列长度

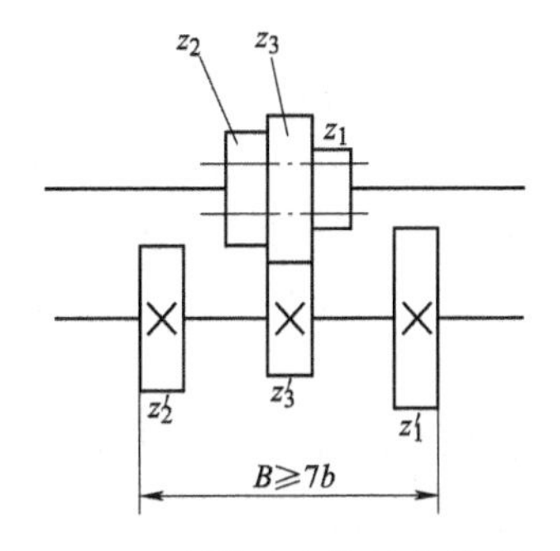

图 2-21　三联滑移齿轮轴向排列长度

为了减小变速箱的尺寸，既应缩短轴向尺寸，又要缩小径向尺寸，它们之间往往是相互联系的，应该根据具体情况考虑全局，确定齿轮布置问题。

若要缩短轴向尺寸，可把三联齿轮一分为二，如图 2-22 所示，就能使轴向长度少一个 b，使操纵机构复杂了，两个滑移齿轮的操纵机构之间要互锁，以防止两对齿轮同时啮合。除此之外，还可把两个传动组统一安排。

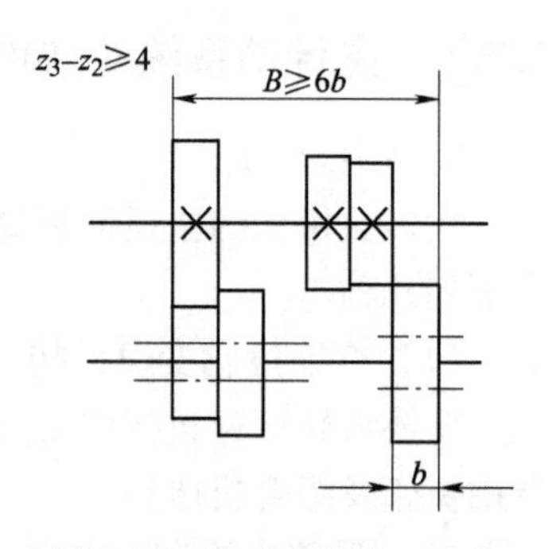

图 2-22 将三联齿轮一分为二的轴向排列

若要缩短变速箱的径向尺寸，可采取下列措施：

1）缩小轴间距离。在强度允许的条件下，尽量选用较小的齿数和，并使齿轮的降速传动比大于 1/4，以避免采用过大的齿轮。

2）采用轴线相互重合方式。在相邻变速组的轴间距离相等的情况下，可将其中两根轴布置在一轴线上，则可大大缩小径向尺寸，如图 2-23 所示，轴Ⅰ和Ⅲ两轴线重合。

3）相邻各轴在横剖面图上布置成三角形，可以缩小径向尺寸。

4）在一个传动组内，若取最大传动比等于最小传动比的倒数，则传动件所占的径向空间将是最小的。

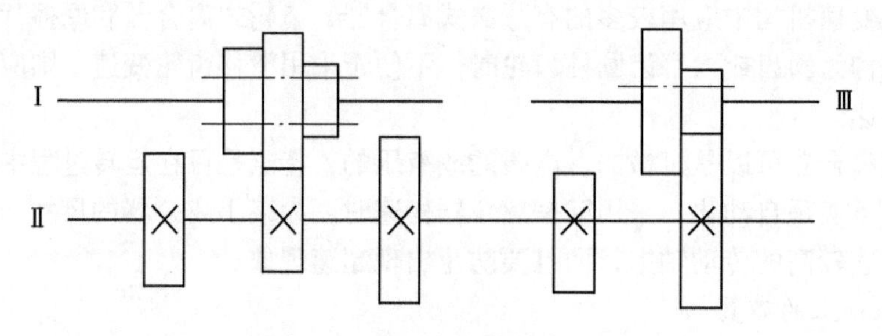

图 2-23 轴线重合的布置方式

2.3.6 现代数控机床主传动系统设计

1. 数控机床高速主传动设计

提高主传动系中主轴转速是提高切削速度最直接最有效的方法。数控车床的主轴转速目前已从十几年前的 1000~2000r/min 提高到 5000~7000r/min。数控高速磨削的砂轮线速度从 5060m/s 提高到 100~200m/s。为达到如此高的主轴转速，要求主轴系统的结构必须简化，减小惯性，主轴旋转精度要高，动态响应要好，振动和噪声要小。对于高速和超高速数控机床主传动，一般采用两种设计方式：一种是采用联轴器将机床主轴和电动机轴串接成一体，将中间传动环节减少到仅剩联轴器；另一种是将电动机与主轴合为一体，制成内装式电主轴，实现无任何中间环节的直接驱动，并通过冷却液循环冷却方式减少发热，如图 2-24 所示。

2. 数控机床的柔性化、复合化设计

数控机床对满足加工对象变换有很强的适应能力，即柔性，因此发展很快。目前，在提高单机柔性化的同时，正努力向单元柔性化和系统柔性化方向发展。如数控车床由单主轴发

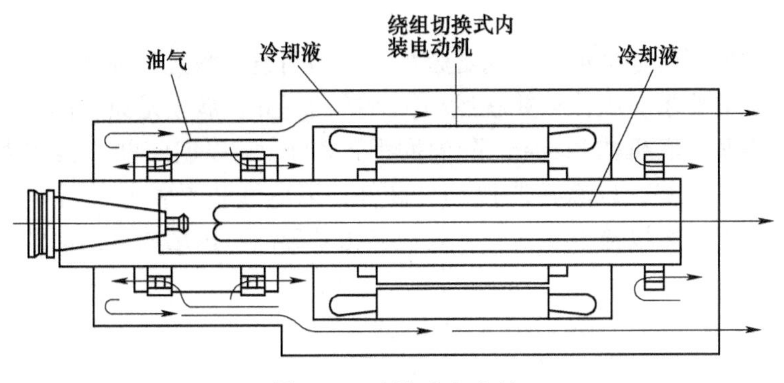

图 2-24　内装式电主轴

展成具有两根主轴，又在此基础上增设附加控制轴——*C* 轴控制功能，即主轴的回转可控制，成为车削中心；再配备后备刀库和其他辅助功能，如刀具检测装置、补偿装置、加工监控等；再增加自动装卸工件的工业机械手和更换卡盘装置等，成为适合于中小批量生产用自动化的车削柔性制造单元。如图 2-25 所示的车削中心有两根主轴，都采用电主轴结构，都具有 *C* 轴功能和相同加工能力。第 2 主轴还可沿 *Z* 轴横向移动。如工件长度较大，可用两个主轴同时夹住进行加工，以增强工件的刚性；如是长度较短的盘套类工件，两主轴可交替夹住工件，以便从工件的两端进行加工。

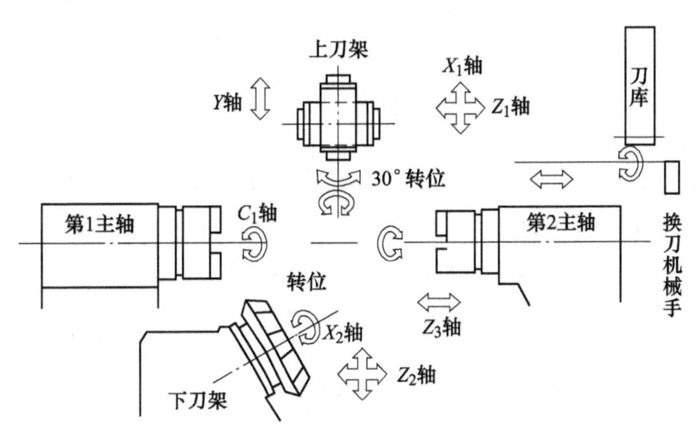

图 2-25　车削中心各控制轴示意图

数控机床的发展已经模糊了粗、精加工的工序概念，车削中心又把车、铣、镗、钻等工序集中到同一机床上来完成，完全打破了传动的机床分类，由机床单一化走向多元化、复合化（工序复合化和功能复合化）。因此，现代数控机床和加工中心的设计，已不仅仅考虑单台机床本身，还要综合考虑工序集中、制造控制、过程控制以及物料的传输，以缩短产品加工时间和制造周期，最大限度地提高生产率。

3. 并联（虚拟轴）机床设计

传统 C 型串联机床加工复杂曲面时，需要多次装夹，加工精度较低。传统机床布局的基本特点是以床身、立柱、横梁等作为支承部件，主轴部件和工作台的滑板沿支承部件上的直线导轨移动，按照 *X*、*Y*、*Z* 坐标运动叠加的串联运动学原理，形成刀头点的加工表面轨迹。

新一代机床的发展趋势是进一步满足超精密、超高速、激光和细微加工等新工艺提出的高性能和高集成度的要求。虚拟轴并联运动机床的出现和发展就是典型的例子。虚拟轴并联运动机床是基于空间并联机构 Stewart 平台原理开发的，它以空间并联机构为基础，充分利用计算机数字控制的优势，以软件取代部分硬件，以电气装置和电子器件取代部分机械传动，使将近两个世纪以来以笛卡儿坐标直线位移为基础的机床结构和运动学原理发生了根本变化。

Stewart 平台是 D. Stewart 在 1965 年提出的一种新型的、六自由度的空间并联机构。它由上下两个平台和六个并联的、可独立自由伸缩的杆件组成，伸缩杆和平台之间分别通过两个球铰链连接，称为 Stewart 平台，如图 2-26 所示。由图 2-26 可见，如果将下平台作为固定平台，以伸缩杆的位移作为输入变量，则可以控制上平台（动平台）的空间位移和姿态。这种新型的、六自由度的空间并联机构经过 30 多年的不断改进和发展，演变出不同运动学原理和结构的空间并联机构，并在许多科学研究和工业领域获得广泛的应用。

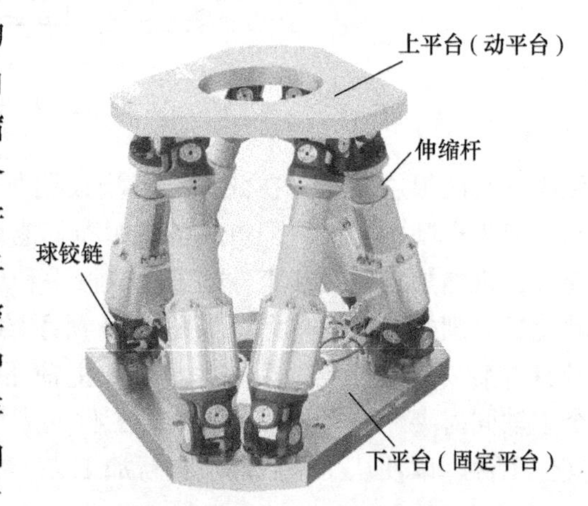

图 2-26　Stewart 平台工作原理图

虚拟轴并联运动机床是一种新一代的机床，是一种知识密集型设备，是现代机器人技术和现代数控机床技术结合的产物，它代表着机床制造业的发展方向。并联机床与传统的串联式机床形成了鲜明的对比。在优缺点上，串联机床的优点恰是并联机床的缺点，而并联机床的优点又恰是串联机床的缺点，由于串联机床和并联机床在结构和性能上的这种“对偶”关系，决定了这两种机床在应用上不是替代作用而是互补作用，且并联机床有它的特殊应用领域，广泛应用于航空航天、兵器船舶、电子等高精密仪器中。

2.4　数控机床伺服进给传动系统设计

2.4.1　概述

1. 伺服进给系统的特点

数控机床的伺服进给系统由伺服驱动电路、伺服驱动装置、机械传动机构及执行部件组成。它的作用是接收数控系统发出的进给速度和位移指令信号，由伺服驱动电路进行转换和放大后，经伺服驱动装置（直流、交流伺服电动机、功率步进电动机、电液脉冲马达等）和机械传动机构，驱动机床的工作台、主轴头架等执行部件实现工作进给和快速运动。数控机床的伺服进给系统与一般机床的进给系统有本质上的差别，它能根据指令信号精确地控制执行部件的运动速度与位置，以及几个执行部件按一定规律运动所合成的运动轨迹。数控进给伺服系统按有无位置检测和反馈进行分类，可分为开环伺服系统和闭环伺服系统。

开环系统的精度较差，但结构简单、易于调整，在精度不太高的场合中仍得到较广泛的应用，如机床改造等。闭环系统通过直接测量工作台等移动部件的位移从而实现精度高的反馈控制。对部分数控机床来说，其检测反馈信号是从伺服电动机轴或滚珠丝杠上取得的，称为半闭环系统。相比于闭环系统，半闭环系统中的转角测量比较容易实现，但由于后继传动链传动误差的影响，测量补偿精度比闭环系统差。半闭环系统由于系统简单而且调整方便，现在已广泛地应用在数控机床上。

2. 伺服进给系统设计的基本要求

数控机床的进给系统必须保证由数控装置发出的控制指令转换成速度符合要求的相应角位移或直线位移，带动运动部件运动。根据工件加工的需要，在机床上各运动坐标的数字控制可以是相互独立的，也可以是联动的。总之，数控机床对进给系统的要求集中在精度、稳定和快速响应三个方面，具体的大致可概括为以下几个方面。

1）精度要求。对于低档数控系统，驱动控制精度一般为 0.01mm；而对于高性能数控系统，驱动控制精度为 1μm，甚至为 0.1μm。

2）响应速度。为了保证轮廓切削形状精度和低的加工表面粗糙度，除了要求有较高的定位精度外，还要有良好的快速响应特性，即要求跟踪指令信号的响应要快。

3）调速范围。调速范围 R_n 是指生产机械要求电动机能提供的最高转速 n_{max} 和最低转速 n_{min} 之比。在各种数控机床中，由于加工用刀具、被加工工件材质以及零件加工要求的不同，为保证在任何情况下都能得到最佳切削条件，就要求进给驱动系统必须具有足够宽的调速范围。

4）低速、大转矩。根据机床的加工特点，经常在低速下进行重切削，即在低速下进给驱动系统必须有大的转矩输出。

2.4.2　伺服进给系统中的机械传动部件

数控机床的进给运动可分为直线运动和圆周运动两类。实现直线进给运动主要有丝杠螺母副（通常为滚珠丝杠或静压丝杠）、齿轮齿条副，以便将伺服电动机的旋转运动变成机床所需要的直线运动；在高速加工机床上，有时还可以采用直线电动机直接驱动。为了提高回转轴精度，数控机床的圆周进给运动一般都通过传统的蜗轮蜗杆副实现，在高速加工机床上，有时还可以采用转台直接驱动电动机。

（1）滚珠丝杠螺母副

滚珠丝杠螺母副具有摩擦损耗低、传动效率高、动/静摩擦变化小、不易低速爬行、使用寿命长、精度保持性好等一系列优点，并可通过丝杠螺母的预紧消除间隙、提高传动刚度，因此，在数控机床上得到了极为广泛应用。它是目前中、小型数控机床最常见的传动形式。

滚珠丝杠螺母副具有运动的可逆性，传动系统不能自锁，它一方面能将旋转运动转换为直线运动，反过来也能将直线运动转换为旋转运动，因此，当用于受重力作用的垂直进给轴时，进给系统必须安装制动器和重力平衡装置。此外，为了防止安装、使用时的螺母脱离丝杠滚道，机床还必须有超程保护。

（2）静压丝杠螺母副

静压丝杠螺母副可通过油压，在丝杠和螺母的接触面产生一层具有一定厚度、且有一定刚度的压力油膜，使丝杠和螺母由边界摩擦变为液体摩擦，通过油膜推动螺母移动。

静压丝杠螺母的摩擦系数仅为滚珠丝杠的1/10，其灵敏更高、间隙更小；同时，由于油膜层还具有吸振性，油液的流动散热效果好，因此，其运动更平稳、热变形更小；此外，介于螺母与丝杠间的油膜层对丝杠的加工误差有“均化”作用，可以部分补偿丝杠本身的制造误差，提高传动系统的精度。静压丝杠螺母副的成本高，而且还需要配套高清洁度、高可靠性的供油系统，因此，多用于高精度加工的磨削类数控机床。

（3）静压蜗杆蜗条副和齿轮齿条副

大型数控机床不宜采用丝杠传动，因长丝杠的制造困难，且容易弯曲下垂，影响传动精度；同时其轴向刚度、扭转刚度也难提高，惯量偏大，因此，需要采用静压蜗杆蜗条副、齿轮齿条副等方式传动。

静压蜗杆蜗条副的工作原理与静压丝杠螺母副基本相同，蜗条实质上是螺母的一部分，蜗杆相当于一根短丝杠，由于蜗条理论上可以无限接长，故可以用于对定位精度、运动速度要求较高的落地式、龙门式等大型数控机床的进给驱动。

齿轮齿条传动一般用于工作行程很长或定位精度要求不高的大、中型数控机床进给传动，例如，龙门式数控火焰切割机床或大型数控镗床的进给传动、数控平面或导轨磨床的往复运动工作台的进给传动、数控龙门刨床的进给传动等。齿轮齿条传动具有结构简单、传动比大、刚度好、效率高、进给形式不受限制、安装调试方便等一系列优点，齿条理论上也可无限接长。但它与滚珠丝杠等传动方式相比，其传动不够平稳、定位精度较低，传动结构也不能实现自锁。为了提高传动系统的定位精度，用于数控机床进给传动的齿轮齿条传动系统需要进行“消隙”，即消除齿轮侧隙。

（4）直线电动机和转台直接驱动

直线电动机和转台直接驱动是近年来发展起来的代表性技术之一，它已经被广泛用于现代高速、高精度机床。利用直线电动机和转台直接驱动电动机驱动直线轴和回转轴，可完全取消传动系统中将旋转运动变为直线运动的环节，从而大大简化机械传动系统的结构，实现所谓的“零传动”。使用直线电动机和转台直接驱动电动机的进给系统，可从根本上消除机械传动对精度、刚度、快速性、稳定性的影响，故可获得比传统进给驱动系统更高的定位精度、速度和加速度。

2.4.3 伺服进给系统中的驱动装置及其调速

1. 步进电动机

步进电动机是一种将电脉冲信号转换为相应角位移或直线位移的转换装置，是开环伺服系统的最后执行元件，主要用于经济型数控机床。

（1）步进电动机的工作原理

目前最常用的步进电动机是反应式步进电动机，其结构简单，工作可靠，运行频率高。反应式步进电动机可以做成信号步进电动机，也可以做成功率步进电动机。前者输出转矩很小，只能带动小的负载；后者的输出力矩在5～50N·m以内，可以直接驱动执行部件。图2-27为一台三相反应式步进电动机的工作原理。

它的定子上有六个极，每极上都装有控制绕组，每两个相对的极组成一相。转子是四个均匀分布的齿，上面设有绕组。当A相绕组通电时，因磁通总是沿着磁阻最小的路径闭合，将使转子齿1、3和定子极A、A′对齐，如图2-27a所示。A相绕组断电，B相绕组通电时，

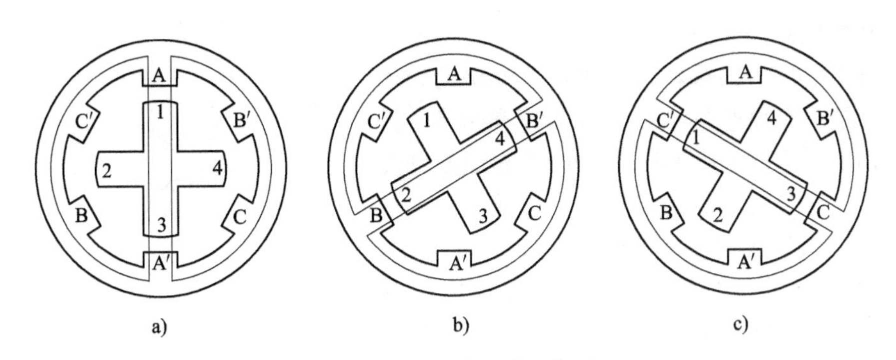

图 2-27　步进电动机的工作原理

a）A 相绕组通电　b）A 相绕组断电，B 相绕组通电　c）B 相绕组断电，C 相绕组通电

转子将在空间转过角 α，$\alpha=30°$，使转子齿 2、4 和定子极 B、B′对齐，如图 2-27b 所示。如果再使 B 相绕组断电，C 相绕组通电时，转子又将在空间转过 30°，使转子齿 1、3 和定子极 C、C′对齐，如图 2-27c 所示。如此循环往复，并按 A→B→C→A 的顺序通电，电动机便按一定的方向转动。电动机的转速直接取决于绕组与电源接通或断开的变化率。若按 A→C→B→A 的顺序通电，则电动机反向转动。电动机绕组与电源的接通或断开，通常是由电子逻辑电路来控制的。

电动机定子绕组每改变一次通电方式，称为一拍。此时电动机转子转过的空间角度称为步距角。上述通电方式称为三相单三拍。“单”是指每次通电时，只有一相绕组通电；“三拍”是指经过三次切换绕组的通电状态为一个循环，第四拍通电时就重复第一拍通电的情况。显然，在这种通电方式时，三相步进电动机的步距角 α 应为 30°。

还有一种是步进电动机按三相六拍的通电方式工作，即按照 A→AB→B→BC→C→CA……的顺序通电，换接六次完成一个通电循环，这种通电方式的步距角为 15°。

同一台步进电动机，因通电方式不同，运行时的步距角也是不同的，采用双拍通电方式时，步距角要比单拍时通电方式减少一半。

步进电动机的步进角越小，则所能达到的位置精度越高。通常的步距角是 3°、1. 5°或 0. 75°，为此需要将转子做成多个齿，并在定子磁极上也制成小齿。

（2）步进电动机的使用特性

1）步距误差。步进电动机每走一步的步距角，应是圆周 360°的等分值。但是实际的步距角与理论值有误差。在一转内各步距误差的最大值定为步距误差，它的大小受制造精度、齿槽分布不均匀和气隙不均匀等因素影响。步进电动机的静态步距误差通常在 10′左右。数控机床中常见的反应式步进电动机的步距角一般为 0. 5°~3°。步距角越小，数控机床的控制精度越高。

2）最高起动频率和最高工作频率。空载时，步进电动机由静止突然起动，并不失步地进入稳速运行，所允许的起动频率的最高值称为最高起动频率。起动频率大于此值时步进电动机不能正常运行。最高起动频率 f_g 与步进电动机的负载惯量 J 有关，J 增大则 f 将下降。国产步进电动机的 f_g 最大为 1000~2000Hz，功率步进电动机的 f_g 一般为 500~800Hz。步进电动机连续运行时所能接受的最高频率称为最高工作频率，它与步距角一起取决于执行部件的最大运动速度，也和 f_g 一样取决于负载惯量 J，还与定子相数、通电方式、控制电路的功率

放大级等因素有关。`

3）输出的转矩-频率特性。步进电动机的定子绕组本身就是一个电感性负载，输入频率越高，励磁电流就越小。另外，频率越高，由于磁通量的变化加剧，以致铁心的涡流损失加大。因此，输入频率增高后，输出转矩 M_d 要降低，如图 2-28 所示，功率步进电动机最高工作频率 f 的输出转矩 M_d 只能达到低频转矩的 40%~50%，应根据负载要求参照高频输出转矩来选用步进电动机的规格。

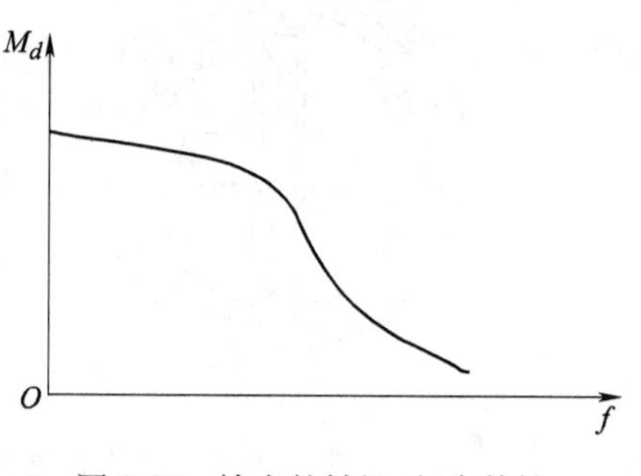

图 2-28　输出的转矩-频率特性

（3）步进电动机的传动计算

如图 2-29a 所示的直线进给系统，进给系统的脉冲当量为 δ（mm），步进电动机的步距角为 α，齿轮传动链的传动比为 i，滚珠丝杠的导程为 t(mm)，它们之间的关系如下：

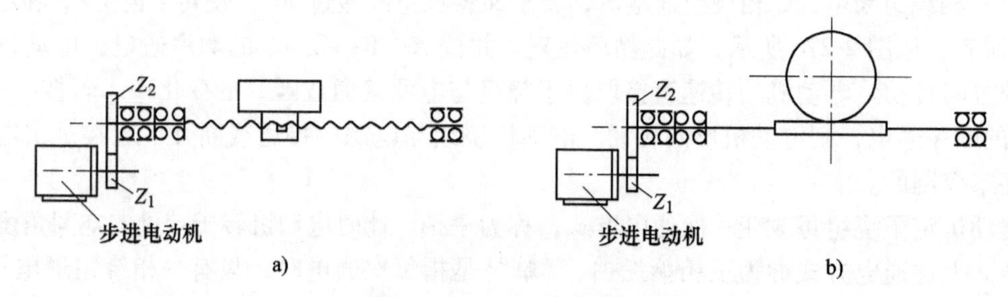

图 2-29　步进电动机驱动系统

a）直线进给　b）圆周进给

$$i = \frac{360°}{\alpha t}\delta \tag{2-15}$$

脉冲当量 δ 定义为：数控系统发出一个指令脉冲，工作台所移动的距离。它决定了数控机床的加工精度和驱动系统的最高工作频率。

对于图 2-29b 所示的圆周进给系统（如数控转台等），设脉冲当量为 δ，蜗杆为 Z_K 头，蜗轮为 Z_W 齿，则有：

$$\alpha \frac{Z_1}{Z_2} \times \frac{Z_K}{Z_W} = \delta \tag{2-16}$$

步进电动机开环进给系统的脉冲当量一般取为 0.01mm 或 0.001°，也有选用 0.005~0.002mm 或者 0.005°~0.002°的，这时脉冲位移的分辨率和精度较高。但是由于进给速度 $v = 60f\delta$(mm/min) 或 $\omega = 60f\delta$(°/min)，在同样的最高工作频率 f 时，δ 越小则最大进给速度之值也越小。步进电动机的进给系统使用齿轮传动，不仅是为了求得必需的脉冲当量，而且还有满足结构要求和增大转矩的作用。

2. 直流伺服电动机

直流伺服电动机具有良好的起动、制动和调速特性，可以方便地在宽范围内实现平滑无级调速，故多用在对伺服电动机调速性能要求较高的生产设备中。直流伺服电动机的工作原理与一般直流电动机的工作原理完全相同。数控机床上常用的直流伺服电动机主要有小惯量直流伺服电动机和大惯量直流伺服电动机。

（1）小惯量直流伺服电动机

小惯量直流伺服电动机是由一般直流电动机发展而来的。其主要特点是：

1）转动惯量小，约为普通直流电动机的 1/10，快速响应性能好。

2）由于电枢反应比较小，具有良好的换向性能，电动机时间常数只有几个毫秒。

3）由于转子无槽，结构均衡性好，使其在低速时稳定而均匀运转，无爬行现象。

4）最大转矩约为额定值的 10 倍，过载能力强。

（2）大惯量直流伺服电动机

大惯量直流伺服电动机又称宽调速直流伺服电动机，是 20 世纪 60 年代末、70 年代初在小惯量电动机和力矩电动机的基础上发展起来的。现在数控机床广泛采用这类电动机构成闭环进给系统。这种电动机分为电励磁和永久磁铁励磁（永磁式）两种，占主导地位的是永磁式电动机。大惯量宽调速直流伺服电动机的控制复杂，快速响应性能不如小惯量电动机。

永磁式大惯量伺服电动机具有下列特点：

1）高性能的铁氧体具有大的矫顽力和足够的厚度，能承受高的峰值电流以满足快的加减速要求。

2）大惯量的结构使得在长期过载工作时具有大的热容量。

3）低速高转矩和大惯量结构可以与机床进给丝杠直接连接。

4）一般没有换向极和补偿绕组，通过选择电刷材料和磁场的结构，使得在较大的加速度状态下有良好的换向性能。

5）绝缘等级高，从而保证电动机在反复过载的情况下仍有较长的寿命。

6）在电动机轴上装有精密的测速发电机、旋转变压器或脉冲编码器，从而可以得到精密的速度和位置检测信号，以反馈到速度控制单元和位置控制单元。

3. 交流伺服电动机

直流电动机存在一些固有的缺点，如电刷和换向器易磨损，需经常维护等。换向器换向时会产生火花，使电动机的最高速度受到限制，也使应用环境受到限制，而且直流电动机结构复杂，制造困难，所用钢铁材料消耗大，制造成本高。交流电动机，特别是笼型感应电动机则没有上述缺点，且转子惯量比直流电动机小，使得动态响应更好。在同样体积下，交流电动机输出功率可比直流电动机提高 10%~70%。此外，交流电动机的容量可比直流电动机造得大，达到更高的输出功率和转速。现代数控机床都倾向于采用交流伺服驱动，交流伺服驱动已有取代直流伺服驱动之势。

（1）交流伺服电动机的分类和特点

交流伺服电动机分为异步型交流伺服电动机和同步型交流伺服电动机。同步型交流伺服电动机比感应电动机复杂，但比直流电动机简单。按不同的转子结构又分电磁式及非电磁式两大类。非电磁式又分为磁滞式、永磁式和反应式多种。

其中磁滞式和反应式同步电动机存在效率低、功率因数较差、制造容量不大等缺点。数控机床中多用永磁式同步电动机，其特点是：

1）交流伺服电动机的机械特性比直流伺服电动机的机械特性要硬，其直线更为接近水平线。另外，其断续工作一区范围更大，尤其是高速区，这有利于提高电动机的加、减速能力。

2）高可靠性，用电子逆变器取代了直流电动机换向器和电刷；工作寿命由轴承决定。因无换向器及电刷，也省去了对其保养和维护。

3）主要损耗在定子绕组与铁心上，故散热容易，便于安装热保护（而直流电动机损耗主要在转子上，散热困难）。

4）转子惯量小，其结构允许高速工作。

5）体积小，质量小。

（2）永磁式交流伺服电动机

1）工作原理。如图 2-30 所示，一个二极永磁转子，当定子三相绕组通上交流电源后，就产生一个旋转磁场，图中用另一对旋转磁极表示，该旋转磁场将以同步转速 n_s 旋转。由于磁极同性相斥，异性相吸，与转子的永磁磁极互相吸引，并带着转子一起旋转，因此，转子也将以同步转速 n_s 与旋转磁场一起旋转。当转子加上负载转矩之后，转子磁极轴线将落后定子磁场轴线一个 θ 角，随着负载增加，θ 角也随之增大；负载减小时，θ 角也减小。只要不超过一定限度，转子始终跟着定子的旋转磁场以恒定的同步转速 n_s 旋转。

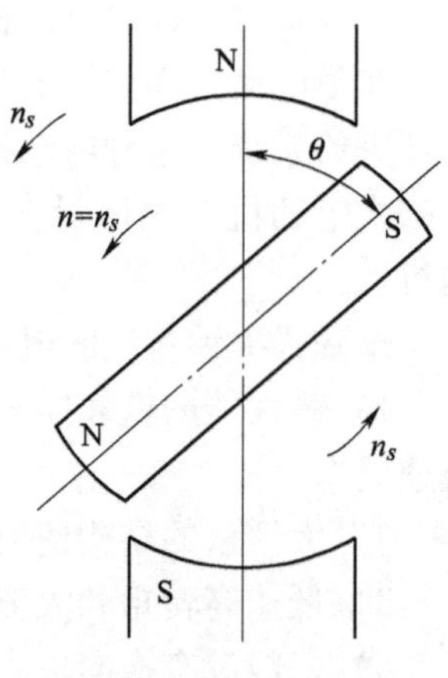

图 2-30　永磁式交流伺服电动机工作原理

转子速度 $n_r = n_s = 60f/p$，即由电源频率 f 和磁极对数 p 决定。

当负载超过一定极限后，转子不再按同步转速旋转，甚至可能不转，这就是同步电动机的失步现象，此负载的极限称为最大同步转矩。

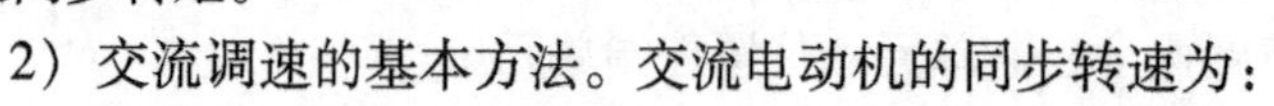

2）交流调速的基本方法。交流电动机的同步转速为：

$$n_0 = 60f_1/p \tag{2-17}$$

异步电动机的转速为：

$$n = 60f_1(1 - s)/p \tag{2-18}$$

式中　f_1——定子供电频率（Hz）；

p——电动机定子绕组磁极对数；

s——转差率。

由式（2-17）和式（2-18）可见，改变电动机转速可采用改变磁极对数、改变转差率和变频调速三种方法。

4. 直线伺服电动机

随着加工效率和质量要求的提高以及直线电动机技术的进步，高速数控机床采用一种新型的直线电动机伺服驱动进给方式。它取消了从电动机到工作台间的一切中间传动环节，称为“零传动”。同滚珠丝杠传动方式相比，直线电动机驱动方式具有进给速度高、加速度大、起动推力大、刚度和定位精度高、行程长度不受限制等优点。自 1993 年德国 EX-CELL-O 公司第一次将直线电动机用于加工中心以来，这种新型的高速进给单元已引起世界各国的普遍关注。美国、德国、日本、英国等工业发达国家对直线电动机产品进行了深入的研究与开发，采用直线电动机驱动的高速加工中心已成为 21 世纪机床的发展方向之一。

思考题与习题

1. 数控机床由哪几部分组成？
2. 简述点位控制数控机床、直线控制数控机床和轮廓控制数控机床的区别。
3. 半闭环控制数控机床和闭环控制数控机床的区别，各自的应用领域有哪些？
4. 试述数控机床设计的基本要求。
5. 根据图 2-31 所示的滚齿机传动原理图，分别指出其外联系传动链和内联系传动链。

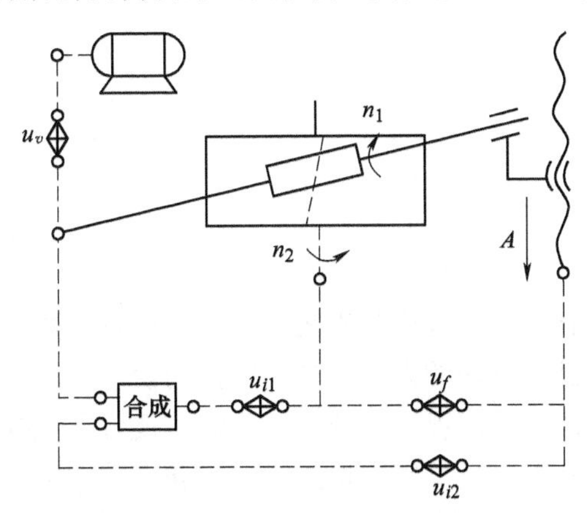

图 2-31　滚齿机传动原理图

6. 简述电动机无级调速的配置方式。

7. 说明步进电动机、直流伺服电动机、交流伺服电动机和直线伺服电动机的工作原理及其在数控机床中的应用。

第3章　数控机床的典型结构设计

导　读

基本内容：

在对数控机床的设计有了一定理论基础之后，本章重点对数控机床典型结构的设计进行分类讨论。主要包括数控机床导轨的设计、主轴组件的设计计算、位置检测装置的种类和原理、换刀装置的结构设计几部分内容。此外，由于数控装置在数控机床中必不可少，因此本章还对计算机数控系统的基本原理及应用也进行了讨论。通过对第2章和本章内容的学习，可让读者从整体和局部两个方面对数控机床的设计有更加清晰的认识。

学习要点：

掌握数控机床导轨的设计、主轴组件的设计计算、位置检测装置的种类和原理、换刀装置的结构设计；了解计算机数控系统的基本原理及应用。

3.1　数控机床导轨设计

1. 导轨的基本要求

导轨为机床直线运动部件提供导向和支承，导轨的性能对机床的运动速度和定位精度有着重要的影响。数控机床对导轨的基本要求与其他机床相同，主要包括如下几点。

（1）精度好

导轨的精度主要包括导向精度与精度保持性。导向精度是运动部件移动时与基准面间的直线性，导轨的导向性越好，所加工的零件精度就越高，运动也就越平稳、阻力就越小。精度保持性是导轨长时间保持原始精度的特性，磨损是影响精度保持性的主要原因，它与导轨类型、摩擦阻力、支承件材料和热处理、表面加工质量、润滑和防护等诸多因素有关，为了减小导轨摩擦阻力，保证导轨有良好的精度保持性，数控机床一般需要采用高效、低摩擦的滚动导轨，铺粘塑料导轨或静压导轨等。

（2）刚度高

机床运动部件的重力、切削加工力等都需要由导轨面来承受，导轨受力后引起的变形不仅会影响导向精度，且还可能恶化导轨的工作条件，直接引起精度的下降。导轨的刚度与导轨的种类、截面尺寸、支承方式、受力情况等有关。为提高导轨刚度，数控机床的导轨截面通常比较大，大型机床有时还需要增加辅助支承导轨，来提高刚度。

（3）低摩擦

摩擦不仅会加剧导轨磨损，影响导轨的精度保持性，而且还将导致运动阻力的增加、产生摩擦死区误差、引起发热，从而影响机床的快速性和定位精度。因此，导轨的摩擦系数应尽可能小，动、静摩擦系数应尽量一致，以减小摩擦阻力和热变形，使运动轻便、平稳、低速无爬行。

（4）低速运动的平稳性

运动部件在导轨上低速移动时，发生时走时停、时快时慢的现象，即“爬行现象”。爬行现象的产生降低了机床的加工精度、定位精度，使加工工件的表面粗糙度过大。因此，对精密机床来说导轨的低速平稳性尤为重要。影响这一性能的主要因素是导轨材料的摩擦性质、润滑条件和传动系统的刚度。

2. 导轨的分类

根据导轨接触面的摩擦性质，数控机床常用的导轨可分滑动导轨、滚动导轨和静压导轨三类。

（1）滑动导轨

滑动导轨具有结构简单、制造方便、刚度高、抗振性好等优点，是传统数控机床使用最广泛的导轨形式。但是，普通机床所使用的铸铁/铸铁、铸铁/淬火钢的导轨摩擦系数大，且动摩擦系数随速度变化，低速运动易出现爬行，因此，通常只用于国产普及型数控机床或数控化改造设备，正规生产的数控机床较少使用。滑动导轨通过表面镶粘塑料材料，可以大幅度降低摩擦阻力、提高耐磨性和抗振性，同时其制造成本低、工艺简单，故在数控机床上得到了广泛的应用。

（2）滚动导轨

滚动导轨的导轨面上放置有滚珠、滚柱、滚针等滚动体，它可使导轨由滑动摩擦变为滚动摩擦。与滑动导轨相比，滚动导轨不仅可大幅度降低摩擦阻力，提高运动速度和定位精度，而且还可以减小磨损、延长使用寿命；但是，其抗振性相对较差，因此，多用于切削载荷较小的高速、高精度加工数控机床。

根据滚动体的形状，滚动导轨有滚珠导轨、滚柱导轨、滚针导轨三类。

滚珠导轨以滚珠作为滚动体，其摩擦系数最小，快速性和定位精度最高，但其刚度较低，承载能力较差，故多用于运动部件重量较轻、切削力较小的高速、高精度加工机床。滚柱导轨的承载能力和刚度均比滚珠导轨大，但它的安装要求较高，故多制成标准液动块，以镶嵌的形式安装在导轨上，这是大型、重载的龙门式、立柱移动式数控机床使用较多的导轨。

滚针导轨常用于数控磨床，其滚针比同直径的滚柱长度更长，支承性能更好，但对安装面的要求更高。

（3）静压导轨

静压导轨的滑动面开有油腔，当压力油通过节流口注入油腔后，可在滑动面上形成压力油膜，使运动部件浮起后成为纯液体摩擦，因此，其摩擦系数极低、运动磨损极小、精度保持性非常好，且其承载能力大、刚度和抗振性好、运动速度更高、低速无爬行，但其结构复杂，安装要求高，并且需要配套高清洁度的供油系统，因此，多用于高精度的数控磨削机床。

3. 导轨的截面形状

（1）直线运动导轨的截面形状

直线运动导轨的横截面形状如图 3-1 所示。其中，图 3-1a 所示为矩形导轨，图 3-1b 所示为 V 形导轨，图 3-1c 所示为燕尾形导轨图，图 3-1d 所示为圆形导轨。图中的 M 面是支承面，用来支承运动部件；N 面是主要导向面，主要用来保证直线度。

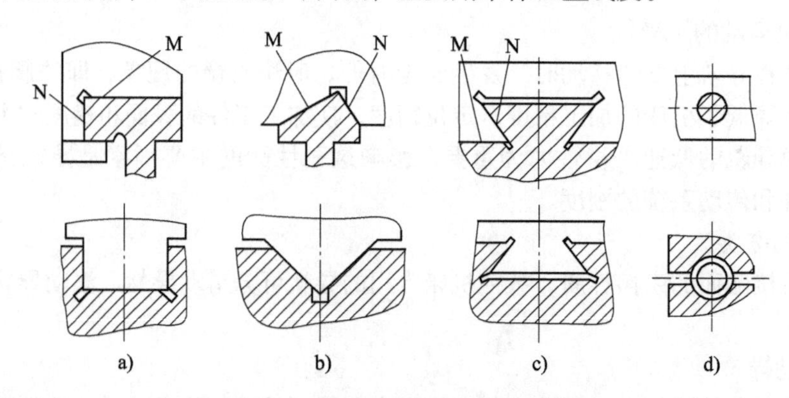

图 3-1　直线运动导轨的截面形状

a）矩形导轨　b）V 形导轨　c）燕尾形导轨　d）圆形导轨

矩形导轨的加工制造容易、承载能力大、安装调整方便，导轨支承面、导向面的间隙可分别通过压板、镶条调整。这是数控机床最为常用的滑动导轨。

V 形导轨有两个导向面，其导向效果较好，且能够依靠重力自动补偿导向面磨损所产生的间隙，但导轨安装高度较高、加工制造相对复杂。V 形导轨多用于普及型数控车床的纵向进给系统。

燕尾形导轨的安装高度小、接触面积最大，且能够承受颠覆力矩，导轨磨损间隙同样可通过镶条进行调整。燕尾形导轨多用于升降台数控铣床的十字进给系统。

圆形导轨的加工制造容易、导向精度高，但其间隙调整十分困难，故通常用于仅承受轴向载荷的压力机、注塑机等。在金属数控机床上，则多用于机械手、传送装置等辅助部件。

这四种导轨又可分为凹形和凸形。凹形导轨能储存润滑油，润滑良好，多用于高速运动部件，如磨床、龙门刨床的工作台导轨，但凹形导轨易于积存切屑，需设置防护装置。凸形导轨不易积存切屑，但也不易存储润滑油，所以多用作低速运动部件的导轨。

（2）回转运动导轨的截面形状

回转运动导轨主要用于圆形工作台、转盘和转塔头架等旋转运动部件。回转运动导轨的截面形状有三种：平面环形、锥面环形和双锥面。

1）平面环形导轨。如图 3-2a 所示，这种导轨容易制造，热变形后仍能接触，适用于大直径的工作台或转盘，便于镶装耐磨材料及采用动压、静压导轨，减少摩擦。但它只能承受轴向力，不能承受径向力，需与带径向滚动轴承的主轴相配合，来承受径向力。此种导轨摩擦损失小、精度高，目前用得较多，如用于滚齿机、立式车床等。

2）锥面环形导轨。如图 3-2b 所示，锥形接触面能承受轴向力与较大的径向力，但不能承受较大倾覆力矩，热变形也不影响导轨接触，导向性比平面好，但要保持锥面和主轴的同心度较困难，母线倾斜角一般为 30°，常用于径向力较大的机床。

3）双锥面导轨。如图 3-2c 所示，这种导轨能承受较大的轴向力、径向力和倾覆力矩，能保持很好的润滑，但制造较复杂，须保证两个 V 形锥面和主轴同心。V 形一般用非对称形状，当床身和工作台热变形不同时，两导轨面将不同时接触。

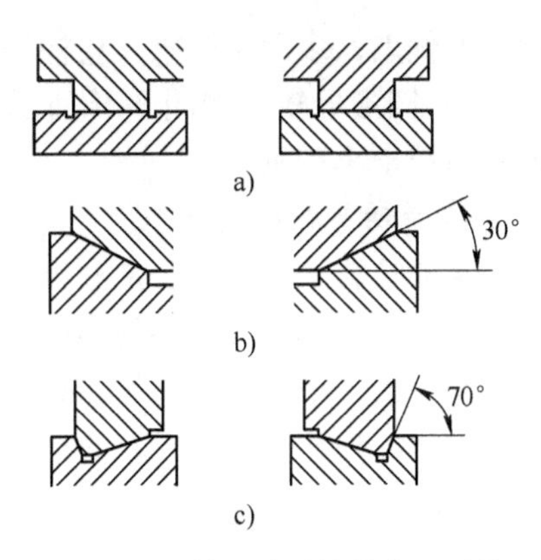

图 3-2　回转运动导轨的截面形状
a）平面环形导轨　b）锥面环形导轨
c）双锥面导轨

（3）直线运动导轨的组合形式

直线运动导轨通常有六种组合形式，分别是：双三角形导轨，双矩形导轨，三角形和矩形导轨的组合，燕尾形导轨，矩形导轨和燕尾形导轨的组合，圆形导轨。

1）双三角形导轨。如图 3-3a 所示，它的导向精度和导向保持性较好，可自动补偿磨损量，但是加工、检修困难，且当量摩擦系数较大，多用于精度要求较高的机床，如丝杠车床、单柱坐标镗床等。

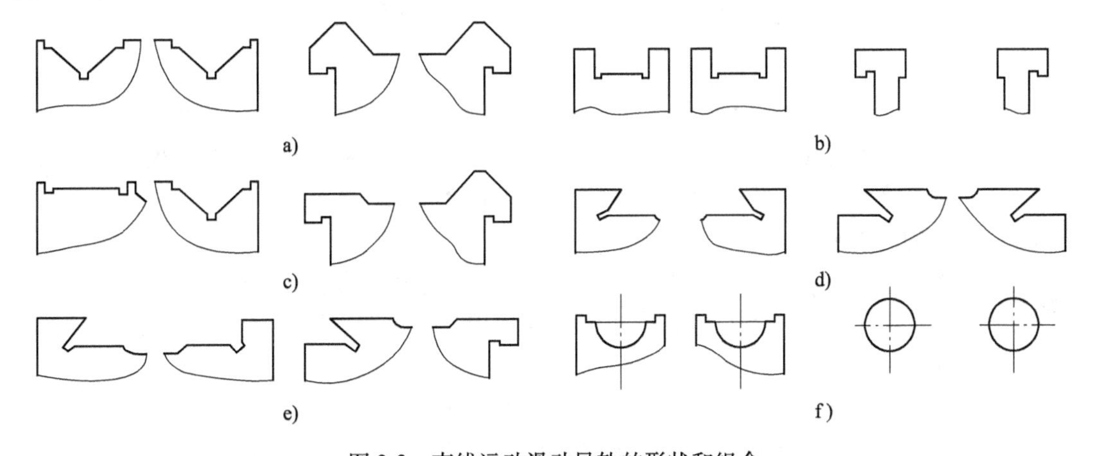

图 3-3　直线运动滑动导轨的形状和组合
a）双三角形导轨　b）双矩形导轨　c）三角形和矩形导轨的组合
d）燕尾形导轨　e）矩形导轨和燕尾形导轨的组合　f）圆形导轨

2）双矩形导轨。如图 3-3b 所示，这种导轨刚度高，当量摩擦因数比三角形导轨小，承载能力好，加工、检验和维修都比较方便，但矩形导轨存在侧向间隙，必须用镶条进行调整。多用在普通精度机床和重型机床中，如重型车床、组合机床、升降台铣床等。

3）三角形和矩形导轨的组合。如图 3-3c 所示，这种导轨导向性好、刚度高且制造方便，广泛用于车床、磨床、滚齿机、龙门刨床的导轨副等。

4）燕尾形导轨。如图 3-3d 所示，它的高度较小，可以承受倾覆力矩，是闭式导轨中接触面最小的一种结构。这种导轨间隙调整方便，用一根镶条就可以调节各接触面之间的间隙。但这种导轨刚度较差，加工、检验和维修都不太方便，适用于受力小、层次多，要求间隙调整方便的地方。比如升降台铣床的床身导轨，车床刀架导轨副和牛头刨床的滑导轨等。

5）矩形导轨和燕尾形导轨的组合。如图 3-3e 所示，由于它兼有调整方便和能承受较大力矩的优点，多用于横梁、立柱和摇臂钻床的导轨副等。

6）圆形导轨。如图 3-3f 所示，这种导轨刚度高，易于制造，但磨损后很难调整和修补，适用于小型机床。

4. 滑动导轨的设计

滑动导轨的设计主要是分析受力，计算压力，验算磨损量，确定合理尺寸。

导轨的损坏形式主要是磨损，而导轨的磨损又与导轨表面的压力（单位面积上的压力）有密切关系，随着压力增加，导轨的磨损量也增加。此外，导轨面的接触变形又与压力近似地成正比。在初步选定导轨的结构尺寸后，应核算导轨面的压力，使其限制在允许范围内。铸铁导轨的许用平均压力见表 3-1。

表 3-1　铸铁导轨的许用平均压力

导轨种类		许用平均压力/MPa
通用机床	（车床、铣床等）进给运动	1.2~1.5
	（刨床、插床等）主运动导轨	0.4~0.5
重型机床	低速运动	0.5
	高速运动	0.2~0.3
磨床导轨		0.025~0.04
专用机床载荷固定导轨		0.9~1.1

此外，通过导轨的受力计算，可以求出牵引力的大小，判断其配置是否合理、是否必须设置压板。分析导轨面上平均压力的分布情况，还可检验设计是否合理。

（1）导轨的受力分析

导轨所受的外力包括：重力、切削力、牵引力等。这些外力使各导轨面产生支反力和支反力矩。牵引力、支反力（矩）都是未知力，通常用静力平衡方程求解。下面以图 3-4 所示的数控车床纵向导轨为例，进行受力分析。

在图 3-4 中，F_c、F_f 和 F_P 为切削力、进给力和背向力，分别作用在 Y、Z、X 三个坐标方向，W 是重力，F_Q 为牵引力。x_F、y_F、z_F 为切削位置坐标，x_Q、y_Q 是牵引力作用点的坐标，x_W 为重心的坐标。各外力对坐标轴取矩可解得各力矩为

$$\begin{cases} M_X = F_c z_F - F_f y_F - F_Q y_Q \\ M_Y = F_f x_F - F_P z_F + F_Q x_Q \\ M_Z = F_P y_F - F_c x_P + W x_W \end{cases} \tag{3-1}$$

各导轨面上的集中支反力为：

$$\begin{cases} R_A = F_c - W - R_B \\ R_B = M_Z / e \\ R_C = F_P \end{cases} \tag{3-2}$$

各导轨面上的支反力矩为：

$$\begin{cases} M_A = M_B = M_X / 2 \\ M_C = M_Y \end{cases} \tag{3-3}$$

进给机构对刀架的牵引力为：

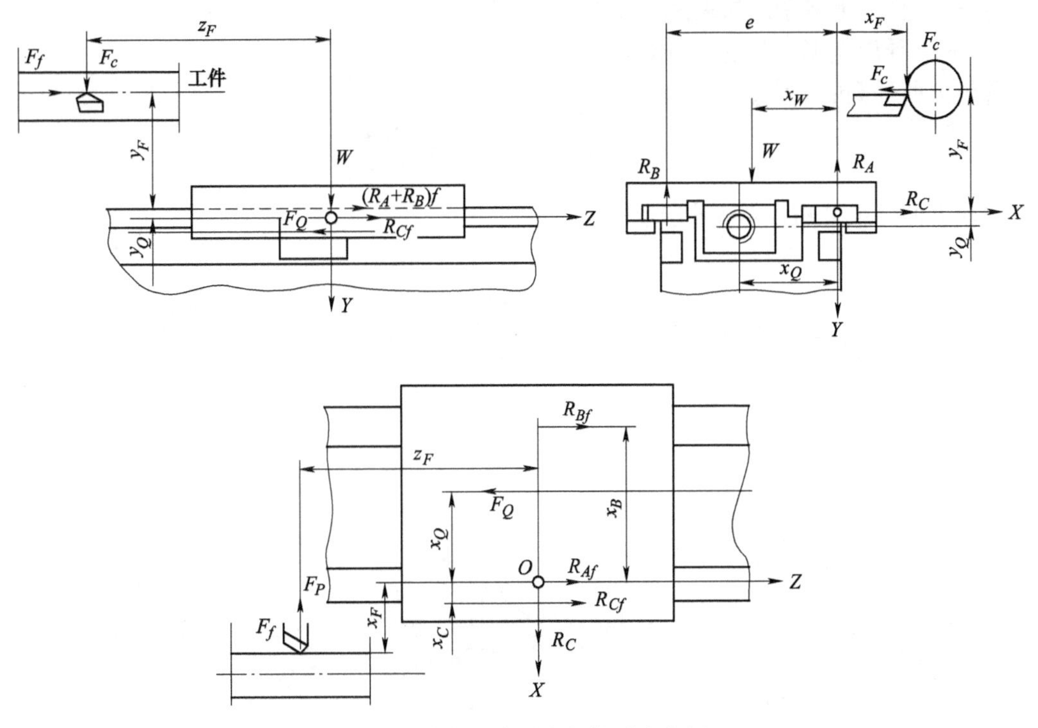

图 3-4　数控机床纵向导轨受力分析

$$F_Q = F_f + (F_c + F_P + W)f \tag{3-4}$$

综上所述，每条导轨载荷为一力和一矩。

（2）导轨的压强计算和压强分布

因为导轨长度远大于宽度，可以认为压强在宽度方向均布，因此，导轨面的压强计算可按一维问题处理。当导轨的自身变形远小于接触变形时，可以只考虑接触变形对压强分布的影响，沿导轨长度的接触变形和压强可视为按线性分布。导轨的压强如图 3-5 所示。

$$p_F = \frac{F}{aL} \tag{3-5}$$

在应力三角形中有：

$$M = \frac{p_M}{2} \times \frac{aL}{2} \times \frac{2L}{3} = \frac{aL^2 p_M}{6} \tag{3-6}$$

因此，有：

$$p_M = \frac{6M}{aL^2} \tag{3-7}$$

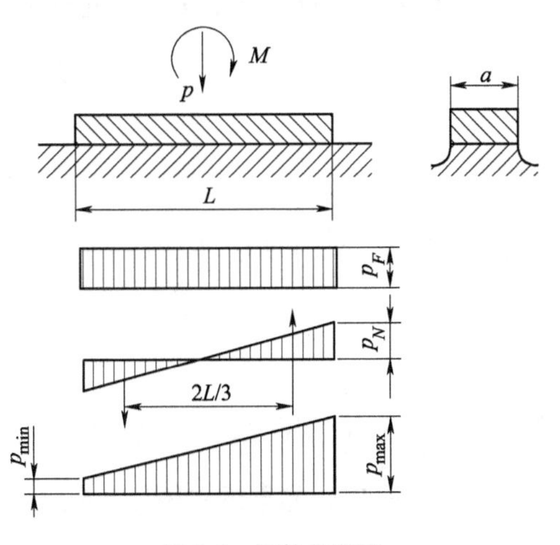

图 3-5　导轨的压强

式中　F——导轨所受集中力（N）；

M——导轨所受集中倾覆力矩（N · m）；

p_F——由力 F 引起的压强（MPa）；

p_M——由力矩 M 引起的最大压强（MPa）；

a、L——导轨宽度、长度（mm）。

导轨上所受到的最大、最小压强为：

$$p_{\max,\min} = p_F \pm p_M = \frac{F}{aL}\left(1 \pm \frac{6M}{FL}\right) \tag{3-8}$$

导轨上的压强分布如图 3-6 所示。

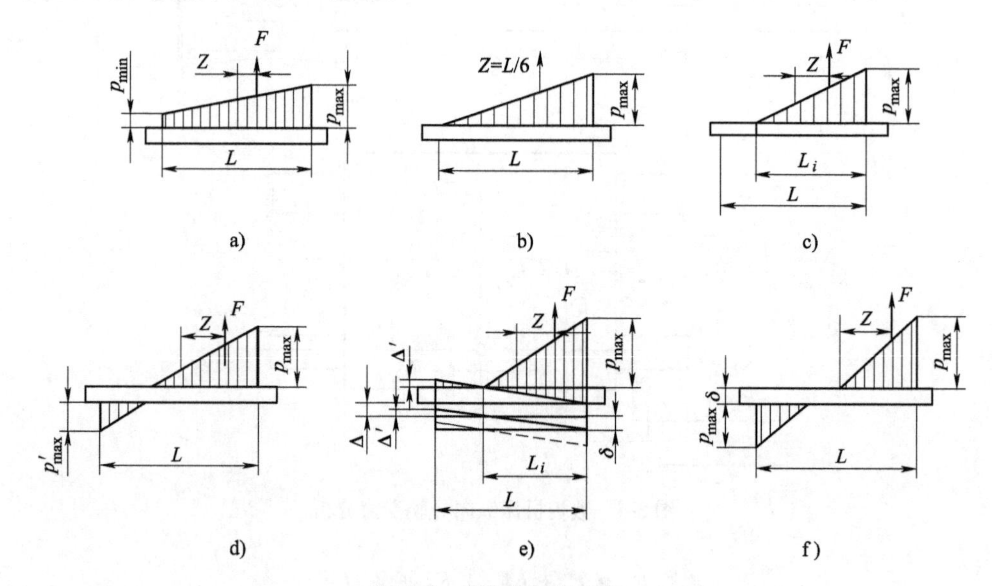

图 3-6　导轨的压强分布

a）$M/FL<1/6$ 压强分布　b）$M/FL=1/6$ 压强分布　c）$M/FL>1/6$ 压强分布

d）$\Delta=0$ 压强分布　e）$\Delta'<\Delta$ 压强分布　f）$\Delta'>\Delta$ 压强分布

当（M/FL）< 1/6 时，压强按梯形分布，如图 3-6a 所示；

当（M/FL）= 1/6 时，压强呈三角形分布，如图 3-6b 所示；

当（M/FL）> 1/6 时，实际接触长度如图 3-6c 所示，则有：

$$F = \frac{a}{2} p_{\max} L_j \tag{3-9}$$

$$M = F\left(\frac{L}{2} - \frac{L_j}{3}\right) \tag{3-10}$$

联立式（3-9）和式（3-10），可得：

$$p_{\max} = \frac{2F}{aL_j} = \frac{2F}{3aL\left(\frac{1}{2} - \frac{M}{FL}\right)} = \frac{p_{av}}{1.5 \times \left(0.5 - \frac{M}{FL}\right)} \tag{3-11}$$

式中　p_{av} ——平均压强，$p_{av} = F/aL$ 。

当 $\frac{M}{FL} = \frac{1}{2}$ 时，如果没有压板，$p_{\max} = \infty$ 。因此，当 $\frac{M}{FL} > \frac{1}{6}$ 时，不宜再用无压板的开式导轨，而应采用有压板的闭式导轨。

当压板和辅助导轨面的间隙 $\Delta=0$ 时，压强分布如图 3-6d 所示，但这只是理想情况。实

际上间隙 Δ>0，此时压强分布又分两种情况。在图 3-6e 中，最大压强 p_{max} 处接触变形为 δ 时，主导轨面另一端出现间隙 Δ′，此时 Δ′<Δ，压板不起作用。如果 Δ′>Δ，主、辅导轨面上的压强分布如图 3-6f 所示，即主、辅导轨同时工作。

由图 3-6e 中的相似三角形可得：

$$\frac{\Delta'}{\delta}=\frac{\dfrac{M}{FL}-\dfrac{1}{6}}{\dfrac{1}{2}-\dfrac{M}{FL}} \tag{3-12}$$

将式（3-2）和 $\delta = p_{max}/K_j$ 代入式（3-12）得：

$$\Delta' = p_{av}\frac{\dfrac{M}{FL}-\dfrac{1}{6}}{1.5\left(0.5-\dfrac{M}{FL}\right)^2 K_j} \tag{3-13}$$

式中　K_j——接触强度。

（3）合理设计导轨的布局

磨损是难免的，须尽量减少导轨磨损后对加工精度的影响，这就应考虑导轨各导向面的合理布局。在图 3-7 中，u_a、u_b、u_c 为导轨面的磨损量。

由此引起刀架在 X、Z 方向上的位移量：

$$\begin{cases}x_1 = u_b\sin\beta - u_a\sin\alpha \\ z_1 = u_b\cos\beta + u_a\cos\alpha\end{cases} \tag{3-14}$$

因为磨损量 $u_a \neq u_b$，引起刀架顺时针转过 γ 角，$\gamma = \arctan[(z_1 - u_c)/B]$，则刀尖在水平方向偏移量为：

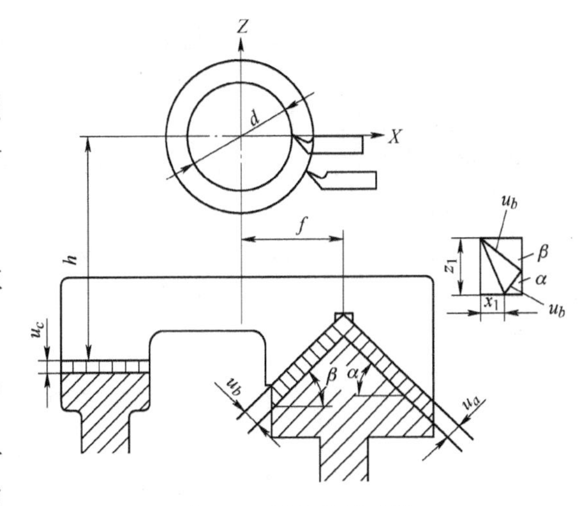

图 3-7　导轨磨损计算

$$\Delta d = 2\left[u_a\left(\frac{h}{B}\right)\cos\alpha - u_a\sin\alpha + u_b\sin\beta + u_b\left(\frac{h}{B}\right)\cos\beta - u_c\left(\frac{h}{B}\right)\right] \tag{3-15}$$

式中　B——导轨间距。

设计时为了减小 Δd 值，采用以下措施：

1）增大导轨间距 B，一般 $h/B = 0.6 \sim 0.7$。

2）增大凸三角形导轨内侧面宽度，减小 u_b 值，同时减小矩形导轨宽度，增大 u_c 值。

3）前导轨为对称三角形，即 $\alpha = \beta$。

5. 滚动导轨的设计

（1）滚动导轨的定义及优缺点

在两导轨面之间放置滚珠、滚柱或滚针等滚动体，使导轨面之间的摩擦具有滚动摩擦性质，这种导轨称为滚动导轨。与普通滑动导轨相比，滚动导轨有下列优点：

1）运动灵敏度高，滚动导轨的摩擦因数为 0.0025~0.005，远小于滑动导轨（静摩擦因数为 0.4~0.2，动摩擦因数为 0.2~0.1）。不论做高速运动还是低速运动，滚动导轨的摩擦因数基本上不变，即静、动摩擦力相差甚微，故一般滚动导轨在低速移动时，没有爬行现象。

2）定位精度高，一般滚动导轨的重复定位误差为 0.1~0.2μm。普通滑动导轨一般为 10~20μm，在采用防爬行措施后（如液压卸荷）可达 2~5μm。

3）牵引力小，移动轻便。

4）滚动体一般可达到运行 10^5~10^8m 的指标。钢制淬硬导轨具有较高的耐磨性，维修周期可达 10~15 年。故滚动导轨的磨损小，精度保持性好。

5）润滑系统简单，维修方便（只需更换滚动体）。

但滚动导轨的抗振性较差，对防护要求也较高。由于导轨间无油膜存在，滚动体与导轨是点接触或线接触，接触应力较大，故一般滚动体和导轨须用淬火钢制成。另外，滚动体直径的不一致或导轨面不平，都会使运动部件倾斜或高度发生变化，影响导向精度，因此对滚动体的精度和导轨平面度要求高。与普通滑动导轨相比，滚动导轨的结构复杂，制造困难，成本较高。

目前滚动导轨用于实现微量进给，如外圆磨床砂轮架的移动；实现精密定位，如坐标镗床工作台的移动；用于对运动灵敏度要求高的数控机床。

（2）滚动导轨的设计计算

首先进行受力分析。中、小型机床的载荷以切削力为主，可忽略工件和动导轨部件的重力。对大型机床进行受力分析时，必须同时考虑切削力和重力。如图 3-8 所示为中型机床的滚动导轨的受力分析。F_c、F_f、F_P 分别为切削力、进给力和背向力，F_Q 为牵引力，R_1、R_2、R_3、R_4 和 R_{1T}、R_{2T}、R_{3T}、R_{4T} 为反力。

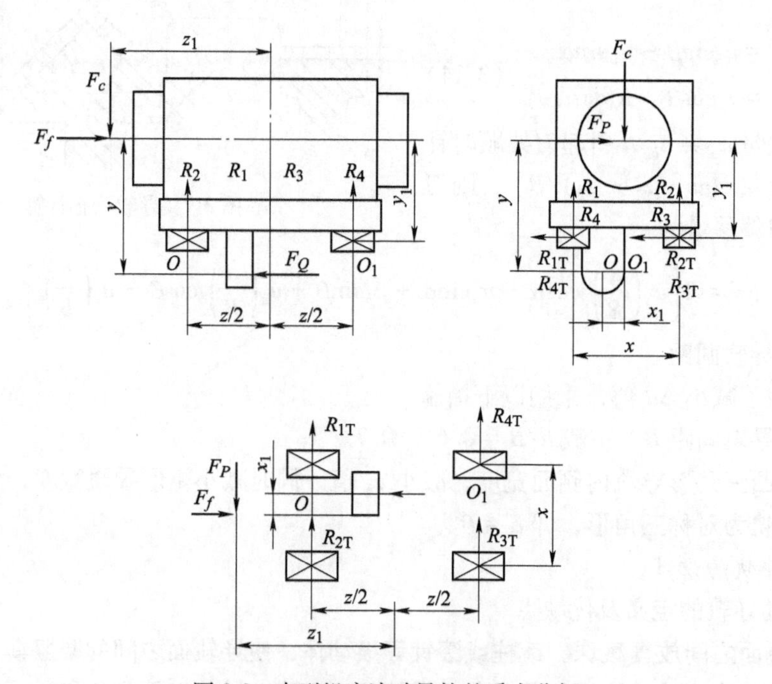

图 3-8　中型机床滚动导轨的受力分析

首先考虑 F_f 的作用，对点 O 取矩可得：

$$\begin{cases} F_{fy} = (R_3 + R_4)z \\ R_3 = R_4 \\ R_3 = \dfrac{y}{2z}F_f \end{cases} \tag{3-16}$$

$$\begin{cases} F_1 x_1 = (R_{3T} + R_{4T})z \\ R_{3T} = R_{4T} \\ R_{3T} = \dfrac{x_1}{2z}F_f \end{cases} \tag{3-17}$$

同理，对点 O_1 取矩可得：

$$\begin{cases} R_1 = R_2 = \dfrac{y}{2z}F_f \\ R_{1T} = R_{2T} = \dfrac{x_1}{2z}F_f \end{cases} \tag{3-18}$$

采用同样的方法，求出切削力 F_c 和背向力对每个滑块的作用力，见表 3-2。将每个滑块的受力相加，可得计算载荷。

表 3-2　F_c、F_f 和 F_P 对滑块的作用力

反力	F_f	F_c	F_P
R_1，R_2	$\dfrac{y}{2z}F_f$	$\left(\dfrac{1}{4}+\dfrac{z_1}{2z}\right)F_c$	$\dfrac{y_1}{2x}F_P$
R_3，R_4		$\left(\dfrac{1}{4}-\dfrac{z_1}{2z}\right)F_c$	
R_{1T}，R_{2T}	$\dfrac{x_1}{2z}F_f$	0	$\left(\dfrac{1}{4}+\dfrac{z_1}{2z}\right)F_P$
R_{3T}，R_{4T}		0	$\left(\dfrac{1}{4}-\dfrac{z_1}{2z}\right)F_P$

（3）滚动导轨的计算

滚动导轨的计算与滚动轴承计算相似，以在一定的载荷下行走一定的距离，90%的支承不发生点蚀为依据，这个载荷称为额定动载荷，行走的距离称为额定寿命。滚动导轨的预期寿命除了与额定动载荷和导轨的实际工作载荷有关外，还与导轨的硬度、滑块部分的工作温度和每根导轨上的滑块数目有关。

对于直线滚动导轨副：

$$L = 50\left(\frac{Cf_H f_T f_C}{Ff_W}\right)^3 \tag{3-19}$$

对于滚动导轨块：

$$L = 100\left(\frac{Cf_H f_T f_C}{Ff_W}\right)^{\frac{10}{3}} \tag{3-20}$$

式中　L——滚动导轨的预期寿命（km）；

C——额定动载荷（N），由样本查得；

F——导轨块上的工作载荷（N）；

f_H——硬度系数，当导轨面硬度为58~64HRC时，$f_H=1.0$；硬度为55HRC时，$f_H=0.8$；硬度为50HRC时，$f_H=0.53$；

f_T——温度系数，工作温度为100℃时，$f_T=1.0$；温度为150℃时，$f_T=0.92$；温度为200℃时，$f_T=0.73$；

f_C——接触系数，装两个滚动导轨块时，$f_C=0.81$；装三个时，$f_C=0.72$；装四个时，$f_C=0.66$；

f_W——载荷系数，无冲击振动，$v\leqslant 5\text{m/min}$时，$f_W=1\sim1.5$；$v=15\sim60\text{m/min}$时，$f_W=1.5\sim2$；有冲击振动，$v>60\text{m/min}$时，$f_W=2.0\sim3.5$。

在实际工作中，工作载荷F是变动的，变动形式如图3-9所示。其中，图3-9a表示载荷按阶段式变化的线图，其平均载荷为：

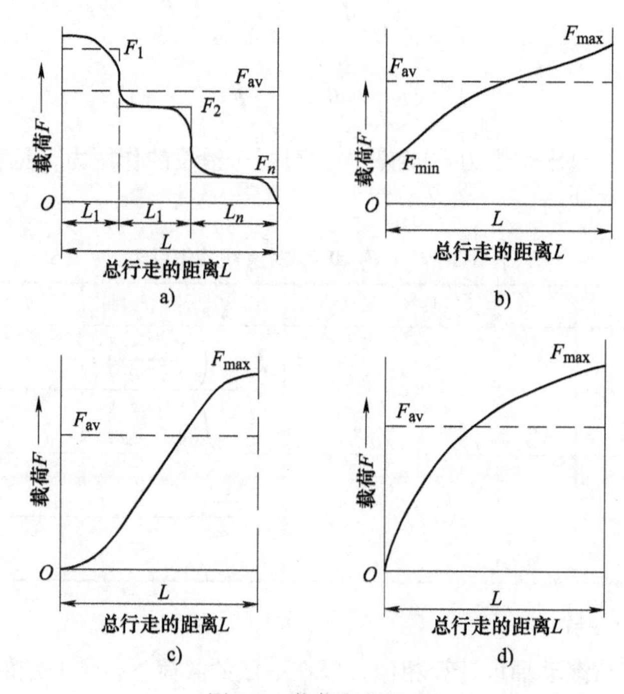

图3-9 载荷变化形式

$$F_{av}=\left(\frac{\sum F_n^3L_n}{L}\right)^{\frac{1}{3}}=\left(\frac{F_1^3L_1+F_2^3L_2+\cdots+F_n^3L_n}{L}\right)^{\frac{1}{3}} \tag{3-21}$$

式中 F_n——变动载荷（N）；

L_n——承受F_n时行走的距离（m）；

L——总行程长度（m）。

如载荷按图3-9b所示的单调式变化，则有：

$$F_{av}=\frac{F_{min}+2F_{max}}{3} \tag{3-22}$$

式中 F_{max}——最大载荷（N）；

F_{min}——最小载荷（N）。

如果载荷按正弦曲线变化，又分两种情况，若为图 3-9c 所示状况，有：

$$F_{av} \approx 0.65F_{max} \tag{3-23}$$

若为图 3-9d 所示的状况，有：

$$F_{av} \approx 0.75F_{max} \tag{3-24}$$

用平均载荷计算导轨寿命。

3.2　主轴组件设计

3.2.1　概述

数控机床的主轴部件是机床重要的组成部分之一，包括支撑和内装在主轴上的传动零件等。由于数控机床的转速高，功率大，并且在加工过程中不进行人工调整，因此要求良好的回转精度、结构刚度、抗振性、热稳定性及部件的耐磨性和精密的保持性。

3.2.2　主轴端部的结构形式

主轴的构造和形状主要决定于主轴上所安装的刀具、夹具、传动件、轴承等零件的类型、数量、位置和安装定位方法等。设计时还应考虑主轴加工工艺性和装配工艺性。主轴一般为空心阶梯轴，前端径向尺寸大，中间径向尺寸逐渐减小，尾部径向尺寸最小。

主轴的前端结构形式取决于机床类型和安装夹具或刀具的结构形式。主轴端部用于安装刀具或夹持工件的夹具，在结构上，应能保证定位准确、安装可靠、连接牢固、装卸方便，并能传递足够的转矩。主轴端部的结构形状都已标准化，应遵照标准进行设计。图 3-10 所示为几种机床上通用的主轴部件的结构形式。

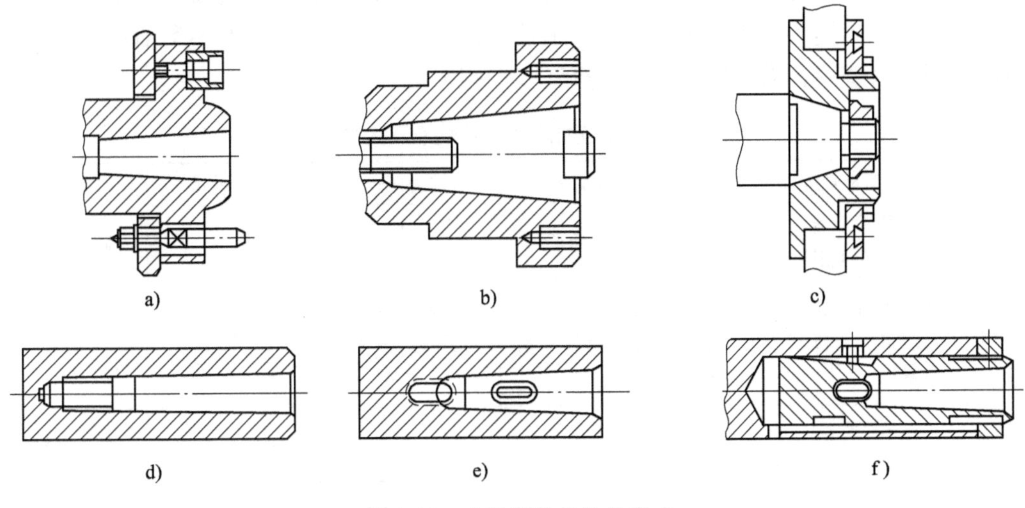

图 3-10　主轴部件的结构形式

a）车床主轴端部　b）铣、镗类机床的主轴端部　c）外圆磨床砂轮主轴的端部
d）内圆磨床砂轮主轴端部　e）钻床与镗床主轴端部　f）组合机床主轴端部

图 3-10a 所示为车床主轴端部，卡盘靠前端的短圆锥面和凸缘端面定位，用拔销传递转

矩，卡盘装有固定螺栓，卡盘装于主轴端部时，螺栓从凸缘上的孔中穿过，转动快卸卡板将数个螺栓同时卡住，再拧紧螺母将卡盘固牢在主轴端部。主轴前端莫氏锥孔，用以安装顶尖或心轴。

图 3-10b 所示为铣、镗类机床的主轴端部，铣刀或刀杆在前端 7：24 的锥孔内定位，并用拉杆从主轴后端拉紧，而且由前端的端面键传递转矩。

图 3-10c 所示为外圆磨床砂轮主轴的端部，法兰盘靠前端 1：5 的圆锥面定位，并用螺母固定。螺母的螺纹方向必须与砂轮的旋转方向相反（左螺纹），以防止起动时因砂轮惯性而导致松脱。

图 3-10d 所示为内圆磨床砂轮主轴端部，砂轮的接杆靠莫氏锥孔定位并传递转矩，同时用锥孔底部螺孔紧固接杆。

图 3-10e 所示为钻床与镗床主轴端部，刀杆或刀具由莫氏锥孔定位，用锥孔后端第一扁孔传递转矩，第二个扁孔用以拆卸刀具。

图 3-10f 为组合机床主轴端部，圆柱孔用来安装接杆，刀具则安装在接杆的莫氏锥孔内。前端圆螺母用来调整刀具的轴向位置，平键用来传递转矩。

3.2.3 主轴部件的支承

1. 概述

机床主轴带着刀具或夹具在支承中做回转运动，应能传递切削扭矩、承受切削抗力，并保证必要的旋转精度。数控机床的主轴支承根据主轴部件的转速、承载能力及回转精度等要求的不同而采用不同种类的轴承。一般中、小型数控机床（如车床、铣床、加工中心、磨床）的主轴部件多数采用滚动轴承；重型数控机床采用液体静压轴承；高精度数控机床（如坐标磨床）采用气体静压轴承；转速达 $(2\sim10)\times10^4$r/min 的主轴可采用磁力轴承或陶瓷滚珠轴承。不同类型数控机床的主轴轴承及其性能见表 3-3。在以上各类轴承中，以滚动轴承的使用最为普遍，而且这种轴承又有许多不同类型。

表 3-3　数控机床的主轴轴承及其性能

性能	滚动轴承	液体静压轴承	气体静压轴承	磁力轴承	陶瓷轴承
旋转精度	一般或较高，在预紧无间隙时较高	高，精度保持好	高，精度保持好	一般	同滚动轴承
刚度	一般或较高，预紧后较高，取决于所用轴承	高，与节流阀形式有关，薄膜反馈或滑阀反馈很高	较差，因空气可压缩，与承载力大小有关	不及一般滚动轴承	比一般滚动轴承差
抗振性	较差，阻尼比 $\xi=0.02\sim0.04$	好，阻尼比 $\xi=0.045\sim0.065$	好	较好	同滚动轴承
速度性能	用于中低速，特殊轴承可用于较高速	用于各种速度	用于超高速	用于高速	用于中高速，热传导率低，不易发热
摩擦损耗	较小，$u=0.002\sim0.008$	小，$u=0.0005\sim0.001$	小	很小	同滚动轴承
寿命	疲劳强度限制	长	长	长	较长

（续）

性能	滚动轴承	液体静压轴承	气体静压轴承	磁力轴承	陶瓷轴承
结构尺寸	轴向小，径向大	轴向大，径向小	轴向大，径向小	径向大	轴向小，径向大
制造难易	轴承生产专业化、标准化	自制，工艺要求高，需要供油设备	自制，工艺较液压系统低，需要供气系统	较复杂	比滚动轴承难
使用维护	简单	要求供油系统清洁，较难	要求供气系统清洁，较易	较难	较难
成本	低	较高	较高	高	较高

2. 主轴轴承常用的几种轴承类型及其配置形式

为了保证主轴的径向和轴向均能保持较好的性能，主轴常采用的滚动轴承类型有：锥孔双列圆柱滚子轴承、双列推力向心轴承、双列圆锥滚子轴承、带凸肩的双列圆柱滚子轴承以及带预紧弹簧的单列圆锥滚子轴承。

采用滚动轴承支承时，可以有许多不同的常用配置形式，目前数控机床主轴轴承的配置主要有如图 3-11 所示的几种形式。

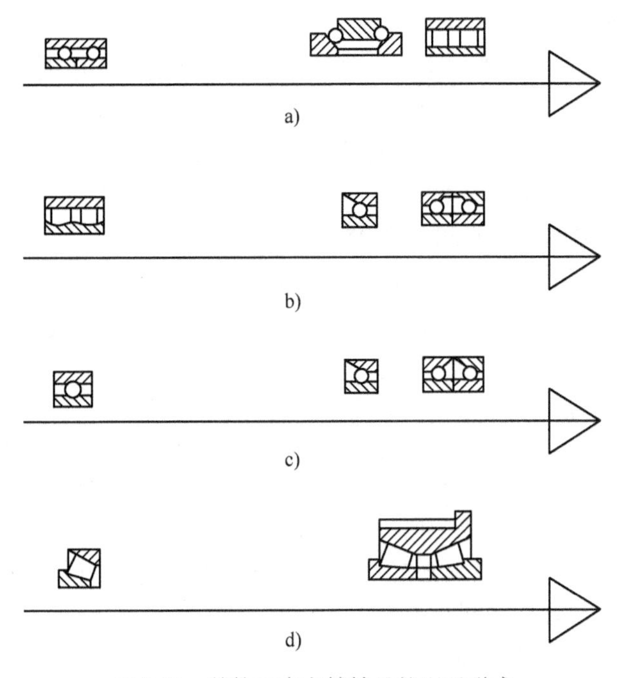

图 3-11　数控机床主轴轴承的配置形式

a）配置形式一　b）配置形式二　c）配置形式三　d）配置形式四

在图 3-11a 的配置形式一中，前支承采用双列短圆柱滚子轴承和 60°角接触球轴承组合，承受径向载荷和轴向载荷，后支承采用成对角接触球轴承，这种配置可提高主轴的综合刚度，满足强力切削的要求，普遍应用于各类数控机床。

在图 3-11b 的配置形式二中，前支承采用角接触球轴承，由 2~3 个轴承组成一套，背靠背安装，承受径向载荷和轴向载荷；后支承采用双列短圆柱滚子轴承，这种配置适用于高速、重载和主轴部件，主轴部件精度较好，但能承受的轴向载荷比前一配置要小。

图 3-11c 的配置形式三中，前后支承均采用成组角接触球轴承，以承受径向载荷和轴向载荷，这种配置适用于高速、轻载和精密的数控机床主轴。

图 3-11d 的配置形式四中，前支承采用双列圆锥滚子轴承，承受径向载荷和轴向载荷，后支承采用单列圆锥滚子轴承，这种配置可承受重载荷和较强的动载荷，安装与调整性能好。但主轴转速和精度的提高受到限制，适用于中等精度、低速与重载荷的数控机床主轴。

3.2.4 主轴组件的设计计算

1. 设计步骤概述

根据机床的要求选定主轴组件的结构（包括轴承及其配置）后，应进行计算，以决定主要尺寸。设计和计算的主要步骤如下：

1）根据统计资料，初选主轴直径。

2）选择主轴的跨距。

3）进行主轴组件的结构设计，根据结构要求修正上述数据。

4）进行验算。

5）根据验算结果对设计进行必要的修改。

2. 初选主轴直径

主轴直径直接影响主轴部件的刚度。直径越粗，刚度越高，但同时与它相配的轴承等零件的尺寸也越大。故设计之初，只能根据统计资料选择主轴直径。

车床、铣床、镗床、加工中心等机床因装配的需要，主轴直径常是自前往后逐步减小的。前轴颈直径 D_1 大于后轴颈直径 D_2。对于车、铣床，一般 $D_2=(0.7\sim0.9)D_1$。几种常见的通用机床钢质主轴前轴颈 D_1 可参考表 3-4 选取。

表 3-4 主轴前轴颈直径　　单位：mm

车床	1.47~2.5	2.6~3.6	3.7~5.5	5.6~7.3	7.4~11	11~14.7	14.8~18.4	18.5~22	22~29.5
	60~80	70~90	70~105	95~130	110~145	140~165	150~190	220	230
升降台铣床	50~90	60~90	60~95	75~100	90~105	100~115	—	—	—
外圆磨床	—	50~60	55~70	70~80	75~90	75~100	90~100	105	105

多数机床主轴中心有孔，主要用来通过棒料或安装工具。主轴内孔直径在一定范围内对主轴刚度影响很小，若超出此范围则能使主轴刚度急剧下降。由材料力学可知，刚度 K 正比于截面惯性矩 I，它与直径之间有下列关系：

$$\frac{K_0}{K}=\frac{I_0}{I}=\frac{\pi(D^4-d^4)/64}{\pi D^4/64}=1-\left(\frac{d}{D}\right)^4=1-\varepsilon^4 \tag{3-25}$$

式中　K_0，I_0——空心主轴的刚度和截面惯性矩；

K，I——实心主轴的刚度和截面惯性矩。

一般，$\varepsilon\leqslant0.7$ 对刚度影响大；若 $\varepsilon>0.7$ 将使刚度急剧下降。

3. 主轴悬伸量的确定

主轴悬伸量 a 是指主轴前支承径向支反力的作用点到主轴前端面之间的距离，如图 3-12 所示。它对主轴组件刚度影响较大。根据分析和试验，缩短悬伸量可以显著提高主轴组件的刚度和抗振性。因此，设计时在满足结构要求的前提下，尽量缩短悬伸量 a。

4. 主轴最佳跨距的选择

主轴的跨距（前、后支承之间的距离）对主轴组件的性能有很大影响，合理选择跨距是主轴组件设计中一个相当重要的问题。

图 3-12a 表示刚性支撑、弹性主轴的情况。主轴前段受到切削力 F_c 后产生的挠度为 y_c，图 3-13 是主轴最佳跨距计算简图。

主轴的柔度为：

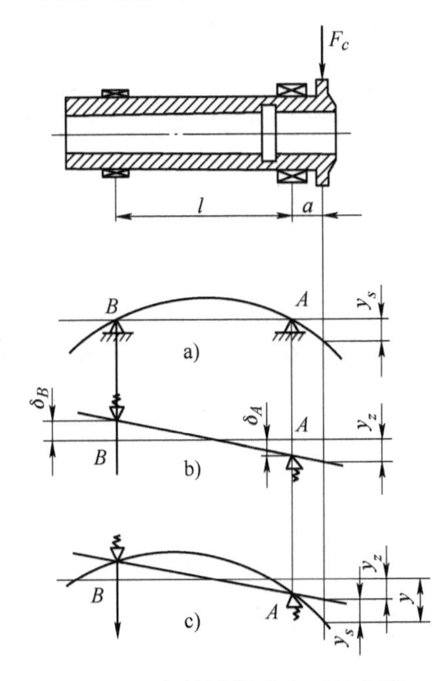

图 3-12　主轴端部受力后的变形

a）刚性支撑、弹性主轴　b）刚性轴、弹性支承

c）实际情况

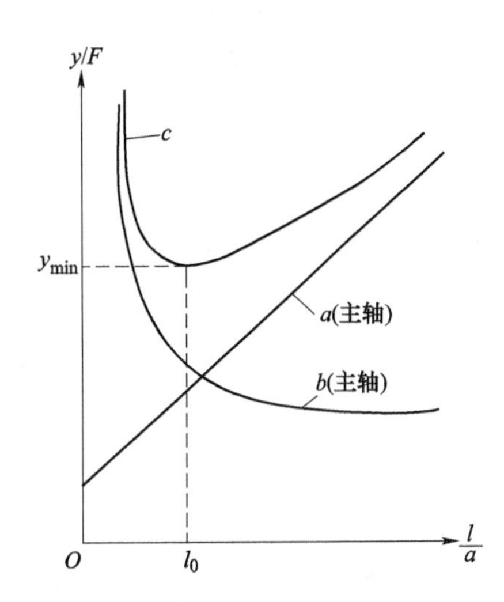

图 3-13　主轴最佳跨距计算简图

$$\frac{y_s}{F_c} = \frac{a^3}{3EI}\left(\frac{l}{a} + 1\right) \tag{3-26}$$

主轴柔度 y_s/F_c 与 l/a 的关系如图 3-13 中曲线 a 所示，呈线性关系。l/a 越大，柔度也越大。

图 3-12b 表示刚性轴、弹性支承的情况。由于支承变形很小，近似的认为支承受力后作为线性变形。设前、后支撑的支反力分别为 R_A 和 R_B，刚度为 K_A 和 K_B，则前后支承的变形 δ_A 和 δ_B 分别为：

$$\delta_A = \frac{R_A}{K_A} \qquad \delta_B = \frac{R_B}{K_B} \tag{3-27}$$

最后计算出对应的主轴柔度为：

$$\frac{y_z}{F_c} = \frac{1}{K_A}\left[\left(1 + \frac{K_A}{K_B}\right)\frac{a^2}{l^2} + \frac{2a}{l} + 1\right] \tag{3-28}$$

柔度 y_z/F_c 与 l/a 的关系如图 3-13 中曲线 b 所示，即当 l/a 很小时，柔度 y_z/F_c 随 l/a 的

增大而急剧下降，即刚度急剧增高；当 l/a 较大时，再增大 l/a，则柔度降低缓慢，刚度提高也很缓慢。

图 3-12c 表示的是实际情况，即主轴前端受力后，支承和主轴都有变形，故应综合以上两种情况，得出主轴端的总挠度：

$$\frac{y}{F_c}=\frac{a^3}{3EI}\left(\frac{l}{a}+1\right)+\frac{1}{K_A}\left[\left(1+\frac{K_A}{K_B}\right)\frac{a^2}{l^2}+\frac{2a}{l}+1\right] \tag{3-29}$$

总柔度 y/F_c 与 l/a 的关系如图 3-13 中曲线 c 所示。显然存在一个最佳的 l/a 值。这时，柔度 y/F_c 最小，也就是刚度最大。当 a 值已定时，则存在一个最佳跨距 l_0。通常 $l/a=2\sim3.5$，从图 3-13 中可看出，在 l/a 的最佳值附近，柔度变化不大。当 $l>l_0$ 时，柔度的增加比 $l<l_0$ 时慢。因此，设计时应争取满足最佳跨距。若结构不允许，则可使跨距略大于最佳值。下面讨论最佳跨距 l_0 的确定方法。

最小挠度的条件为 $\mathrm{d}y/\mathrm{d}l=0$，这时的 l 应为最佳跨距 l_0。计算并整理后得：

$$l_0^3-\frac{6EI}{K_Aa}l_0-\frac{6EI}{K_A}\left(1+\frac{K_A}{K_B}\right)=0 \tag{3-30}$$

可以证明，这个三次方程只存在唯一的正实根。解此方程较麻烦，因此可用计算线图求解。

令 $\eta=\dfrac{EI}{K_Aa^3}$，代入式（3-30），并解出：

$$\eta=\left(\frac{l_0}{a}\right)^3\frac{1}{6\left(\dfrac{l_0}{a}+\dfrac{K_A}{K_B}+1\right)} \tag{3-31}$$

式中　η——无量纲的量，是 $\dfrac{l_0}{a}$ 和 $\dfrac{K_A}{K_B}$ 的函数。

故可用 $\dfrac{K_A}{K_B}$ 为参变量，以 $\dfrac{l_0}{a}$ 为变量，作出 η 的计算线图，如图 3-14 所示，长度单位均为 cm，力的单位为 N，弹性模量单位为 Pa，刚度单位为 N/cm。

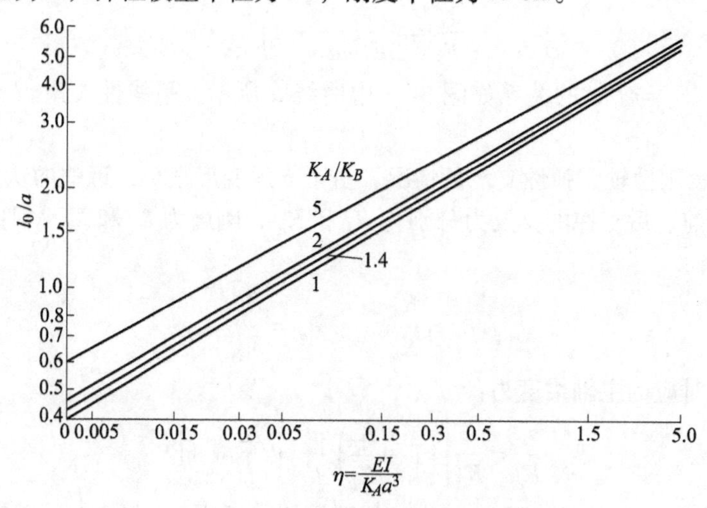

图 3-14　主轴最佳跨距计算线图

3.2.5 提升主轴组件性能的措施

1. 提高旋转精度

提高主轴组件的旋转精度，首先是要保证主轴和轴承具有一定的精度，此外还可采取一些工艺措施。

轴承及其精度选定之后，还可以通过选配安装进一步提高主轴的旋转精度。如图 3-15 所示，主轴端部锥孔中心 O 相对于主轴轴颈中心的偏心量为 δ_1。安装在轴颈上的轴承内圈内孔中心也是 O_1，内圈滚道中心 O_2 相对于 O_1 的偏心量为 δ_2。装配后主轴部件的旋转中心为 O_2。显然，若两个偏心的偏移方向相同，如图 3-15a，则主轴锥孔中心的偏心量为 $\delta = \delta_1 + \delta_2$；若方向相反，如图 3-15b，则偏差为 $\delta = |\delta_1 - \delta_2|$。这表明后者的主轴组件旋转精度较高。

前、后轴承选配合理时，可以减小主轴端部径向跳动量。如图 3-16 所示，设前、后轴承的径向跳动量为 δ_1、δ_2，主轴端部的径向跳动量为 δ，利用相似三角形关系，可得：

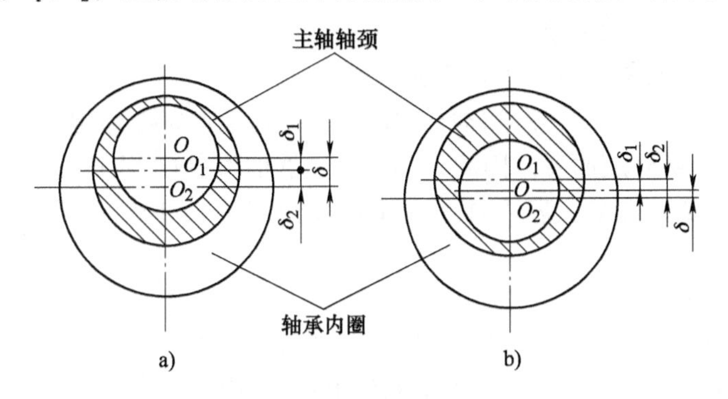

图 3-15 径向跳动量的合成

a）两个偏心的偏移方向相同 b）两个偏心的偏移方向相反

$$\frac{\delta_1 + \delta_2}{L} = \frac{\delta + \delta_2}{L + a} \tag{3-32}$$

则有：

$$\delta = \delta_1\left(1 + \frac{a}{L}\right) + \delta_2 \frac{a}{L} \tag{3-33}$$

可见，$\delta > \delta_1$，轴端的径向跳动增大。

若 δ_1、δ_2 位于主轴轴线的同侧，如图 3-16 所示，则根据相同的原理，计算得：

$$\frac{\delta_1 - \delta_2}{L} = \frac{\delta_2 - \delta}{L + a} \tag{3-34}$$

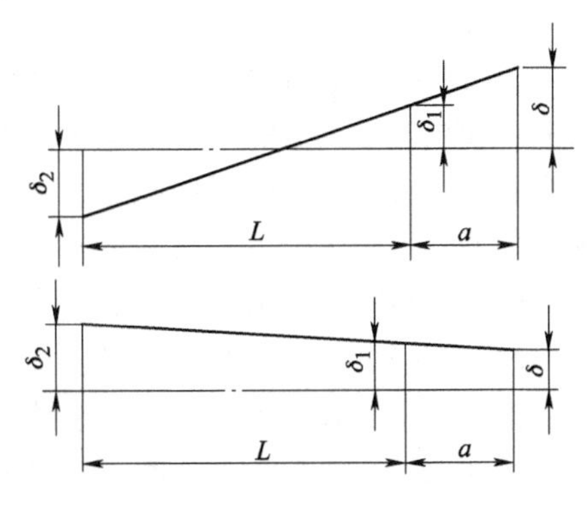

图 3-16 轴承径向跳动对主轴端部的影响

则有：

$$\delta = \delta_1\left(1 + \frac{a}{L}\right) - \delta_2 \frac{a}{L} \tag{3-35}$$

可见，当 $\delta > \delta_1$ 时，$\delta < \delta_1$，轴端的径向跳动减少。如能选择 $\delta_1/\delta_2 = a/(L + a)$，则可使 $\delta = 0$，即通过轴承的选配，可以使低精度等级的轴承装配出高旋转精度的主轴组件。

2. 装配后精加工

由于有些特别精密的主轴组件对旋转精度要求很高，如果只靠主要零件的加工精度来保证，几乎是不可能的。例如坐标镗床主轴组件，主轴锥孔的跳动允差只有1~2μm，如果只靠主轴轴承精度来保证是做不到的。这时可以先将主轴组件装配好，再以主轴两端锥孔为基准，在精密外圆磨床上精磨主轴套筒的外圆。再以此外圆为基准，精磨主轴锥孔。精磨完毕，拆卸清洗，重新组装，获得成品。

当主轴以工作转速运转时，主轴轴心会在一定范围内漂移。这个误差称为运动误差。为提高运动精度，除适当提高轴承的精度外，对于滚动轴承还可采取下列措施：

1）消除间隙并适当预紧，使各滚动体受力均匀。

2）控制轴颈和轴承座孔的圆度误差。

3）适当加长外圈的长度，使外圈与箱体孔的配合可以略松，以免箱体孔的圆度误差影响外圈滚道。

4）采用NNU4900K系列轴承（挡边开在外圈上，内圈可以分离的3182100系列轴承），可将内圈装在主轴上后再精磨滚道。

5）内圈与轴颈、外圈与座孔配合不能太紧。

如果主轴用滑动轴承，则轴颈和轴瓦的形状误差对运动精度影响很大。由于动压轴承的动压效应，油膜压强随转速而变。因此，单油楔轴承轴颈中心将随转速的变化而变动。多油楔轴承的这个变化要小得多。静压轴承由于油膜较厚，均化作用明显，运动精度要更高一些。

3. 改善动态特性

主轴组件应有较高的动刚度和较大的阻尼，使得主轴组件在一定幅值的周期性激振力作用下，受迫振动的振幅较小。通常，主轴组件的固有频率是很高的，远远高于主轴的最高转速，故不必考虑共振问题，按静态处理。但是对于高速主轴，特别是带内装式电动机的高速主轴（电动机转子是一个集中质量，将使固有频率下降），则要考虑共振问题。改善动态特性的主要措施如下。

1）使主轴组件的固有频率避开激振力的频率。通常应使固有频率高于激振力频率30%以上。如果发生共振的那阶模态属于主轴的刚体振动（平移或摇摆振型），则可设法提高轴承刚度；当属于主轴的弯曲振动，则需提高主轴的刚度，如适当加大主轴直径、缩短悬伸等。激振力可能由于主轴组件不平衡（固有频率等于主轴转速）或断续的切削力（固有频率等于主轴转速乘刀齿数）等而产生。

2）主轴轴承的阻尼对主轴组件的抗振性影响很大，特别是前轴承。如果加工表面的值要求很小，又是卧式主轴，可用滑动轴承。例如外圆磨床和卧轴平面磨床。滚动轴承中，圆锥滚子轴承的端面有滑动摩擦，其阻尼要比球轴承和圆柱滚子轴承高一些。适当预紧可以增大阻尼，但过大的预紧反而使阻尼减小。故选择预紧时还应考虑阻尼的因素。

3）采用三支承结构时，其中辅助支承的作用在很大程度上是为提高抗振性。

4）用消振装置。

4. 控制主轴组件温升

主轴运转时滚动轴承的滚动体在滚道中摩擦、搅油，滑动轴承承载油膜受到剪切内摩擦，均会产生热量，使轴承温度上升。轴承直径越大，转速越高，发热量就越大。故轴承是主轴组件的主要热源。前后轴承温度的升高不一致，使主轴组件产生热变形，从而影响轴承的正常工作，导致机床加工精度降低。故对于高精度和高效自动化机床，如高精度磨床、坐标镗床和自动交换刀具的数控机床（即加工中心），控制主轴组件温升和热变形，提高其热稳定性是十分必要的。主要措施有以下两项：

1）减少轴承发热量。合理选择轴承类型和精度，保证支承的制造和装配质量，采用适当的润滑方式，均有利于减小轴承发热。

2）采用散热装置。通常采用热源隔离法、热源冷却法和热平衡法，能够有效地降低轴承温升，减少主轴组件热变形。机床实行箱外强制循环润滑，不仅带走了部分热量，而且使油箱扩大了散热面积。对于高精度机床主轴组件，油液还用专门的冷却器冷却，降低润滑油温度。有的采用恒温装置，降低轴承温升，使主轴热变形小而均匀。

3.3　位置检测装置

3.3.1　概述

1. 检测装置的分类

数控系统中的检测装置分为位移、速度和电流三种类型。

1）根据安装的位置及耦合方式，分为直接测量和间接测量两种。

2）按测量方法分为增量式和绝对式两种。

3）按检测信号的类型分为模拟式和数字式两大类。

4）按运动方式分为回转型和直线型检测装置。

5）按信号转换的原理可分为光电效应、光栅效应、电磁感应原理、压电效应、压阻效应和磁阻效应等检测装置。

6）数控机床伺服系统中采用的位置检测装置基本分为直线型和旋转型两大类。直线型位置检测装置用来检测运动部件的直线位移量；旋转型位置检测装置用来检测回转部件的转动位移量。位置检测装置分类见表 3-5。

表 3-5　位置检测装置分类

类型	数字式		模拟式	
	增量式	绝对式	增量式	绝对式
回转型	圆光栅	编码盘	旋转变压器、圆感应同步器、圆形磁栅	多极旋转变压器
直线型	计量光栅激光干涉仪	编码尺	直线感应同步器、磁栅、容栅	绝对值式磁栅

2. 数控测量装置的性能指标与要求

数控测量装置安放在伺服驱动系统中。测量装置所测量的各种物理量是不断变化的，因此传感器的测量输出必须能准确、快速地跟随反映这些被测量的变化。传感器的性能指标应包括静态特性和动态特性。数控测量装置的性能指标与要求如下：

1）精度。符合输出量与输入量之间特定函数关系的准确程度称为精度，数控用传感器应满足高精度和高速实时测量的要求。

2）分辨率。分辨率应适应机床精度和伺服系统的要求。分辨率的提高，对提高系统性能指标及运行平稳性都很重要。高分辨率传感器已能满足亚微米和角秒级精度设备的要求。

3）灵敏度。实时测量装置不但要灵敏度高，而且输出、输入关系中各点的灵敏度应该是一致的。

4）迟滞。对某一输入量，传感器的正行程输出量与反行程输出量的不一致，称为迟滞。数控伺服系统的传感器要求迟滞小。

5）测量范围和量程。传感器的测量范围应满足系统的要求，并留有余地。

6）零漂与温漂。传感器的漂移量是其重要的性能标志，它反映了随时间和温度的变化，传感器测量精度的微小变化。

此外，对测量装置还要求工作可靠，抗干扰性强，使用维护方便，成本低等。

3.3.2 常用位置检测装置

1. 旋转变压器

旋转变压器简称旋变，是一种输出电压随转子转角变化的信号元件。当励磁绕组以一定频率的交流电压励磁时，输出绕组的电压幅值与转子转角成正弦、余弦函数关系，或保持某一比例关系，或在一定转角范围内与转角呈线性关系。

（1）旋转变压器的结构及工作原理

旋转变压器的结构与缠绕式异步电动机相似，由定子和转子组成。旋转变压器可单独和滚珠丝杠相连，也可与伺服电动机组成一体。从转子感应电压的输出方式来看，旋转变压器可分为有刷和无刷两种类型。

有刷变压器定子与转子上两相绕组轴线分别互相垂直，转子绕组的端点通过电刷与集电环引出；无刷旋转变压器由分解器与变压器组成，无电刷和集电环。分解器与有刷旋转变压器基本相同；变压器的一次绕组绕在与分解器转子轴固定在一起的线轴上，与转子一起转动，二次绕组绕在与转子同心的定子轴线上。分解器定子线圈外接励磁电压，转子线圈输出信号接收到变压器的一次绕组，从变压器的二次绕组引出最后的输出信号。

无刷旋转变压器的特点是：输出信号大，可靠性高且寿命长，不用维修，更适合数控机床使用。

如图 3-17 所示，其定子绕组可视为变压器一次侧，转子绕组可视为变压器二次侧，当将一定频率的励磁电压 $U_1 = U_m \sin\omega t$ 加到定子绕组时，通过电磁耦合，可在转子绕组内产生感应电压 E_2，当转子绕组磁轴与定子绕组磁轴垂直时，$\theta = 0$，不产生感应电动势，感应电压 E_2 为零；当两磁轴平行时，$\theta = 90°$，感应电压幅值最大，即：

$$E_2 = nU_m \sin\omega t \tag{3-36}$$

感应电压按两磁轴夹角的余弦规律变化。

实际应用的旋转变压器中，其定子和转子绕组中各有相互垂直的两个绕组，两个励磁电压的相位差为 90°，故称为正弦余弦旋转变压器，其工作原理如图 3-18 所示。

应用叠加原理，一个转子绕组（另一绕组短接）的输出电压 u 应为：

$$u = nU_1 \sin\theta + nU_2 \cos\theta = nU_m \cos(\omega t - \theta) \tag{3-37}$$

显然，只要测量出转子绕组中感应电压相位，便可得到转子相对定子的位置，即转角的大小。

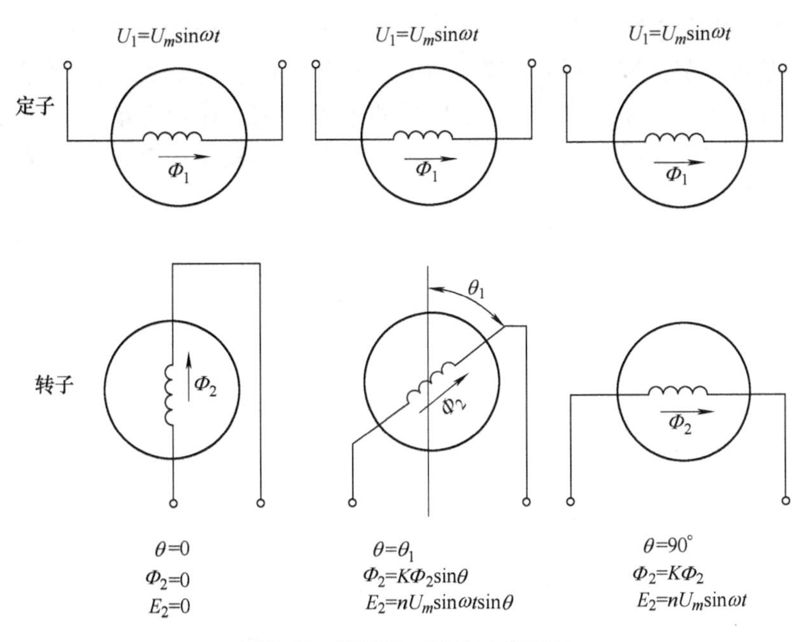

图 3-17　旋转变压器的工作原理

（2）应用

在数控机床中，如果将旋转变压器安装在数控机床的丝杠上，当 θ 角从 0 变化到 360°时，表示丝杠上的螺母移动了一个螺距，由此可间接地测量出工作台的移动距离。测量工作台的整个行程全长时，可加一个计数器，累计行走的螺距数，即可折算成位移总长度。

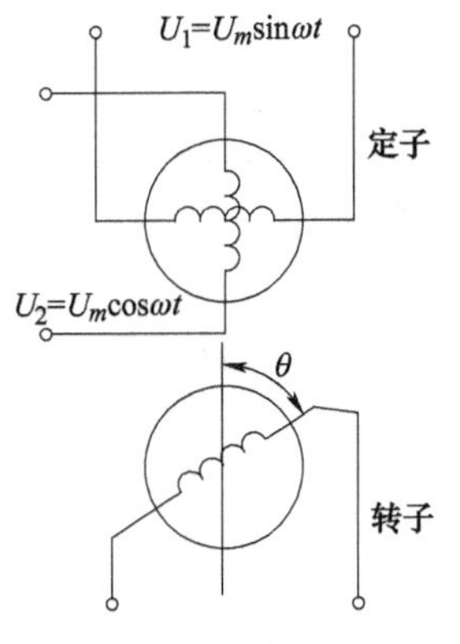

图 3-18　正弦余弦旋转变压器的工作原理

另外，还可以通过齿条、齿轮机构间接测量工作台的位移，因此位移测量精度受到限制，但旋转变压器结构简单且抗干扰能力强，因此在一般精度的数控机库中受到广泛应用。

2. 感应同步器

（1）结构

感应同步器的结构如图 3-19 所示，其定尺和滑尺的基板采用与机床热膨胀系数相近的钢板制成，钢板上用绝缘黏结剂贴有铜箔，并利用腐蚀的办法做成图示矩形绕组。长尺叫定尺，短尺叫滑尺。标准感应同步器定尺长度为 250mm，滑尺长度为 10mm，使用时定尺安装在固定部件上（如机床床身），滑尺安装在运动部件上。

（2）工作原理

由图 3-19 可以看出，当滑尺的两个绕组中的任意一相通以励磁电流时，由于电磁感应作用，在定尺绕组中必然产生感应电动势。定尺绕组中感应的总电动势是滑尺上正弦绕组和余弦绕组所产生的感应电动势的相量和。

如图 3-20 所示，表示滑尺绕组相对定尺绕组移动时定尺绕组感应电动势的变化情况。若向滑尺上的正弦绕组通以交流励磁电压，则在绕组中产生励磁电流，因而绕组周围产生了旋转磁场。A 点表示滑尺绕组与定尺绕组重合，这时定尺绕组中感应电动势最大；当滑尺从

A 点向右平移时，感应电动势相应逐渐减小，到两绕组刚好借开 1/4 节距（τ）位置，即图中 B 点时，感应电动势为零；再继续移动到 1/2 节距的位置 C 点时，得到的感应电动势与 A 点大小相同，极性相反；再移动到 3/4 节距即图中 D 点时，感应电动势又变为零；当移动一个节距，到 E 点时，情况与 A 点相同。可见，滑尺在移动一个节距的过程中，定子绕组中的感应电动势按余弦波形变化一个周期。

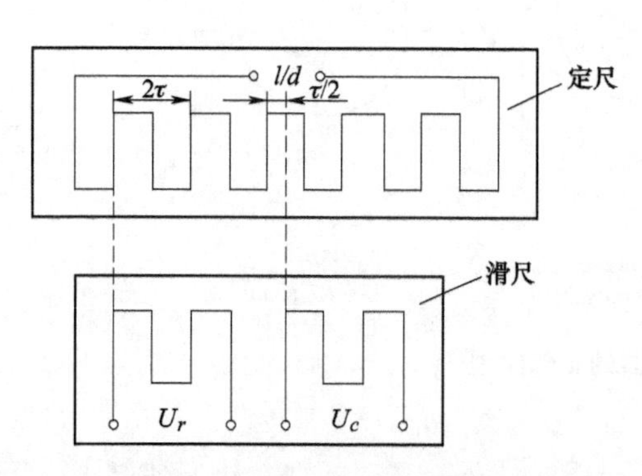

图 3-19　感应同步器的结构

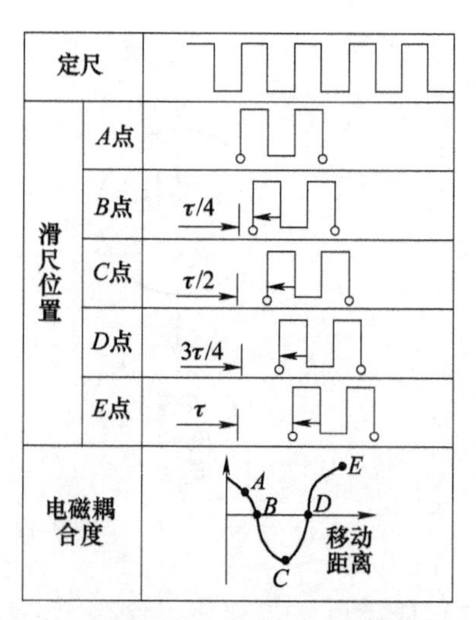

图 3-20　感应同步器工作原理

设定尺绕组节距为 2τ，它对应的感应电动势的余弦函数变化了 2π，当滑尺移动距离为 x 时，则对应感应电动势的余弦函数变化相位角 θ。由比例关系：

$$\frac{\theta}{2\pi}=\frac{x}{2\tau} \tag{3-38}$$

则有：

$$\theta=\frac{2\pi x}{2\tau}=\frac{\pi x}{\tau} \tag{3-39}$$

则定尺绕组上的感应电动势为：

$$E_s=KU_s\cos\theta \tag{3-40}$$

式中　E_s——定尺绕组感应电动势；

U_s——滑尺正弦绕组励磁电压；

K——定尺与滑尺上的绕组的电磁耦合系数；

θ——滑尺相对定尺位移的相位角。

同理，若只对余弦绕组励磁，则定尺绕组中感应电动势 E_c 为：

$$E_c=-KU_c\sin\theta \tag{3-41}$$

当同时给滑尺上的两个绕组励磁时（U_s、U_c），则根据叠加原理，感应同步器定尺绕组中感应的总电动势应是滑尺上正弦绕组和余弦绕组所产生的感应电动势的代数和（$E=E_s+E_c$），据此就可以求出滑尺的位移。

（3）特点

1）测量精度高。感应同步器系直接对机床位移进行测量，中间不经过任何机械转换装置，测量精度只受本身精度限制。由于感应同步器的极对数多，定尺上的感应电压信号是多周期的平均效应，从而减小了制造绕组局部误差的影响，所以测量精度较高，达 0.001mm。

2）测量长度不受限制。可拼接成各种需要的长度，根据测量长度的需要，采用多块定尺接长，相邻定尺间隔也可以调整，使拼接后总长度的精度保持（或略低于）单块定尺精度。

3）对环境的适应性强。直线式感应同步器金属基板与安装部件（床身）的材料（钢或铸铁）的线胀系数相近，当环境温度变化时，两者的变化规律相同，而不影响测量精度。同时，感应同步器为非接触式电磁耦合器件，可选耐温性能好的非导磁性材料作保护层，加强了其抗温防湿能力，同时在绕组的每个周期内，任何时候都可给出与绝对位置相对应的单值电压信号，不易受温度、磁场等外界环境的干扰。

4）维护简便，使用寿命长。由于感应同步器定尺与滑尺之间不直接接触，因而没有磨损，所以寿命长；同时不怕油污、灰尘和冲击、振动等，因而维护简便。但是感应同步器大多装在切屑或切削液容易入侵的部位，必须用钢带或折罩覆盖，以免切屑划伤滑尺与定尺的绕组。

5）注意安装间隙。感应同步器安装时要注意定尺与滑尺之间的间隙，一般在 0.02～0.25mm 以内，滑尺移动过程中，由于晃动所引起的间隙变化也必须控制在 0.01mm 之内。如间隙过大，必将影响测量信号的灵敏度。

感应同步器由于具有以上一系列的优点，所以广泛用于位置检测。

3. 光栅

在高精度的数控机床上，目前大量使用光栅作为反馈检测元件。光栅与前面讲的旋转变压器和感应同步器不同，它不是依靠电磁学原理进行工作的，不需要励磁电压，而是利用光学原理进行工作，因而不需要复杂的电子系统。

（1）光栅的种类

光栅尺是一种直线位移传感器，有物理光栅与计量光栅之分。在数控机床上使用的光栅属于计量光栅，用于直接测量工作台的移动。采用光栅尺构成的全闭环位置控制系统可以补偿传动链的误差。它分为玻璃透射光栅与金属反射光栅两类。

玻璃透射光栅是在透明的光学玻璃板上，刻制或腐蚀出平行且等距的密集线纹，利用光的透射现象形成光栅。金属反射光栅一般是在不透明的金属材料（如不锈钢或铝板）上刻制平行、等距的密集线纹，利用光的全反射或漫反射形成光栅。常用金属反射光栅的刻线密度为 4、10、25、40、50 线/mm。

下面以常用的透射光栅为例，介绍其工作原理与特点。

（2）透射光栅工作原理

透射光栅位置检测装置的原理如图 3-21 所示，它由光栅尺、光学元件及显示装置等组成。

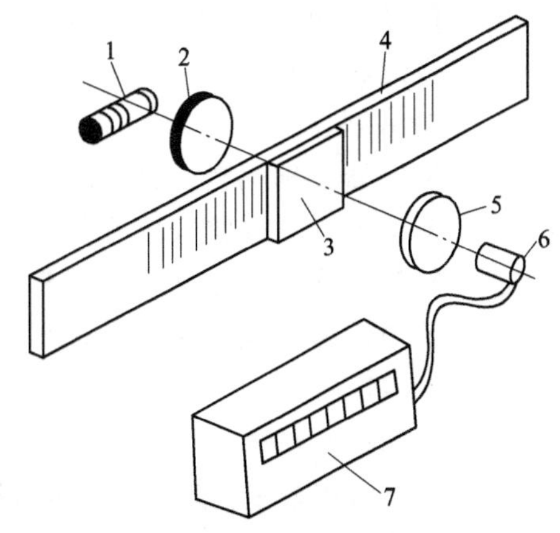

图 3-21　透射光栅位置检测装置原理
1—光源　2—透镜　3—指示光栅
4—标尺光栅　5—光敏元件
6—光电元件　7—显示装置

当标尺光栅和指示光栅的线纹方向不平行，相互倾斜一个很小的交角 θ 时，中间保持0.01~0.1mm 的间隙，在平行光照下，光线就会透过两个光栅尺，由于光的投射和衍射效应，在与线纹垂直的方向上，会出现明暗交替、间隔相等的粗条纹，称为莫尔条纹。

莫尔条纹是光的衍射和干涉作用的总效果，其方向与光栅刻线相垂直，如图 3-22 所示。两条明带或两条暗带之间的距离称为莫尔条纹间隔 B。若光栅尺的栅距为 W，光栅尺相对位移一个栅距 W，莫尔条纹也上下移动一个条纹间距 B，则光电元件输出信号也就变化一个周期，最后由数字显示仪显示出光栅尺（运动件）的准确位移。莫尔条纹主要起放大和平均误差的作用。

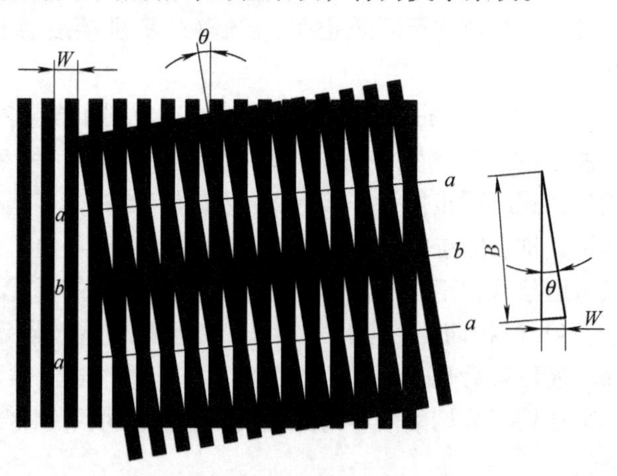

图 3-22　莫尔条纹的形成

（3）光栅检测装置结构

光栅检测装置的关键部分是光栅读数头，它由光源、透镜、指示光栅、光敏元件和驱动线路组成。读数头的光源一般采用白炽灯泡。白炽灯泡发出的辐射光线，经过透镜后变成平行光束照射在光栅尺上。光敏元件是一种将光强信号转换为电信号的光电转换元件，它接收透过光栅尺的光强信号，并将其转换成与之成比例的电压信号。由于光敏元件产生的电压信号一般比较微弱，在长距离传递时很容易被各种干扰信号所淹没、覆盖，造成传送失真。为了保证光敏元件产生的电压信号在传送中不失真，应首先将该电压信号进行功率和电压放大，然后再进行传送。驱动电路就是实现对光敏元件产生的电压信号进行功率和电压放大的线路。

根据不同的要求，读数头内常安装两个或四个光敏元件。

光栅读数头的结构形式，除图 3-23 所示的垂直入射式之外，按光路分，常见的还有分光读数头、反射读数头和镜像读数头等。

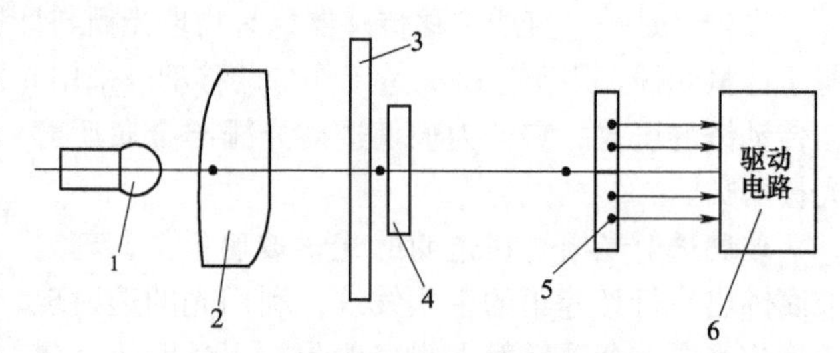

图 3-23　垂直入射式光栅读数头的结构形式

1—光源　2—透镜　3—标尺光栅　4—指示光栅　5—光电元件　6—驱动电路

4. 脉冲编码器

脉冲编码器又称码盘，是一种回转式数字测量元件，通常安装在被检测轴上，随被检测轴一起转动，可将被检测轴的角位移转换为增量脉冲形式或绝对式的代码形式。

根据内部结构和检测方式，码盘可分为接触式、光电式和电磁式三种。其中，光电码盘在数控机床上应用较多，而由霍尔效应构成的电磁码盘则可用作速度检测元件。

光电脉冲编码器又称增量式光电编码器，它是采用圆光栅通过光电转换将轴转角位移转换成电脉冲信号的器件。光电脉冲编码器按每转发出的脉冲数目的多少，可分为多种类型，见表 3-6 和表 3-7。数控机床是根据滚珠丝杠螺距来选用相应的脉冲编码器的。

表 3-6　光电脉冲发生器　　（1in = 0.0254m）

脉冲编码器	每转脉冲移动量/mm	每转脉冲移动量/in
2000（P/r）	2，3，4，6，8	0.1，0.15，0.2，0.3，0.4
2500（P/r）	5，10	0.25，0.5
3000（P/r）	3，6，12	0.15，0.3，0.6

表 3-7　高分辨率脉冲编码器　　（1in = 0.0254m）

脉冲编码器	每转脉冲移动量/mm	每转脉冲移动量/in
20000（P/r）	2，3，4，6，8	0.1，0.15，0.2，0.3，0.4
25000（P/r）	5，10	0.25，0.5
30000（P/r）	3，6，12	0.15，0.3，0.6

（1）光电脉冲编码器的结构

光电脉冲编码器与伺服电动机相连，它的法兰盘固定在电动机端面上，罩上防护罩后构成完整的驱动部件，如图 3-24 所示。

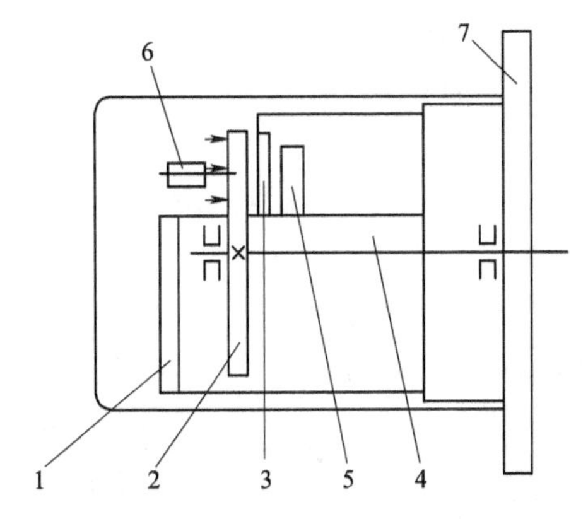

图 3-24　增量式光电脉冲编码器结构示意图
1—电路板　2—圆光栅　3—指示光栅　4—轴
5—光敏元件　6—光源　7—连接法兰

光电脉冲编码器由光源、聚光透镜、光电码盘、光栏板、光敏元件和光电整形放大电路组成。光电码盘用玻璃材料制成，表面镀有一层不透光的金属薄膜，再涂上一层均匀的感光材料，然后用照相腐蚀法制成沿圆周等距的透光与不透光部分相间的辐射状线纹，即一组圆光栅。在圆盘的里圈不透光圆环上还刻有一条透光条纹，用来产生一转脉冲信号。光栏板上有两个透光条纹，每组透光条纹都装有一个光敏元件，间距为 $m+\tau/4$（τ 为码盘上圆光栅的节距，m 为任意整数）。光源发出的光线经聚光镜聚光后，发出平行光。当主轴带动光电码盘一起转动时，光敏元件就收到光线亮、暗变化的信号，引起光敏元件所通过的电流发生变化，输出两路相位差 90° 的近似正弦波信号，它们经放大、整形、变换后变成脉冲信号，再通过鉴相倍频、计数、译码计量脉冲的数目和频率即可测出工作轴的转角和转速，如图 3-25 所示。

脉冲编码器的分辨率取决于圆光栅的纹线数和测量线路的细分倍数，其分辨角为：

$$\alpha = \frac{2}{\text{线纹数} \times n}\pi \tag{3-42}$$

式中　n——细分倍数。

由于光电脉冲编码器每转过一个分辨角就发出一个脉冲信号，因此具有以下特性：

1）根据脉冲的数目可以得出工作轴的回转角度，然后由传动比换算为直线位移距离。

2）根据脉冲的频率可得到工作轴的转速。

3）根据光栏板上两条狭缝中信号的先后顺序（相位）可判断工作轴的正反转。

（2）光电脉冲编码器的输出信号

光线透过码盘和光栏板后被光电元件所接收的是明暗相间、交替变化的条纹，产生两组近似于正弦波的电流信号 A、B，如图 3-26 所示，两者的相位相差 90°，经放大、整形电路变化为方波。若 A 相超前于 B 相，则对应的伺服电动机做正向旋转；若 B 相超前于 A 相，则对应的伺服电动机做反向旋转。若以该方波的前沿或后沿产生计数脉冲，可以形成代表正向位移和反向位移的脉冲序列。

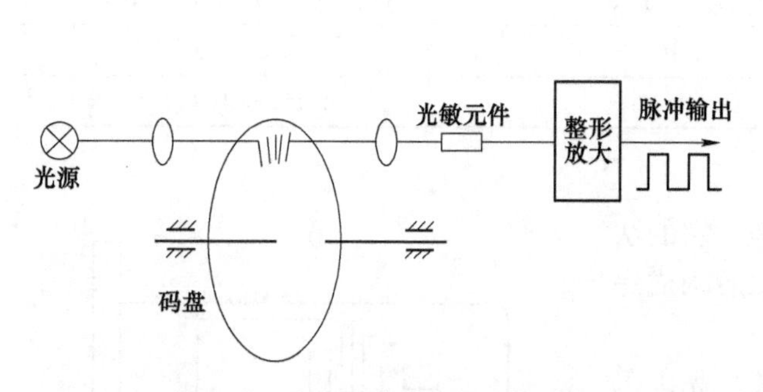

图 3-25　光电脉冲编码器工作原理

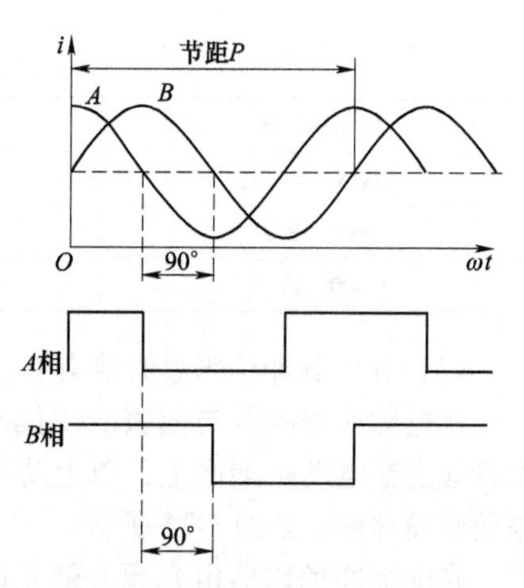

图 3-26　脉冲编码器的输出波形

Z 相是一转脉冲，它是用来产生机床的基准点的。通常，数控机床的机械零点与各轴向的脉冲编码器 Z 相脉冲的位置一致。在应用时，从脉冲编码器输出的四个方波（A 和 $\overline{A}$，B 和 $\overline{B}$）被引入位置控制回路，经辨向和倍频后，变成代表位移的测量脉冲。经频率电压变换器变成正比于频率的电压，作为速度反馈信号，供速度控制单元进行速度调节。

5. *磁栅*

磁栅又称磁尺，是一种计算磁波数目的位置检测元件。它是用录磁磁头将具有周期变化的、一定波长的方波或正弦波电信号记录在磁性标尺上，用它作为测量位移量的基准尺。测量时，用拾磁磁头读取记录在磁性标尺上的方波或正弦波电磁信号，通过检测电路将其转化为电信号，根据此电信号，将位移量用数字显示出来或者送到位置控制系统。磁栅检测装置由磁性标尺、拾磁磁头及检测电路三部分组成。磁栅按其结构特点可分为直线式和角位移式，分别用于长度和角度的检测。

（1）磁栅的工作原理

1）鉴相式工作状态。对图 3-27 所示的两组磁头的励磁绕组分别通以同频率、同相位、同幅值的励磁电流：

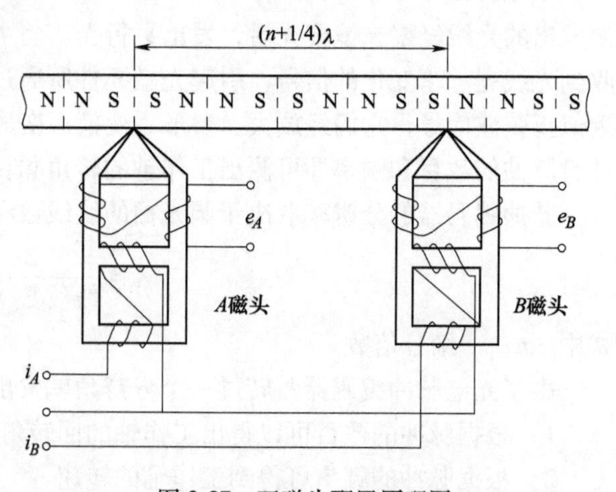

图 3-27　双磁头配置原理图

$$i_A = i_B = I_0\sin\left(\frac{\omega}{2}t\right) \tag{3-43}$$

式中　I_0——励磁电流幅值。

取磁尺上某 N 极点为起点，若 A 磁头离开该 N 极点的距离为 x，则 A、B 磁头上拾磁绕组输出的感应电动势分别为：

$$e_A = E_0\sin\omega t\sin\left(\frac{2\pi x}{\lambda}\right) \tag{3-44}$$

$$\begin{aligned} e_B &= E_0\sin\omega t\sin\left\{\frac{2\pi}{\lambda}\left[\left(n+\frac{1}{4}\right)\lambda + x\right]\right\} \\ &= E_0\sin\omega t\cos\left(\frac{2\pi x}{\lambda}\right) \end{aligned} \tag{3-45}$$

式中　E_0——磁头输出的感应电动势幅值；

ω——励磁电流频率的 2 倍。

把 A 磁头输出的感应电动势 e_A 中的 $E_0\sin\omega t$ 移相，则得到 e'_A：

$$e'_A = E_0\cos\omega t\sin\left(\frac{2\pi x}{\lambda}\right) \tag{3-46}$$

将 e_B 与 e'_A 相加，于是有：

$$\begin{aligned} e = e_B + e'_A &= E_0\sin\omega t\cos\left(\frac{2\pi x}{\lambda}\right) + E_0\cos\omega t\sin\left(\frac{2\pi x}{\lambda}\right) \\ &= E_0\sin\left(\omega t + \frac{2\pi x}{\lambda}\right) \end{aligned} \tag{3-47}$$

式（3-47）表明，将 e_A 移相与 e_B 求和后，得到的电压信号的幅值恒定，初相角随磁头相对于磁尺的移动而改变。通过鉴别 e 和 $E_0\sin\omega t$ 之间的相位差$\left(\frac{2\pi x}{\lambda}\right)$，便可检测出磁头相对于磁尺的位移 x。

2）鉴幅式工作方式。与鉴相式工作方式一样，对两组磁头的励磁绕组分别通以同频率、同相位、同幅值的励磁电流，即从两磁头输出感应电动势：

$$e_A = E_0\sin\left(\frac{2\pi x}{\lambda}\right)\sin\omega t \tag{3-48}$$

$$e_B = E_0\cos\left(\frac{2\pi x}{\lambda}\right)\sin\omega t \tag{3-49}$$

这是磁头给出的原始信息。如果用检波器将 e_A 和 e_B 中的高频载波 $\sin\omega t$ 滤掉，便可得到相位差为 $\pi/2$ 的两路交变信号，即：

$$e'_A = E_0\sin\left(\frac{2\pi x}{\lambda}\right) \tag{3-50}$$

$$e'_B = E_0\cos\left(\frac{2\pi x}{\lambda}\right) \tag{3-51}$$

与光栅测量元件的信息处理方式一样，首先，对两路信号进行放大、整形，将 e'_A 和 $'_B$ 转换成两路相差 1/4 周期的方波信号。这两路方波信号经鉴相倍频之后，就变成了便于应用的正反向数字脉冲信号，这里不再赘述。

(2) 磁栅的特点

磁栅作为检测元件可用在数控机床和其他测量机上，其特点如下：

1）测量精度高。

2）制作、安装与调整简单，可以在机床上直接录制磁带，录磁、去磁方便，不需安装、调整，避免安装误差。

3）对使用环境要求低，工作稳定，可以在油污、灰尘较多的工作环境里使用。

3.4 换刀装置

3.4.1 概述

数控机床为了能在工件一次装夹中完成多种甚至所有加工工序，缩短辅助时间，减少多次安装工件所引起的误差，必须带有自动换刀装置。自动换刀装置应当满足换刀时间短、刀具重复定位精度高、刀具储存量足够、刀库占地面积小以及安全可靠等基本要求。

数控机床自动换刀装置的主要类型、特点和适用范围见表3-8。

表3-8 自动换刀装置的主要类型、特点和适用范围

<table>
<tr><th colspan="2">类型</th><th>特点</th><th>适用范围</th></tr>
<tr><td rowspan="2">砖塔刀架</td><td>回转刀架</td><td>多为顺序换刀，换刀时间短，结构简单紧凑，容纳刀具较少</td><td>各种数控机床，车削中心机床</td></tr>
<tr><td>转塔头</td><td>顺序换刀，换刀时间短，刀具主轴都集中在转塔头上，结构紧凑，但刚性较差，刀具主轴数受限制</td><td>数控钻床、镗床、铣床</td></tr>
<tr><td rowspan="3">刀库式</td><td>刀库与主轴之间直接换刀</td><td>换刀运动集中，运动部件少。但刀库运动多，布局不灵活，适应性差</td><td rowspan="3">各种类型的自动换刀数控机床，尤其是对使用回转类刀具的数控镗铣、钻镗类立式、卧式加工中心机床，要根据工艺范围和机床特点，确定刀库容量和自动换刀装置类型、用于加工工艺范围广的立、卧式车削中心机床</td></tr>
<tr><td>用机械手配合刀库进行换刀</td><td>刀库只有选刀运动，机械手进行换刀运动，比刀库做换刀运动惯性小，速度快</td></tr>
<tr><td>用机械手、运输装置配合刀库换刀</td><td>换刀运动分散，由多个部件实现，运动部件多，但布局灵活，实用性好</td></tr>
<tr><td colspan="2">有刀库的转塔头换刀装置</td><td>弥补转塔换刀数量不足的缺点，换刀时间短</td><td>扩大工艺范围的各类转塔式数控机床</td></tr>
</table>

3.4.2 自动换刀装置

1. 自动回转刀架

数控车床上使用的回转刀架是一种最简单的自动换刀装置。根据不同的加工对象，有四方刀架和六角刀架等多种形式，回转刀架上分别安装着四把、六把或更多的刀具，并按数控装置的指令换刀。回转刀架又有立式和卧式两种，立式回转刀架的回转轴与机床主轴成垂直布置，结构比较简单，经济型数控车床多采用这种刀架。

回转刀架在结构上必须具有良好的强度和刚度，以承受粗加工时切削抗力和减少刀架在切削力作用下和位移变形，提高加工精度。回转刀架还要选择可靠的定位方案和合理的定位结构，以保证回转刀架在每次转位之后具有较高的重复定位精度（一般为 0.001 ~ 0.005mm）。

2. 转塔头式换刀装置

带有旋转刀具的数控机床常采用转塔头式换刀装置，如数控钻床的多轴转塔头等，其转塔头上装有几个主轴，每个主轴上均装一把刀具，加工过程中转塔头可自动转位实现自动换刀，主轴转塔头就相当于一个转塔刀库，其优点是结构简单，换刀时间短，仅为 2s 左右。

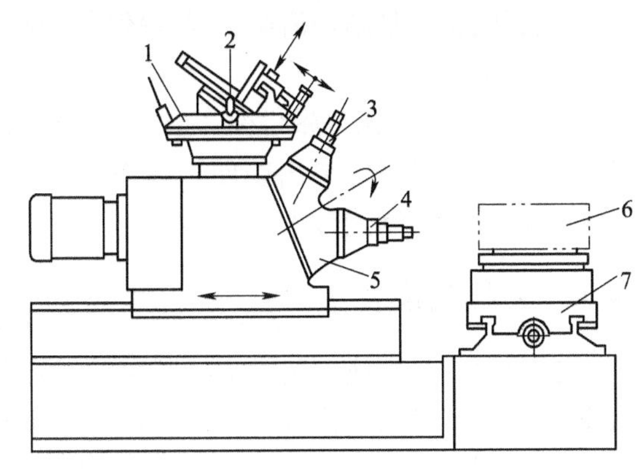

图 3-28　机械手和转塔头配合刀库换刀的自动换刀装置

1—刀库　2—换刀机械手　3、4—刀具主轴　5—转塔头　6—工件　7—工作台

由于受空间位置的限制，主轴数目不能太多，主轴部件结构不能设计得十分坚实，影响了主轴系统的刚度，通常只适用于工序较少、精度要求不太高的机床。近年来出现了一种用机械手和转塔头配合刀库进行换刀的自动换刀装置，如图 3-28 所示。它实际上是转塔头换刀装置和刀库式换刀装置的结合。其工作原理如下。

转塔头 5 上有两个刀具主轴 3 和 4，当用一个刀具主轴上的刀具进行加工时，可由机械手 2 将下一步需用的刀具换至不工作的主轴上，待本工序完成后，转塔头回转 180°，完成换刀。因其换刀时间大部分和机加工时间重合，只需转塔头转位的时间，所以换刀时间很短，转塔头上的主轴数目较少，有利于提高主轴的结构刚性。但很难保证精镗加工所需要的主轴刚度，因此，这种换刀方式主要用于钻床，也可用于铣床和数控组合机床。

3. 带刀库的自动换刀系统

由于回转刀架、转塔头式换刀装置容纳的刀具数量不能太多，不能满足复杂零件的加工需要，因此，自动换刀数控机床多采用带刀库的自动换刀装置。带刀库的自动换刀装置由刀库和刀具变换机构组成，换刀过程较为复杂。首先要把加工过程中使用的全部刀具分别安装在标准刀柄上，在机外进行尺寸预调整后，按一定的方式放入刀库。换刀时，先在刀库中选刀，再由刀具交换装置从刀库或主轴（或是刀架）取出刀具，进行交换，将新刀装入主轴（或刀架），旧刀放回刀库。刀库具有较大的容量，既可安装在主轴箱的侧面或上方，也可作为单独部件安装到机床以外，并由搬运装置运送刀具。由于带刀库的自动换刀装置的数控机床主轴箱内只有一根主轴，设计主轴部件时能充分增强它的刚度，可满足精密加工要求；另外，刀库可以存放数量很大的刀具，因而能够进行复杂零件的多工序加工，大大提高机床适应性和加工效率。因此特别适用于数控钻床、数控镗铣床和加工中心。缺点是整个换刀过程动作较多，换刀时间较长，系统复杂，可靠性较差。

3.4.3　刀库

刀库的作用是储备一定数量的刀具，通过机械手实现与主轴上刀具的交换。

刀库的形式和容量主要是为满足机床的工艺范围，常见的刀库类型如下。

1）盘式刀库。此刀库结构简单，应用较多。刀具的方向与主轴同向，换刀时主轴箱上升至最高位置。这时主轴和刀具正好对准刀库的某一个位置，刀具被夹住，然后刀库将下一个工序旋转至与主轴对准的位置，刀库后退将新刀具插入主轴孔中，主轴箱下降进行加工。此换刀装置的优点是结构简单、成本较低、换刀可靠性较好。缺点是换刀时间长，适用于刀库容量较小的加工中心。

2）链式刀库。此刀库结构紧凑，刀库容量较大，链环的形状可根据机床的布局制成各种形状，也可将换刀位突出以便于换刀，当需要增加刀具数量时，只需增加链条的长度即可，给刀库设计与制造带来了方便。

3.4.4 刀具交换装置

数控机床的自动换刀装置中，实现刀库与机床主轴之间传递和装卸刀具的装置称为刀具的交换装置，刀具的交换方式有两种：由刀库与机床主轴的相对运动实现刀具交换以及采用机械手交换刀具。刀具的交换方式及它们的具体结构对机床的生产率和工作可靠性有直接影响。

1）利用刀库与机床主轴的相对运动实现刀具交换。此装置在换刀时必须首先将用过的刀具送回刀库，然后再从刀库中取出新刀具，两个动作不能同时进行，换刀时间较长，卧式加工中心机床就采用这类刀具交换方式。

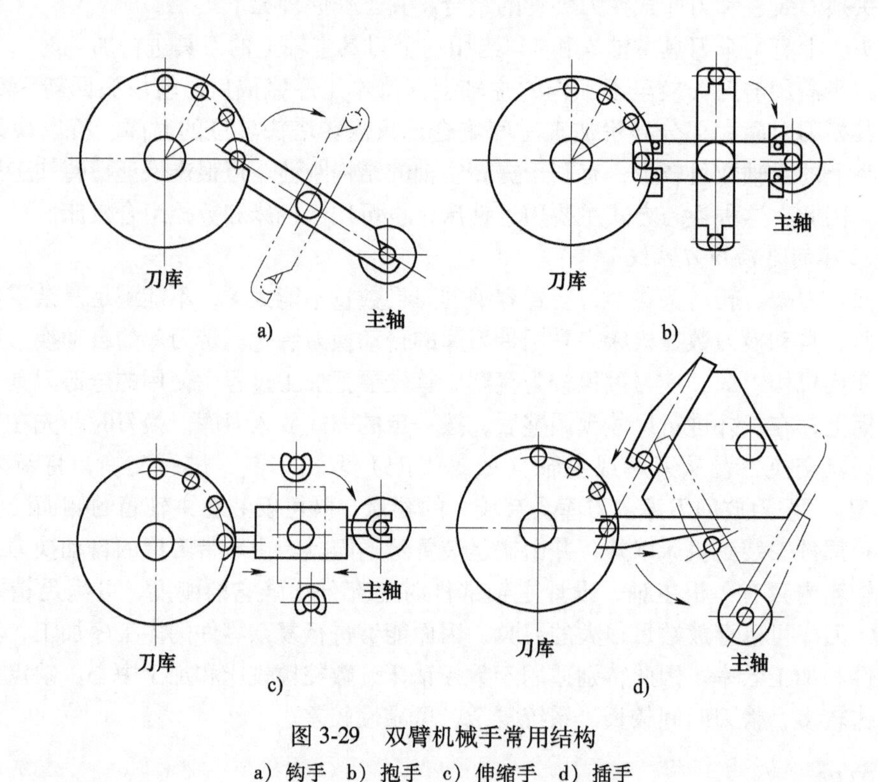

图 3-29　双臂机械手常用结构

a）钩手　b）抱手　c）伸缩手　d）插手

2）采用机械手进行刀具交换。采用机械手进行刀具交换的方式应用最广泛。这是因为机械手换刀灵活，动作快，而且结构简单。由于刀库及刀具交换方式的不同，换刀机械手也有多种形式。从手臂的类型来分，有单臂机械手和双臂机械手。常用的双臂机械手有如图 3-29 所示的几种结构形式，图 3-29a 是钩手，图 3-29b 是抱手，图 3-29c 是伸缩手，图 3-29d 是插手。这几种机械手能够完成抓刀→拔刀→回转→插刀→返回等一系列动作。为了防止刀具掉落，各机械手的活动爪都带有自锁机构。由于双臂回转机械手的动作比较简单，而且能够同时抓取和装卸机床主轴和刀库集中的刀具，因此换刀时间进一步缩短。

3.5 计算机数控系统

3.5.1 概述

1. 计算机数控系统的概念

按照 ISO 的定义，数控系统是一种控制系统，它自动阅读输入载体上事先给定的数字。并将其译码，从而使机床移动和加工零件。计算机数控系统（CNC 系统）是 20 世纪 70 年代发展起来的新的机床数控系统，它用一台计算机代替先前硬件数控所完成的功能。所以，它是一种包含有计算机在内的数字控制系统。其原理是根据计算机存储的控制程序进行数字控制。数控系统分轮廓控制系统和点位控制系统。轮廓控制系统比较复杂，功能齐全，有的还包括了点位控制功能的内容；点位控制系统比较简单（如钻、镗），这里主要介绍轮廓控制系统。

2. CNC 装置的组成

数控系统的核心是计算机数控装置（CNC 装置）。CNC 系统基本组成如图 3-30 所示。它由输入输出装置、计算机数字控制装置、可编程控制器（PLC）、主轴驱动装置和进给驱动装置等组成。现在数控装置不仅能通过读取信息载体方式，还可以通过其他方式获得数控加工程序。如通过键盘方式输入和编辑数控加工程序；通过通信方式输入其他计算机程序编辑器、自动编程器、CAD/CAM 系统或上位机所提供的数控加工程序。高档的数控装置本身已包含一套自动编程系统或 CAD/CAM 系统，只需采用键盘输入相应的信息，数控装置本身就能生成数控加工程序。此外，现代数控系统采用可编程控制器取代了传统的机床电器逻辑控制装置（即继电器控制电路）。

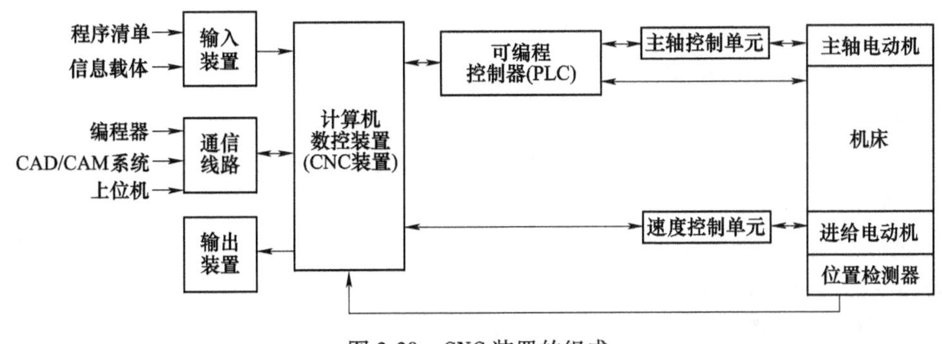

图 3-30　CNC 装置的组成

3.5.2 计算机数控装置的结构

1. 计算机数控装置的硬件结构

计算机数控装置（CNC 装置）从功能到水平来分有低、中、高三点；从价格、功能、使用等综合指标考虑可分为经济型数控装置和标准型（全功能型）数控装置。CNC 装置按微处理器的个数可以分为单微处理器和多微处理器结构；按 CNC 装置硬件的制造方式，可以分为专用型结构和通用型结构。

（1）单微处理器结构

早期的 CNC 系统和现在一些经济型 CNC 系统都采用单微处理器结构。在单微处理器结构中，只有一个微处理器，对存储、插补运算、输入输出控制、CRT 显示等功能进行集中控制和分时处理。微处理器通过总线与存储器、输入输出等各种接口相连，构成 CNC 系统。单微处理器结构具有如下特点。

1）结构简单，容易实现。

2）处理器通过总线与各个控制单元相连，完成信息交换。

3）由于只用一个微处理器来集中控制，其功能受到微处理器字长、数据宽度、寻址功能和运算速度等因素限制。由于插补等功能由软件来实现，因此数控功能的实现与处理速度成为一对矛盾。

（2）多微处理器结构

随着机械制造技术的发展，对数控机床提出了更复杂功能的要求，以及更高速度和精度的要求，以适应更高层次的需要。为此，多微处理器硬件结构得到迅速发展，许多数控装置都采用这种结构，它代表了当今数控系统的新水平。其主要特点有：采用模块化结构，具有比较好的扩展性；提供多种可供选择的功能，配置了多种控制软件，以适应多种机床的控制；具有很强的通信能力，便于进入 FMS、CIMS。

多微处理器结构的 CNC 装置中有两个或两个以上微处理器，所以称为多微处理器结构。多微处理器 CNC 装置一般采用两种结构形式，即紧耦合结构和松耦合结构。在前一种结构中，由各微处理器构成处理部件，处理部件之间采取紧耦合方式，有集中的操作系统，共享资源。在后一种结构中，由各微处理器构成功能模块，功能模块之间采取松耦合方式，有多重操作系统，可以有效地实行并行处理。

多微处理器 CNC 装置一般采用总线互联方式，来实现各模块之间的互联和通信，典型的结构有共享总线和共享存储器两种结构。

（3）专用型结构数控装置和通用型结构数控装置

1）专用型结构。专用型结构数控装置是厂商专门设计和制造的，其特点是专用性强，布局合理，但没有通用性，硬件之间彼此不能交换。这类 CNC 装置包括 FANUC 数控装置、SIEMENS 数控装置等。

2）通用型结构。这类 CNC 系统是以工业 PC 作为 CNC 装置的支撑平台，再由各数控厂商根据需要装入自己的控制卡和数控软件构成相应的 CNC 装置。由于工业 PC 大批量生产，成本很低，因而也就降低了 CNC 系统的成本，同时工业 PC 维护和更换均很容易。如美国的 ANILAM 公司和 AI 公司生产的 CNC 装置均属这种类型。

（4）开放式数控系统

传统的数控系统是一种专用封闭式系统，各个厂家的产品之间以及与通用计算机之间不兼容；维修、升级困难，维修费用高；专用封闭式数控系统的发展一般滞后 5 年左右，在计算机技术迅猛发展的今天，这是一个相当长的时间。上述特点严重制约着数控技术的发展。针对这种情况，人们提出了开放式数控系统的概念，国内外正在大力研究开发开放式数控系统，有的已经投入使用。

开放式数控系统目前尚无统一的定义，它应该是一个模块化、可重构、可扩充的软硬件控制系统。它采用分布式控制原则，采用系统、子系统和模块分级式的控制结构，其构造是可移植和透明的；可以根据用户的需要方便地重现、重构、编辑，以便实现一个系统多种用途；系统中各模块相互独立，各模块接口协议明确。

以个人计算机（PC）为基础的开放式数控系统，利用带有 Windows 平台的个人计算机，使得开发工作量大大减小，而且很容易实现多轴、多通道控制、实时三维实体图形显示和自动编程等，可以实现数控系统三种不同层次的开放。

1）CNC 可以直接地或通过网络运行各种应用软件。强有力的软件包（例如数字化）能作为许可证软件来执行。各种车间编程软件、刀具轨迹检验软件、工厂管理软件、通信软件、多媒体软件都可在控制器上运行，这大大改善了 CNC 的图形显示、动态仿真、编程和诊断功能。

2）用户操作界面的开放。使 CNC 系统的用户接口有其自己的操作特点，且更加友好，并具备特殊的诊断功能（如远距离诊断）。

3）CNC 内核的深层次开放。通过执行用户自己的 C 或 C++语言开发程序，就可以把应用软件加到标准 CNC 的内核中，称为编译循环。CNC 内核系统提供已定义的出口点，机床制造厂商或用户把自己的软件连接到这些出口点，通过编译循环，将其知识、经验、诀窍等专用工艺集成到 CNC 系统中去，形成独具特色的个性化数控机床。这样三个层次的全部开放，能满足机床制造厂商和最终用户的种种需求，这种控制技术的柔性，使用户能十分方便地把 CNC 应用到几乎所有应用场合。总之，无论是以个人计算机（PC）为基体，加上 CNC 系统的主要控制部分而成的数控系统，还是以 CNC 系统为主，加上个人计算机的有关部分而成的数控系统，都有各自的优势。

2. 计数机数控装置的软件结构

CNC 系统是由软件和硬件组成，硬件为软件的运行提供了支持环境。同一般计算机系统一样，由于软件和硬件在逻辑上是等价的，所以在 CNC 系统中，由硬件完成的工作原则上也可由软件来完成。但是硬件和软件各有不同的特点。硬件处理速度较快，专用性强，但造价较高；软件设计灵活，适应性强，但处理速度较慢。CNC 系统是实时控制系统，实时性要求最高的任务就是插补和位控，即在一个采样周期内必须完成控制策略的计算，而且还要留出一定的时间去做其他的事。CNC 系统的插补既可由硬件来实现也可由软件来实现，到底采用软件实现还是硬件实现由多种因素决定，这些因素主要是专用计算机的运算速度、所要求的控制精度、插补算法的运算时间以及性能价格比等。

（1）CNC 装置的软件组成

如图 3-31 所示为 CNC 装置的软件构成，它的系统软件必须完成管理和控制两大任务，系统的管理软件主要包括零件程序的输入/输出、显示和诊断等程序。系统的控制部分包括译码、刀具补偿、速度控制、插补运算和位置控制、开关量控制等软件。

(2) 计算机数控系统的软件结构特点

CNC 系统是一个专用的实时多任务系统，在其控制软件设计中，采用了许多现今计算机软件设计的先进思想和技术。其中多任务并行处理、前后台型软件结构和中断型软件结构三个特点又最为突出。

1）多任务并行处理。数控加工时，CNC 装置要完成许多任务。在多数情况下，管理和控制的某些工作必须同时进行。并行处理是指计算机在同一时刻或同一时间间隔内完成两种或两种以上性质相同或不相同的工作。并行处理的优点是提高了运行速度。

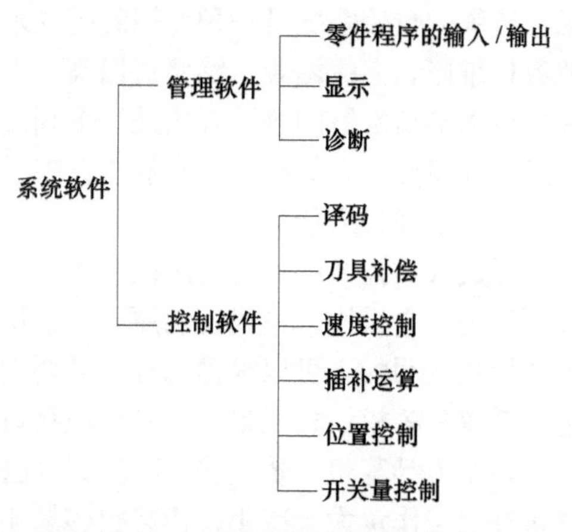

图 3-31　CNC 装置的软件构成

并行处理分为“时间重叠”并行处理方法和“资源共享”并行处理方法。资源共享是根据“分时共享”的原则，使多个用户按时间顺序使用同一套设备。时间重叠是根据流水线处理技术，使多个处理过程在时间上相互错开，轮流使用同一套设备的几个部分。

图 3-32 表示了并行任务处理。图中双箭头表示两个模块之间存在并行处理关系。

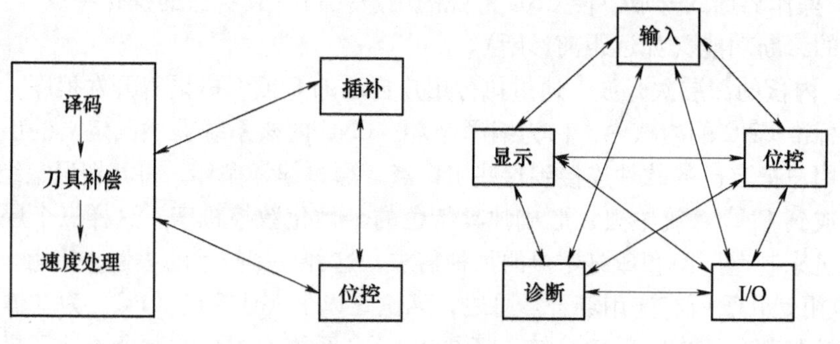

图 3-32　并行任务处理

2）前后台型软件结构。CNC 系统软件最常用的结构有两种：一是前后台型结构，二是中断型结构。

前后台型软件结构适合于采用集中控制的单微处理器 CNC 装置。在这种软件结构中，前台程序是一个实时中断服务程序，承担了几乎全部的实时功能，实现与机床动作直接相关的功能，如插补、位置控制、机床相关逻辑和监控等。后台程序是一个循环执行程序，一些实时性要求不高的功能，如输入译码、数据处理等插补准备工作和管理程序等均由后台程序承担，又称背景程序。

在背景程序循环运行的过程中，前台的实时中断程序不断定时插入，二者密切配合，共同完成零件加工任务。如图 3-33 所示，程序一经启动，经过一段初始化程序后便进入背景程序循环。同时开放定时中断，每隔一定时间间隔发生一次中断，执行一次实时中断服务程序，执行完毕后返回背景程序，如此循环往复，共同完成数控的全部功能。

3）中断型软件结构。中断型软件结构没有前后台之分，其特点是除了初始化程序之外，整个系统软件的各种任务模块分别安排在不同级别的中断程序中，整个软件就是一个大

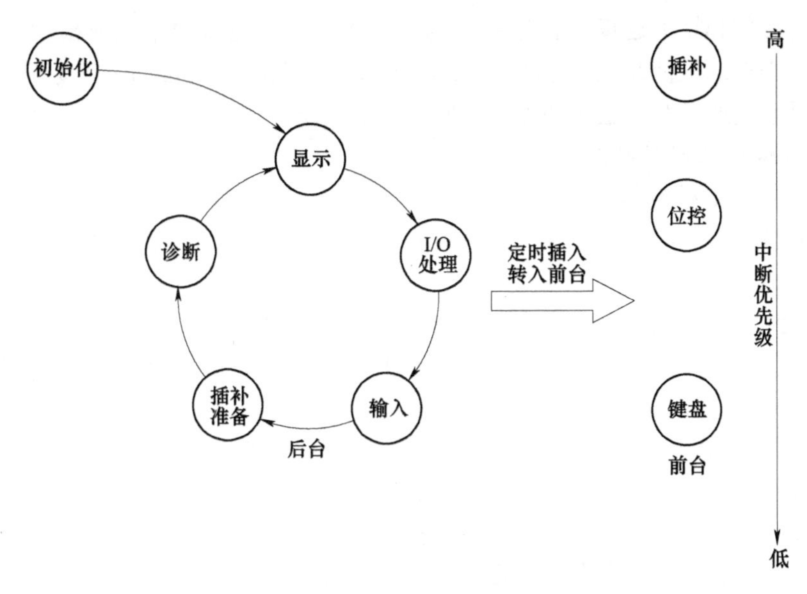

图 3-33　前后台型结构

的中断系统。其管理的功能主要通过各级中断服务程序之间的相互通信来解决。

各级中断主要功能见表 3-9，中断优先级共 8 级，0 级最低，7 级最高，除了第 4 级为硬件中断完成报警功能外，其余均为软件中断。

表 3-9　各级中断的主要功能

优先级	主要功能	中断源
0	初始化	开机进入
1	CRT 显示、ROM 奇偶校验	硬件、主控程序
2	各种工作方式、插补准备	16ms
3	键盘、I/O 及 M、S、T 处理	16ms
4	报警	硬件
5	插补运算	8ms
6	软件定时	2ms
7	纸带阅读机	硬件随机

3.5.3　数控机床的可编程控制器

1. 概述

在数控机床中，除了对各坐标轴运动进行位置控制之外，还需要对诸如主轴正转、反转及停止，刀具交换，工件的扣紧及松开，切削液的开、关以及润滑系统的运行等进行顺序控制。同时还包括主轴驱动和进给伺服驱动的控制和机床报警处理等。在现代数控机床中通常采用可编程控制器来完成以上这些功能。

国际电工委员会对可编程控制器（PLC）的定义为：可编程控制器是一种数学运算电子系统，专为工业环境下应用而设计。它采用可编程的存储器，用于存储执行逻辑运算、顺序控制、定时、计数和算术运算等特定功能的用户指令，并通过数字式或模拟式的输入和输出，控制各种类型的机械或生产过程。可编程控制器及其辅助设备都应按易于构成一个工业控制系统，且它们所具有的全部功能易于应用的原则设计。

2. 数控机床中 PLC 的功能

（1）机床操作面板控制

将操作面板上的控制信号直接送入数控系统的接口信号区，以控制数控系统的运行。其中包括 M、S、T 功能。

1）S 功能处理。主轴转速可以用 S 二位代码或四位代码直接指定。在 PLC 中可以容易地用四位代码直接指定转速。如某数控机床主轴的最高、最低转速分别为 3150r/min 和 20r/min，CNC 送出 S 四位代码至 PLC，将十进制数转换为二进制数后送到限位器，当 S 代码大于 3150 时，限制 S 为 3150，当 S 代码小于 20 时，限制 S 为 20。此数值送到 D/A 转换器，转换成 20~3150r/min 相对应的输出电压，作为转速指令控制主轴的转速。

2）T 功能处理。数控机床通过 PLC 可管理刀库，进行刀具自动交换。处理的信息包括刀库选刀方式、刀具累计使用次数、刀具剩余寿命和刀具刃磨次数等。

3）M 处理功能。M 功能是辅助功能，根据不同的 M 代码，可控制主轴的正、反转和停止，主轴齿轮箱的换档变速，主轴准停，切削液的开、关，卡盘的夹紧、松开及换刀机械手的取刀、归刀等动作。

（2）机床外部开关输入信号控制

将机床侧的开关信号送入 PLC，经逻辑运算后，输出给控制对象。这些控制开关包括各类控制开关、行程开关、接近开关、压力开关和温控开关等。

（3）输出信号控制

PLC 输出的信号经强电柜中的继电器、接触器，通过机床侧的液压或气动电磁阀，对刀库、机械手和回转工作台等装置进行控制，另外还对冷却泵电动机、润滑泵电动机及电磁制动器等进行控制。

（4）伺服控制

通过驱动装置，驱动主轴电动机、伺服进给电动机和刀库电动机等。

（5）报警处理控制

PLC 收集强电柜、机床侧和伺服驱动装置的故障信号，将报警标志区中的相应报警标志位置开启，数控系统便显示报警信号及报警文本以方便故障诊断。

（6）软盘驱动装置控制

有些数控机床用计算机软盘取代了传统的光电阅读机。通过控制软盘驱动装置，实现与数控系统进行零件程序、机床参数和刀具补偿等数据的传输。

3.5.4 数控插补原理

数控机床上进行加工的各种工件，其轮廓大部分由直线和圆弧这两种简单、基本的曲线构成。若加工的轮廓为其他非圆曲线构成，也可采用一小段直线或圆弧来拟合就可满足精度要求。这种拟合的方法就是插补。插补计算是数控装置根据输入的基本数据（如直线终点坐标值、圆弧起点、圆心、终点坐标值等），按照一定的方法产生直线、圆弧等基本线型，并以此为基础完成所需要轮廓轨迹的拟合工作。

数控机床中常用的插补计算方法有逐点比较插补法、数学积分插补法和数据采样插补法等。

1. 逐点比较插补法

逐点比较插补法的原理是：计算机在控制加工过程中，能逐点地计算和判别加工偏差，以控制坐标进给，按规定图形加工出所需要的工件，其进给是步进式的。该方法是以折线来逼近直线或圆弧曲线的，插补误差小于一个脉冲当量，因而只需将脉冲当量（即每走一步的距离）取的足够小就可达到加工精度的要求。逐点比较插补法既可做直线插补，又可做圆弧插补。

（1）直线插补

1）逐点比较法直线插补原理。如图 3-34 所示，以第一象限的直线 OA 为例，终点 A 坐标为（X_e，Y_e），起点为加工原点。m（X_m、Y_m）为加工动点，若 m 在 OA 直线上，则有：

$$\frac{X_m}{Y_m}=\frac{X_e}{Y_e} \tag{3-52}$$

其中，取：

$$F_m = Y_m X_e - X_m Y_e \tag{3-53}$$

作为直线插补的偏差判别式。

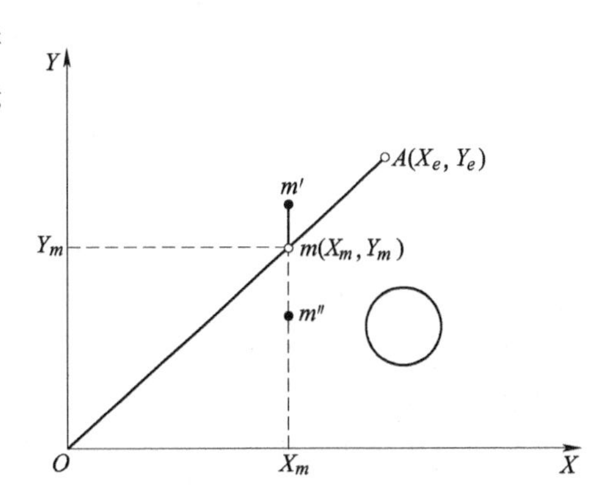

图 3-34　逐点比较法直线插补原理

若 $F_m=0$，表明 m 点在 OA 直线上；

若 $F_m>0$，表明 m 点在 OA 直线上方的 m' 处；

若 $F_m<0$，表明 m 点在 OA 直线下方的 m'' 处。

对于第一象限直线从起点（即坐标原点）出发，当 $F_m \geqslant 0$ 时，沿+X 轴方向走一步，当 $F_m<0$ 时，沿+Y 轴方向走一步，当两个方向所走的步数与终点坐标的 X_e、Y_e 值相等时，发出到达终点信号，停止插补。

设在某加工点处，有 $F_m \geqslant 0$ 时，应沿+X 轴方向进给一步，走一步后新的坐标值为：

$$X_{m+1} = X_m + 1, Y_{m+1} = Y_m \tag{3-54}$$

新的偏差为：

$$F_{m+1} = Y_m + 1X_e - X_{m+1}Y_e = F_m - Y_e \tag{3-55}$$

若 $F_m<0$ 时，应向+Y 轴方向进给一步，走一步后新的坐标值为：

$$X_{m+1} = X_m, Y_{m+1} = Y_m + 1 \tag{3-56}$$

新的偏差为：

$$F_{m+1} = F_m + X_e \tag{3-57}$$

式（3-55）、式（3-57）为简化后的偏差计算公式，在公式中只有加、减运算，只要将前一点的偏差值与等于常数的终点坐标值 X_e、Y_e 相加或相减，即可得到新的坐标点的偏差值。加工的起点是坐标原点，起点的偏差是已知的，即 $F_0 = 0$，这样，随着加工点前进，新加工点的偏差 F_{m+1} 都可由前一点偏差 F_m 和终点坐标相加或相减得到。

从上述过程可以看出，逐点比较法中每走一步都要完成偏差判别、坐标进给、偏差计算和终点判别四项内容。

2）终点判别。终点判别的方法一般有两种。一种是根据 X、Y 两向坐标所要走的总步

数Σ来判断，$\Sigma=|X_e|+|Y_e|$，每走一步$|X_e|$或$|Y_e|$，均进行计算，当Σ减至零时即到终点，停止插补；另一种是比较$|X_e|$和$|Y_e|$，取其中的大值Σ，当沿该方向进给一步时，进行$\Sigma-1$计算，直至$\Sigma=0$时停止插补。

注意：终点判别的两种方法中，均用坐标的绝对值进行计算。

3）四个象限的直线插补计算。前面所述的均为第一象限的直线插补方法。其他三个象限的直线插补计算方法，可以用相同原理获得。对于不同象限的直线插补，因为终点坐标（X_e，Y_e）和加工点坐标均取绝对值，所以它们的计算公式与计算程序和第一象限相同，归纳为表3-10和图3-35所示。

表3-10　直线插补公式（坐标值为绝对值）

象限	坐标进给		偏差计算	
	$F_m \geqslant 0$	$F_m \leqslant 0$	$F_m \geqslant 0$	$F_m \leqslant 0$
Ⅰ	$+X$	$+Y$	$F_{m+1} \leqslant F_m - Y_e$	$F_{m+1} \leqslant F_m + Y_e$
Ⅱ	$-X$	$+Y$		
Ⅲ	$-X$	$-Y$		
Ⅳ	$+X$	$-Y$	$F_{m+1} \leqslant F_m - Y_e$	$F_{m+1} \leqslant F_m + Y_e$

（2）圆弧的插补

1）逐点比较法圆弧插补原理。逐点比较法圆弧插补中，一般以圆心为原点，给出圆弧的起点$A(X_0, Y_0)$，终点$B(X_e, Y_e)$，圆弧半径为R。设弧AB为所要加工的第一象限逆圆，令加工动点的坐标为$m(X_m, Y_m)$，它与圆心的距离为R_m，如图3-36所示。显然有：

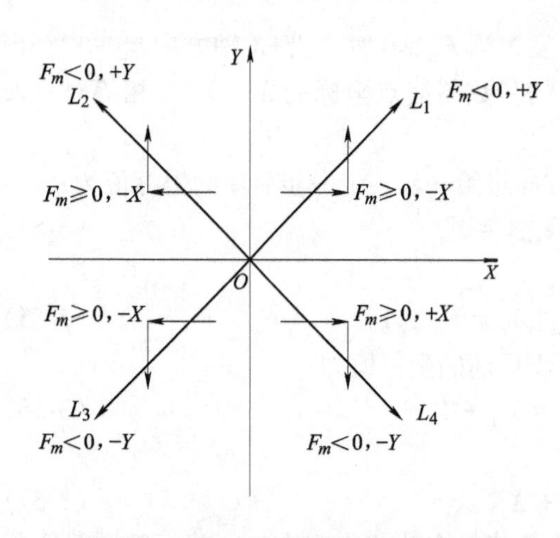

图3-35　不同象限直线的逐点比较插补

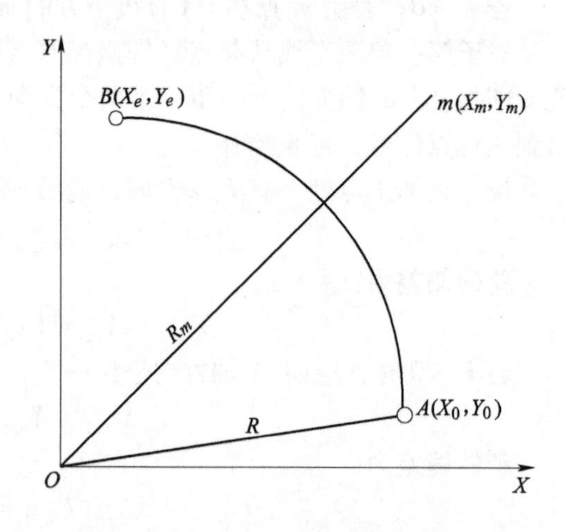

图3-36　逐点比较法圆弧插补原理

$$R_m^2 = X_m^2 + Y_m^2 \tag{3-58}$$

圆弧插补的偏差计算公式为：

$$F_m = R_m^2 - R^2 = X_m^2 + Y_m^2 - R^2 \tag{3-59}$$

当$F_m=0$，表明加工点在圆弧上；$F_m>0$，表明加工点在圆弧外；$F_m<0$，表明加工点在圆弧内。

当 $F_m \geqslant 0$ 时，为了逼近圆弧，应向$-X$轴方向走一步，坐标值为：

$$X_{m+1}=X_m-1, Y_{m+1}=Y_m \tag{3-60}$$

则有：

$$F_{m+1}=X_{m+1}^2+Y_{m+1}^2-R^2=(X_m-1)^2+Y_m^2-R^2=F_m-2X_m+1 \tag{3-61}$$

当 $F_m<0$ 时，为了逼近圆弧，应向$+Y$轴方向走一步，坐标值为：

$$X_{m+1}=X_m, Y_{m+1}=Y_m \tag{3-62}$$

则有：

$$F_{m+1}=X_{m+1}^2+Y_{m+1}^2-R^2=X_m^2+(Y_m+1)^2-R^2=F_m+2Y_m+1 \tag{3-63}$$

与逐点比较法直线插补相同，圆弧插补每进一步，都要完成四项内容：偏差判别、坐标进给、偏差与坐标计算、终点判别。需要指出的是，逐点比较圆弧插补中，在计算偏差的同时，还要计算动点的坐标，以便为下一步加工点的偏差计算做好准备。这是直线插补所不需要的。

2）终点判别。判断是否到达终点，若已到达终点，则停止插补；若未到达终点，则重复上述过程。终点判断常用的方法有如下两种：一种是用 X、Y 方向应走总步数之和 Σ，每进给一步，则 $\Sigma-1$，直至 $\Sigma=0$ 停止插补；另一种是用圆弧末端来选取，如末端离 $Y(X)$ 轴近，则选取 $X(Y)$ 的坐标值作为 Σ，只要在该坐标方向进给一步，则使 $\Sigma-1$，判断 Σ 是否为零，若 $\Sigma=0$，则停止插补；若 $\Sigma\neq0$，则继续插补。

2. 数字积分插补法

数字积分插补法又称数字微分分析器（DDA），DDA 的运算速度快，脉冲分配均匀，容易实现多坐标联动，故在数控系统中得到广泛应用。如图 3-37 所示，函数 $Y=f(t)$ 求积分的运算就是求此函数曲线所包围的面积：

$$F=\int_a^b Y\mathrm{d}t=\lim_{n\to\infty}\sum_{i=0}^{n-1} Y(t_{i+1}-t_i) \tag{3-64}$$

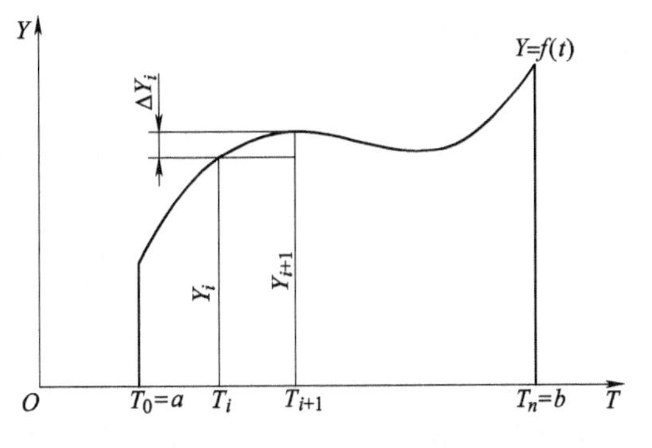

图 3-37 DDA 法的原理

若把自变量的积分区间［a，b］等分成许多有限的小区间 Δt（其中 $\Delta t=t_{i+1}-t_i$），这样，求表面积 F 就可以转化成求有限个小区间面积之和，即：

$$F=\sum_{i=0}^{n-1}\Delta F_i=\sum_{i=0}^{n-1} Y_i\Delta t_i \tag{3-65}$$

Δt 一般取最小单位“1”，也就是一个脉冲当量，则有：

$$F=\sum_{i=0}^{n-1} Y_i \tag{3-66}$$

这样，函数的积分运算就变成了变量的求和运算，当所选积分间隔 Δt 足够小时，就可以用求和运算代替积分运算，所引起的误差将不超过允许的值。

1）直线插补。若在平面中有一起点为坐标原点 O，终点为 $A(X_e、Y_e)$ 的直线，则该直线的方程为：

$$Y = \frac{Y_e}{X_e} X \tag{3-67}$$

其中，令：

$$X = KX_e t, Y = KY_e t \tag{3-68}$$

式中　t——时间；

　　K——比例系数。

则求微分可得：

$$\mathrm{d}x = KX_e \mathrm{d}t, \mathrm{d}y = KY_e \mathrm{d}t \tag{3-69}$$

则有：

$$X = \int \mathrm{d}x = K\int X_e \mathrm{d}t, Y = \int \mathrm{d}y = K\int Y_e \mathrm{d}t \quad (\text{其中 } \Delta t = 1) \tag{3-70}$$

用累加的形式可近似表示为：

$$X = \sum_{i=1}^{n} KX_e t, Y = \sum_{i=1}^{n} KY_e t \tag{3-71}$$

如果写成近似微分形式，则为：

$$X = KX_e \Delta t, Y = KY_e \Delta t \tag{3-72}$$

动点从原点 O 出发走向终点 A 的过程，可看成是 X 坐标轴和 Y 坐标轴每隔一个单位时间 Δt，分别以增量 KX_e 及 KY_e 同时对两个累加器累加的过程。当累加值超过一个坐标单位（脉冲当量）时产生溢出。溢出脉冲驱动伺服系统进给一个脉冲当量，从而走出给定直线 OA。

从原点出发假设经过 m 次累加后到达终点 $A(X_e, Y_e)$，则有：

$$X = \sum_{i=1}^{n} KX_e t = KX_e M = X_e \tag{3-73}$$

$$Y = \sum_{i=1}^{n} KY_e t = KY_e M = Y_e \tag{3-74}$$

可得 $Km = 1$，亦即 $m = 1/K$。

比例系数 K 的大小与累加器的容量有关。累加器的容量应大于各坐标轴的最大坐标值。一般两者的位数相同，以保证每次累加最多只溢出一个脉冲。当累加器有 n 位时，则有 $K = \frac{1}{2^n}$，则可得：

$$m = 1/K = 2^n \tag{3-75}$$

可见，若累加器的位数为 n，则从直线起点到终点的整个插补过程中要进行 2^n 次累加。由于 $K=1/2^n$（n 为寄存器的位数），对于存放于寄存器中的二进制数来说，KX_e（或 KY_e）与 X_e（或 Y_e）是相同的，可以看成前者小数点在最高位之前，而后者的小数点在最低位之后。因此可以用 X_e 直接对 X 轴累加器进行累加，用 Y_e 直接对 Y 轴的累加器进行累加。

如图 3-38 所示为平面直线的插补运算框图，每个坐标的积分器由累加器和被积函数寄存器组成。在被积函数寄存器中存放终点坐标值。每隔一个时间间隔 Δt，将被积函数的值向各自的累加器中累加。X 轴的累加器溢出的脉冲驱动 X 轴走步，Y 轴累加器溢出脉冲驱动 Y 轴走步。

2）圆弧插补。如图 3-39 所示，以第一象限逆圆为例讨论数字积分法圆弧插补原理。

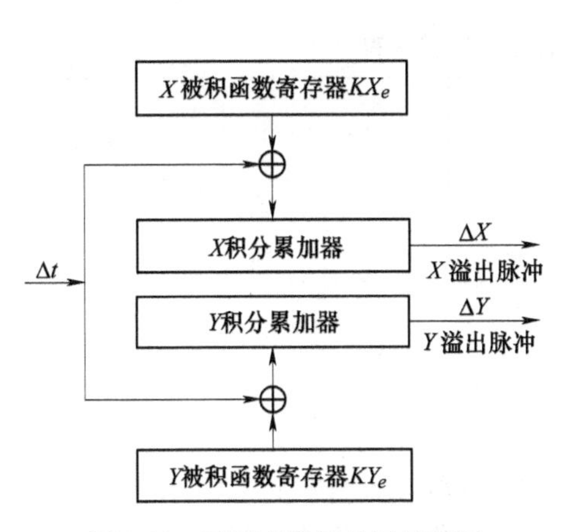

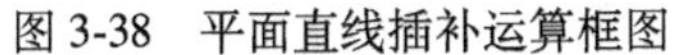
图 3-38　平面直线插补运算框图

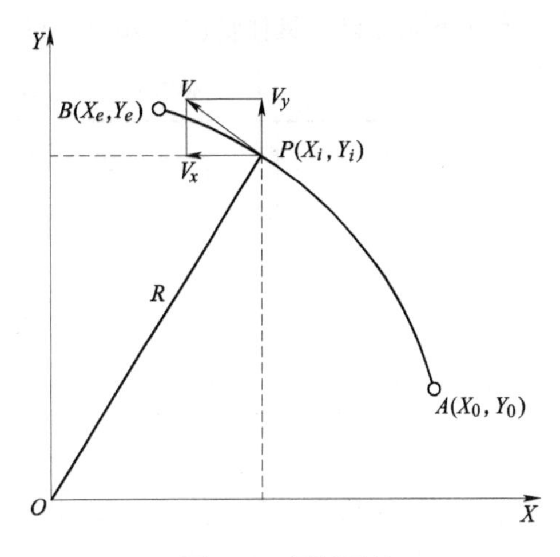

图 3-39　圆弧插补

设刀具沿圆弧 AB 移动，半径为 R，刀具切向速度为 V，P 为动点，坐标为（X_i，Y_i）。刀具切向速度，沿坐标轴方向的速度分量为 V_x，V_y 。

圆的方程为 $X^2+Y^2=R^2$，求导得 $2X\frac{\mathrm{d}X}{\mathrm{d}t}+2Y\frac{\mathrm{d}X}{\mathrm{d}t}=0$，则有：

$$\frac{\mathrm{d}Y}{\mathrm{d}t}\Big/\frac{\mathrm{d}X}{\mathrm{d}t}=-\frac{X}{Y} \tag{3-76}$$

将式（3-76）写成：

$$\frac{\mathrm{d}X}{\mathrm{d}t}=-KY_i,\frac{\mathrm{d}Y}{\mathrm{d}t}=-KX_i \tag{3-77}$$

式中　K——比例系数。

坐标方向的位移增量为：

$$\Delta X=V_x\Delta t=\frac{\mathrm{d}X}{\mathrm{d}t}\Delta t=-KY_i \tag{3-78}$$

$$\Delta Y=V_y\Delta t=\frac{\mathrm{d}Y}{\mathrm{d}t}\Delta t=KX_i\Delta t \tag{3-79}$$

可得出第一象限逆圆加工时数字积分法插补表达式：

$$\begin{cases}X=\int_0^t(-KY_i)\mathrm{d}t=\sum\limits_{i=1}^{m}(-KY_i)\Delta t=-K\sum\limits_{i=1}^{m}Y_i\\Y=\int_0^t(KX_i)\mathrm{d}t=\sum\limits_{i=1}^{m}(KX_i)\Delta t=K\sum\limits_{i=1}^{m}X_i\end{cases} \tag{3-80}$$

由此可得到第一象限逆圆加工的 DDA 圆弧插补器。

圆弧插补的终点判别，利用两个终点减法计数器，把 X、Y 坐标所需输出的脉冲数 $|X_e-X_0|$ 和 $|Y_e-Y_0|$ 分别存入这两个计数器中，当某一坐标计数器为 0 时，该坐标到达终点，这时该坐标轴不再有进给脉冲发出，当两坐标轴都到达终点后，运算结束。

数字积分法圆弧插补计算过程对于不同象限、圆弧的不同走向都是相同的，只是溢出脉冲的进给方向为正或为负，以及被积函数 $J_{VX}(X_i)$、$J_{VY}(Y_i)$ 是进行“加 1”修正或“减 1”

修正有所不同而已。具体情况列入表 3-11。

表 3-11 顺、逆圆进给方向及修正符号表

圆弧走向	顺圆				逆圆			
所在象限	1	2	3	4	1	2	3	4
被积函数 $J_{VY}(Y_i)$ 修正	减	加	减	加	加	减	加	减
被积函数 $J_{VY}(X_i)$ 修正	加	减	加	减	减	加	减	加
Y 轴进给方向	$-Y$	$+Y$	$+Y$	$-Y$	$+Y$	$-Y$	$-Y$	$+Y$
X 轴进给方向	$+X$	$+X$	$-X$	$-X$	$-X$	$-X$	$+X$	$+X$

3. 数据采样插补法

随着数控技术的发展，以直流伺服特别是交流伺服为驱动元件的计算机闭环数字控制系统已成为数控的主流。采用这类伺服系统的数控系统，一般采用数据采样插补法。

数据采样插补是根据编程的进给速度，将轮廓曲线分割为插补采样周期的进给段——轮廓步长。在每一插补周期中，插补程序被调用一次，为下一进给周期计算出各坐标轴应该行进的增长段（而不是单个脉冲）ΔX 或 ΔY 等，然后再计算出相应插补点（动点）位置的坐标值。数据采样插补的核心问题是计算出插补周期的瞬时进给量。

对于直线插补，用插补所形成的步长子线段逼近给定直线，与给定直线重合。在圆弧插补时，用切线、弦线和割线逼近圆弧，常用的是弦线或割线。

圆弧插补常用弦线逼近的方法，如图 3-40 所示。

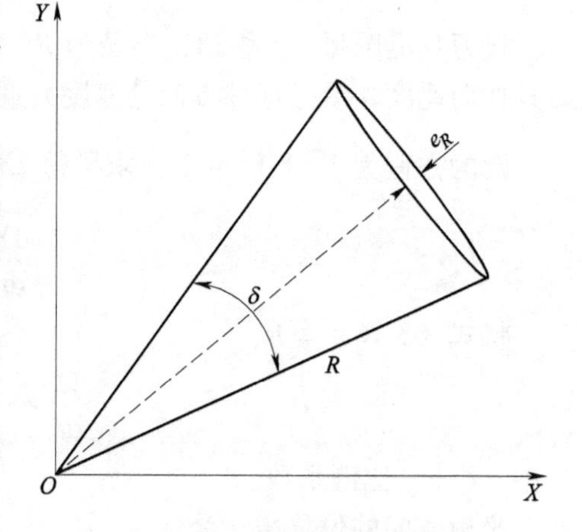

图 3-40 用弦线逼近圆弧

用弦线逼近圆弧会产生逼近误差 e_R。设 δ 为在一个插补周期内逼近弦所对应的圆心角，R 为圆弧半径，则：

$$e_R = R\left(1 - \cos\frac{\delta}{2}\right) \tag{3-81}$$

将式（3-81）中 $1 - \cos\frac{\delta}{2}$ 用幂级数展开，得：

$$e_R = R\left(1 - \cos\frac{\delta}{2}\right) = R\left\{1 - \left[1 - \frac{(\delta/2)^2}{2!} + \frac{(\delta/2)^4}{4!} - \cdots\right]\right\} \approx \frac{\delta^2 R}{8} \tag{3-82}$$

进给步长为：

$$l = TF \tag{3-83}$$

式中 T——插补周期（ms）；

F——进给速度，也即刀具移动速度（mm/min）。

当用进给步长代替弦长时，有：

$$\delta = l/F = TF/R \tag{3-84}$$

可得：

$$e_R = \frac{(TF)^2}{8R} \tag{3-85}$$

可以看出，在圆弧插补时，插补周期 T 分别与精度 e_R 、半径 R 和速度 F 有关。如果以弦线误差作为最大允许的半径误差，要得到尽可能大的速度，则插补周期要尽可能小；当 e_R 给定，小半径时比大半径时的插补周期小。但插补周期的选择要受计算机运算速度的限制，插补周期应大于插补运算时间与完成其他实时任务所需时间之和。

时间分割插补法是典型的数据采样插补方法。时间分割法是每隔时间 t(ms) 进行一次插补计算，即先通过速度计算，按进给速度 F 计算 t 内的合成进给量 f，然后进行插补计算，并送出 t 内各轴的进给量，合成进给量 f 为：

$$f = \frac{F \times 1000 \times t}{60 \times 1000} = \frac{F}{60}t \tag{3-86}$$

时间分割插补法又分为时间分割法直线插补原理和时间分割法圆弧插补原理，在此不再细述。

思考题与习题

1. 列举出几种常用的数控机床主轴轴承的配置类型和配置形式。
2. 数控机床的常用导轨有哪些？各有什么特点？
3. 提升主轴组件性能的措施有哪些？
4. 数控机床设置位置检测装置的作用是什么？
5. 如何控制主轴组件温度的上升？
6. 说明旋转变压器、脉冲编码器的工作原理及其特性。
7. 光电编码器输出的信号有哪几种？各有什么作用？
8. 试述自动换刀装置的类型及其特点。
9. 试分析采用机械手进行刀具交换时的原理及特点。
10. 数控机床中 PLC 的作用是什么？
11. 数控机床中常用的插补计算方法有哪些？

第 4 章　工业机器人基础

导　读

基本内容：

我国国家标准 GB/T 12643—2013 将工业机器人定义为“自动控制的、可重复编程、多用途的操作机，可对三个或三个以上轴进行编程。它可以是固定式或移动式。在工业自动化中使用”。自 20 世纪 60 年代初机器人问世以来，工业机器人的应用范围逐步扩大，在汽车、电子等工业领域已做出了实质性的贡献并取得了一定成果，主要体现在以下几个方面：

1）提高工厂自动化水平。工业机器人的应用有利于提高工业生产领域、机械制造领域、材料加工领域等工厂的自动化程度，从而可以提高生产率，降低加工成本，加快实现工业生产机械化、自动化和智能化的步伐。

2）改善劳动条件。在不利于人类生存的恶劣工作环境中，如高温、高压、有毒或粉尘、噪声等，工业机器人可代替人类安全地完成作业任务，大幅度改善工人的劳动条件。

3）降低生产成本。工业机器人可大量代替现有的简单重复性工作，减少生产人力成本。同时，工业机器人的工作效率高、工作时间长，可大幅度提高工厂生产效率，降低生产时间成本。

目前，由于工业机器人具有重复精度高、可靠性好、适用性强等优点，已广泛应用于汽车、机械、电子、物流等行业，如常见的在自动化生产线上的码垛机器人、包装机器人、搬运机器人等；还有在汽车生产线上的焊接机器人等。

学习要点：

了解工业机器人系统组成；熟悉工业机器人核心零部件设计；掌握工业机器人驱动系统和工业机器人控制系统。

4.1　工业机器人整体方案

工业机器人是应用于工业领域的多关节机械手或多自由度的机械装置，能够自动执行工作指令，靠自身动力和控制能力来实现预期功能的装置。它既可以按照控制器的原程序执行，也可以按照示教器的指令程序运行，现代新型智能工业机器人还可以根据人工智能技术制定的原则和纲领作业，达到智能处理作业的水平。一般情况下，工业机器人应该具有四个特征：

1）特定的机械结构。

2）从事各种工作的通用性能。

3）具有感知、学习、计算、决策等不同程度的智能。

4）相对独立性。

4.1.1 工业机器人系统组成

工业机器人主要由操作机（或称机器人本体）、控制器和示教器等组成，如图 4-1 所示。

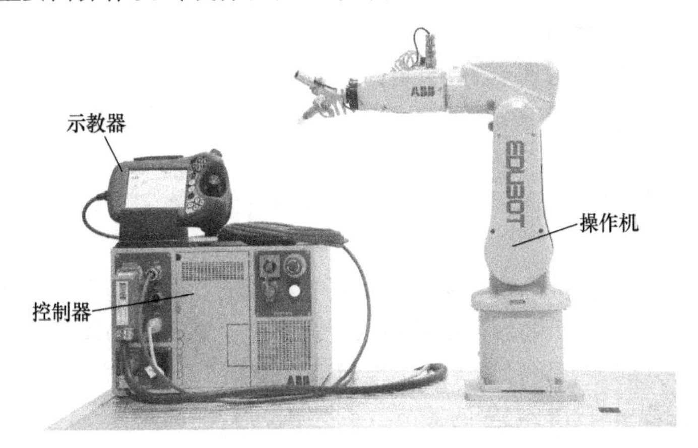

图 4-1　工业机器人系统组成

工业机器人的机械结构部分称为操作机，又称机器人本体，是工业机器人的机械主体。它由机座、腰部、大臂、小臂、腕部、手部及驱动装置、传动装置和内部传感器等部分组成，是用来完成规定任务的执行机构。

控制器是根据指令以及传感信息控制机器人完成一定动作或作业任务的装置，是决定机器人功能和性能的主要因素，用来控制工业机器人按规定要求动作，是机器人的关键和核心部分，也是机器人系统中更新和发展最快的部分。

示教器也称示教编程器或示教盒，整体结构主要由显示屏幕和操作按键组成，可由操作者手持操控。它是机器人的人机交互接口，机器人的所有操作基本上都可以通过示教器来完成。

4.1.2 工业机器人的基本技术参数

工业机器人的设计与大多数机器设计过程相同，在进行工业机器人选型设计之前，首先要对工业机器人的作业目的、功能需求、作业空间和生产条件等做出规划，然后由这些需求参数可选择机器人机械结构和坐标形式，这是机器人机械结构设计的基础。工业机器人的主要技术参数有自由度、精度、作业范围、最大工作速度和承载能力等。

（1）自由度

自由度是指工业机器人能够对坐标系进行独立运动的数目，但不包括末端执行器的动作，如夹取、焊接、喷涂等。它能够直接反映工业机器人作业的灵活性，可用轴的直线移动、摆动或旋转动作的数目来表示，如图 4-2 所示。

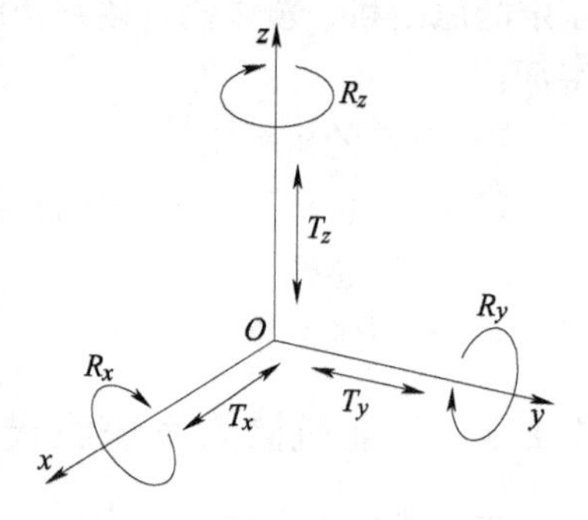

图 4-2　工业机器人的六个自由度

在机器人本体中，两相邻的臂杆之间有一个公共的轴线，两臂杆可以沿该轴线相对移动或绕该轴线相对转动，即构成一个运动副，称为工业机器人的关节。它是允许工业机器人手臂各臂杆之间发生相对运动的机构，是两构件直接接触并能产生相对运动的活动连接。机器人的机械结构通过关节将一些臂杆（或称连杆）连接起来，常见的为二元关节，即一个关节只与两个臂杆相连接。常见的关节种类有：

转动关节：通常用字母 R 表示，它允许两相邻臂杆绕关节轴线做相对转动，转角为 θ，该关节自由度数目为 1。

移动关节：通常用字母 P 表示，它允许两相邻臂杆沿关节轴线做相对移动，移动距离为 d，该关节自由度数目为 1。

球面关节：通常用字母 S 表示，它允许两相邻臂杆之间有三个独立的相对转动，该关节自由度数目为 3。

从机构学原理可知，在空间中有 n 个完全不受约束的物体，其中任意选择一个为固定参照物，由于每个物体相对参照物而言都存在六个自由度，则 n 个物体相对参照物共有 $6\times(n-1)$ 个运动自由度。如将所有臂杆用关节连接起来，设第 i 个关节的约束为 u_i（即该关节限制的自由度数目），若所有连杆之间的关节数目为 g，则该机构的运动自由度为：

$$M = 6(n-1) - \sum_{i=1}^{g} u_i \tag{4-1}$$

或写成：

$$M = 6(n-g-1) + \sum_{i=1}^{g} f_i \tag{4-2}$$

式中　f_i——第 i 个关节的自由度数目，$f_i=6-u_i$。

【例 4-1】　某机器人包括机座在内，共有七个连杆，六个关节，每个关节只有一个自由度。

解：将 $n=7$，$g=6$，$f_i=1$ 带入公式，得 $M=6(7-6-1)+6=6$。

则该机器人有六个自由度。

常见的工业机器人为串联机器人，串联机器人中常用转动关节 R 和移动关节 P 两种单自由度关节，它的一个自由度对应一个关节，所以自由度数目与关节数目总是相等的，即六轴机器人（六关节机器人）的自由度数为 6，四轴机器人（四关节机器人）的自由度数为 4。自由度是反应机器人动作灵活程度的参数，自由度数目越多，对应的工业机器人灵活性就越大，但对应的机械结构设计也就越复杂，控制系统的设计也越困难，因此在设计机器人自由度参数时，需要根据机器人的详细用途进行合理的选择。

（2）精度

工业机器人精度一般指的是定位精度与重复定位精度。定位精度是指机器人末端执行器的实际位置与设定的目标位置之间的偏差，它是受机器人的机械加工误差、装配误差、控制算法等参数影响而产生的。重复定位精度是指在同一环境、同一条件、同一目标动作、同一命令下，机器人连续重复运动若干次，每一次的末端执行器实际运动位置分布情况，是一个关于位姿精度的统计数据。

（3）作业范围

作业范围是指工业机器人作业时手臂末端或手腕中心所能够达到的区域空间，也称工业机器人的工作区域。由于末端执行器的结构形状和尺寸大小根据作业内容的不同而有很大区别，因此为反应工业机器人出厂时特征参数的真实性，工业机器人说明书上作业范围通常指的是未安装末端执行器时末端手腕中心（Tool Central Point，TCP）所能到达的工作区域。工业机器人作业范围的大小不仅与机器人各臂杆的长度相关，也与机器人整体结构设计相关。

工业机器人通常存在特定的机械结构，因此各类工业机器人的作业范围区域形状十分类似，如图 4-3 所示，是国内广数 RB-50 机器人的作业范围，其中图 4-3a 所示为正视图，图 4-3b 所示为俯视图。

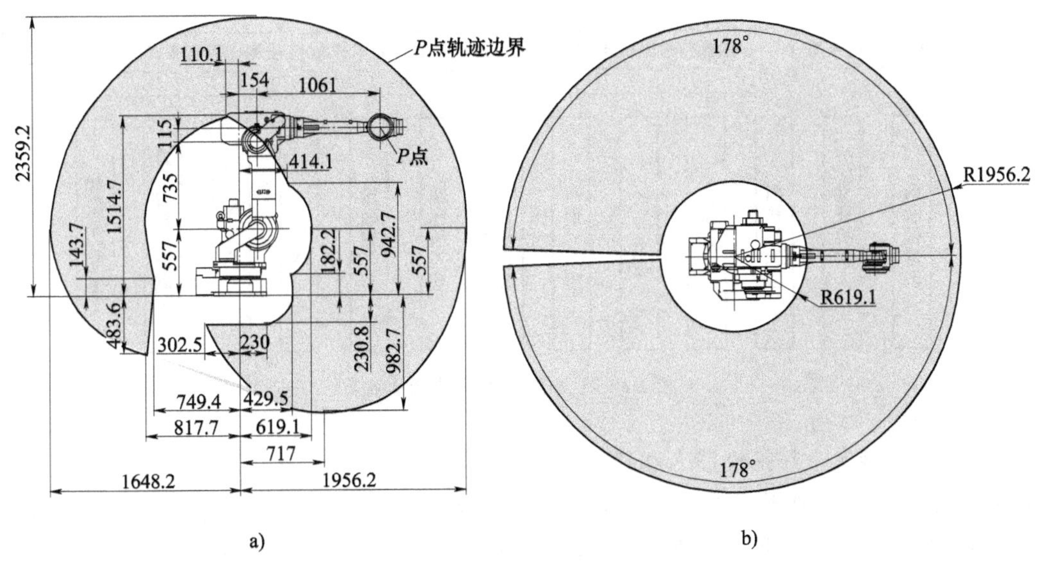

图 4-3　工业机器人作业范围

a）正视图　b）俯视图

（4）最大工作速度

工业机器人最大工作速度一般是指手臂末端的最大合成速度。正常情况下，最大工作速度越大，则工业机器人的工作效率就越高。但最大工作速度越高，工业机器人运行时所需要的加速和减速时间越长，或是对工业机器人的加速效率或减速效率的要求就越高。

（5）承载能力

承载能力是指工业机器人在高速运行时，在作业范围内的任何位姿上所能承受的最大负载。承载能力不仅取决于负载的质量，而且与机器人的运行速度、加速度的大小和方向均相关。设计机器人承载能力时，不仅需要考虑工作负载质量，还要计算机器人末端执行器的质量。工业机器人的承载能力是根据结构工艺装备的基本组成和各种不同质量的零部件分布情况决定的。若机器人采用多手臂结构，机器人参数设计时不仅要设计计算总承载能力，还需计算出各手臂的承载能力。

4.1.3 工业机器人的分类

工业机器人的分类方式很多，可以按其机械结构、操作机坐标形式、程序输入方式和运动控制方式等进行分类，如图4-4所示。

(1) 按机械结构分类

1) 串联机器人。串联机器人其机械臂本体结构是一个开放的运动链形式，其所有运动手臂并没有形成一个封闭的结构链。串联机器人的作业范围大，运动学分析计算比较简单，可以比较容易地避免驱动轴之间的耦合效应。但是串联型工业机器人本体结构中各轴必须要独立控制驱动，并且需要搭配编码器和传感器来提高机械臂运动时的精度。串联机器人是目前各领域常用的工业机器人类型。

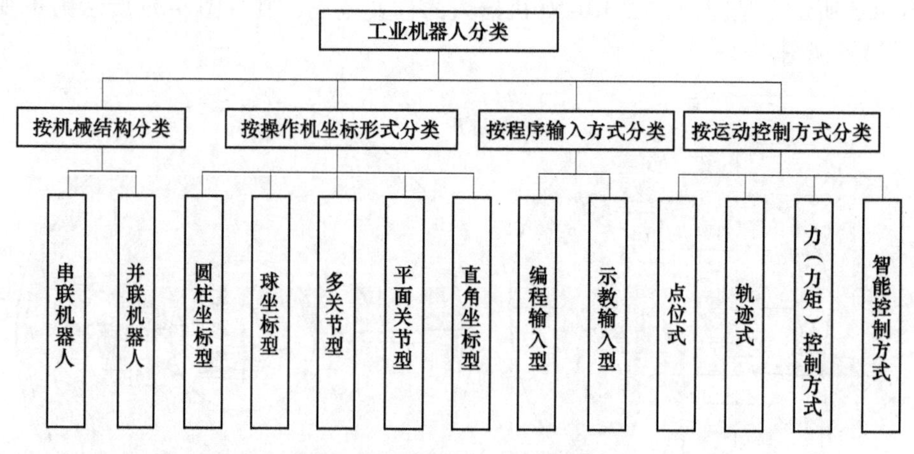

图4-4 工业机器人的分类方式

2) 并联机器人。并联机器人和传统工业用串联机器人在应用上构成互补关系，其机械臂本体结构是一个封闭的运动链。并联机器人的优点是不易产生动态误差、无误差积累精度较高、结构紧凑稳定、输出轴大部分承受轴向力、机器刚性高、承载能力大。并联机器人的缺点是运动学正问题求解运动位姿问题比较困难。常见的并联机器人如图4-5所示。

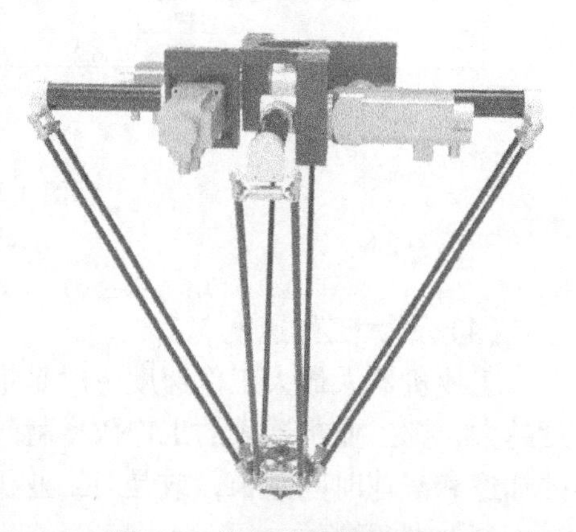

图4-5 常见的并联机器人

(2) 按操作机坐标形式分类

1) 圆柱坐标型。主要由垂直圆柱主体、水平移动杆件和基座组成，如图4-6所示。水平移动杆件装在垂直柱子上，能自由水平移动，并可沿垂直柱子上下运动。垂直圆柱安装在基座上，可与水平移动杆件一起绕底座转动，从而使该类工业机器人的作业范围形成一个圆柱形。圆柱坐标型机器人的臂部可作升降、回转和伸缩动作。

2) 球坐标型。这种工业机器人外观结构类似坦克的炮塔，机械臂能够做水平伸缩移动、垂直平面内转动、绕底座做水平旋转运动，如图4-7所示。因此，这种工业机器人的作业范围类似球面的一部分，故称为球面坐标机器人。球坐标型机器人的机械臂能够回转、仰俯和伸缩。

3）多关节型。这种机器人是目前应用最为广泛的一种工业机器人，它主要由底座、大臂和小臂构成。大臂和小臂间的关节称为肘关节，大臂和底座间的关节称为肩关节。在水平平面上的旋转运动，既可由肩关节完成，也可以绕底座旋转来实现。这种机器人与人的手臂非常类似，可以看作是由多个连杆和关节串联组成，多关节型机器人的臂部有多个转动关节，故称为关节式机器人。多关节型工业机器人运动耦合性强，控制较复杂，但在实际作业中灵活性最好，且机器人结构紧凑、占据空间小。

4）平面关节型。在一个平面上，有两个平行旋转关节的工业机器人。平面关节型机器人的轴线相互平行，实现平面内定位和定向。

5）直角坐标型。直角坐标型机器人的机械臂可沿 *O-XYZ* 坐标系下三个直角坐标方向移动，如图 4-8 所示。

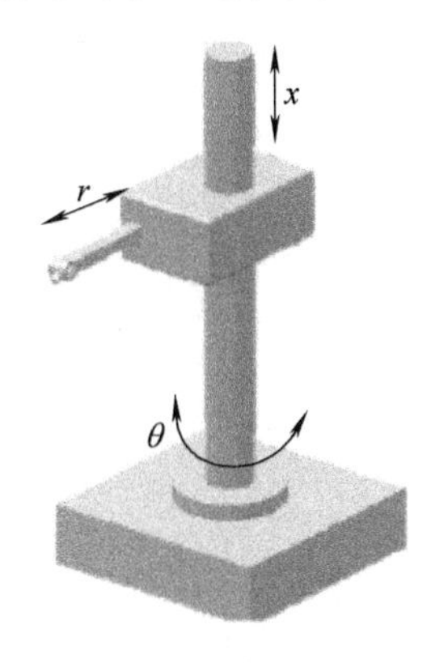

图 4-6　圆柱坐标型

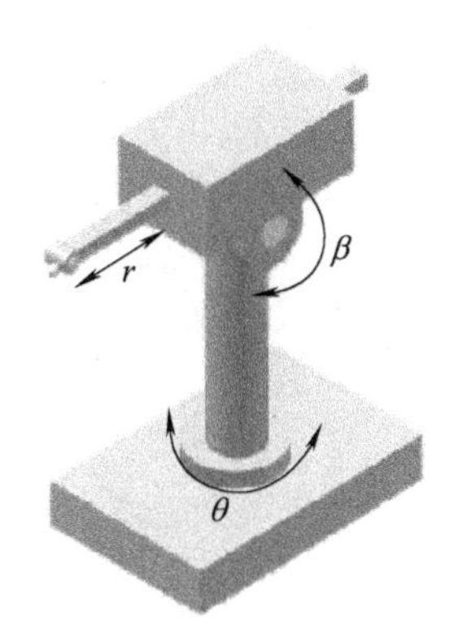

图 4-7　球坐标型

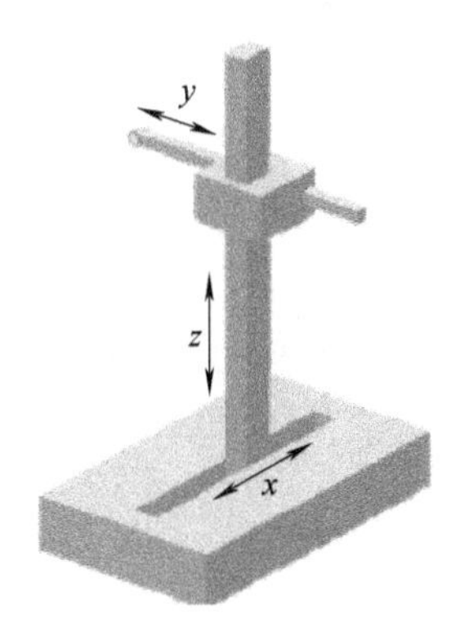

图 4-8　直角坐标型

（3）按程序输入方式分类

1）编程输入型。编程输入型是在计算机上进行控制程序的编译，然后将已编好的执行程序文件通过串口或者以太网等通信方式传送到工业机器人控制柜。

2）示教输入型。示教输入型的示教方法有两种，一种是由工作人员直接使用示教盒，将指令信号传给驱动系统，使工业机器人按指令信号要求的执行任务依次运行。另一种是由工作人员直接拖动工业机器人执行，按要求的动作任务依次运行。在示教过程中任务指令程序将被存入程序存储器中，在工业机器人再现执行时，控制系统从程序存储器中提取对应信息，将指令程序传给驱动机构，从而驱使工业机器人再现示教指令任务。

（4）按运动控制方式分类

1）点位式。只对机器人起始点的位姿有要求，而对中间的运动路径无要求，因此点位式控制方式只要求能准确地控制工业机器人末端执行器的起始工作位置。例如，在工业流水线上的搬运、筛选、装配等工作，都可以选用点位式控制方式。一般来说，点位式控制比较简单，但控制精度较低。

2）轨迹式。不仅对工业机器人的起始点位姿有要求，对机器人运行过程中的轨迹位姿、速度等也有要求。例如，在实际焊接、喷涂、写字等工作任务中，要求工业机器人末端执行器能够按照预定的轨迹和速度进行作业。轨迹式控制方式类似于控制原理中的跟踪系统，可称之为轨迹伺服控制。

3）力（力矩）控制方式。在对工业机器人作业的起始点位姿、运动轨迹、运动速度等有准确定位之外，还对工业机器人在执行任务时的力和力矩大小有要求，这时就要利用力（力矩）伺服方式。这种方式的控制原理与位置伺服控制原理基本相同，只不过输入量和反馈量不是位置信号，而是力（力矩）信号，因此系统中必须有力（力矩）传感器。

4）智能控制方式。工业机器人的智能控制主要是利用传感器获得周围环境信息，并根据内部的智能算法库做出相应的处理判断。采用智能控制技术，使工业机器人具有了较强的环境适应性及自处理能力。近年来，人工神经网络、基因算法、遗传算法、专家系统等人工智能的迅速发展，为工业机器人的智能控制技术提供了良好的技术基础与保障。

4.2 工业机器人核心零部件设计

工业机器人本体结构主要包括基座、手臂（大臂和小臂）、肘关节、手腕和连接法兰等，如图 4-9 所示。

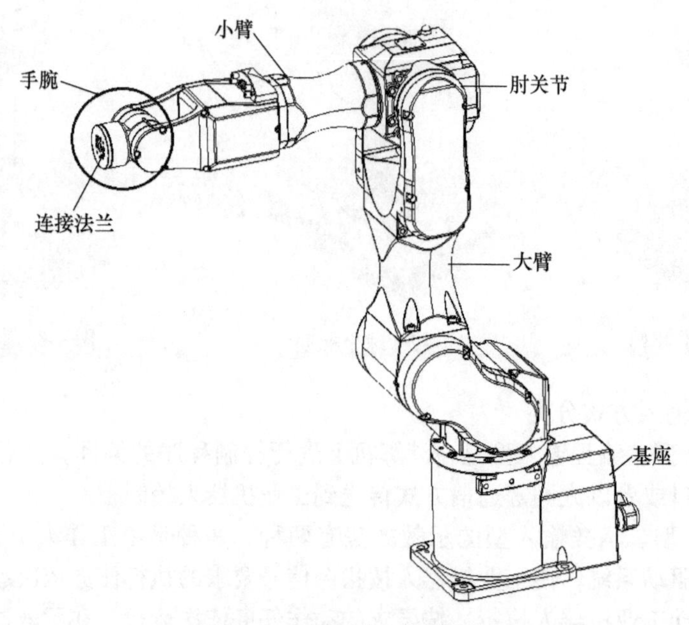

图 4-9 工业机器人本体结构

在设计机器人零部件之前，首先需要分析机器人整体结构特性：

1）工业机器人本体结构可以简化成由多个连杆首尾相连，首端连接在基座、末端为开放式的开链连杆结构。由于工业机器人的末端自由无约束，导致机器人的整体结构刚度不高。

2）工业机器人开链连杆结构中的每根臂杆都具有独立的驱动器，各个机械臂杆的运动各自独立、运动之间没有依从关系，因此开链连杆结构式工业机器人运动灵活。

3）连杆的驱动属于伺服控制型，因而对机械传动系统的刚度、间隙和运动精度都有较高的要求。

4）工业机器人各臂杆的受力状态、刚度条件和动态性能都是随机器人位姿的变化而变化的，因此，工业机器人在高速执行任务时容易出现振动等不稳定的情况。

由此可见，机器人本体整体结构设计的基本要求为：强度高、弹性模量大、重量轻、阻尼大、材料经济性好。

工业机器人本体设计参考材料：

1）碳素结构钢和合金结构钢（广泛采用）。

2）铝、铝合金及其他轻合金材料（重量轻）。

3）纤维增强合金（较高的 E/ρ 比）。

4）陶瓷。

5）纤维增强复合材料（高阻尼）。

6）黏弹性大阻尼材料。

4.2.1　基座结构设计

基座是工业机器人的基础部分，起支承作用，可以分为固定式和行走式两种。其中固定式基座最为常见，工厂中常应用的立柱式工业机器人大多是固定式的基座。工业机器人行走式基座根据不同的结构特点可分为固定轨迹式、车轮式、履带式和步行式行走机构。

（1）固定轨迹式基座

固定轨迹式行走机器人的基座一般设计为有轨移动或滑动。如图 4-10 所示，机身设计成横梁有轨移动式，用于悬挂工业机器人本体部件，这是工厂中常见的一种配置形式。有轨式移动机器人能够直接扩大机器人作业范围，实现在更广阔的空间内运动。

图 4-10　固定轨迹式基座

（2）车轮式行走机构

车轮式行走机构类似汽车的运动方式，因具有移动平稳、能耗小以及移动速度和方向易控制等优点，得到普遍的应用。在车轮的整体结构设计上，车轮的形状或结构取决于环境的特征和车辆的承载情况。在轨道上运行的多采用实心钢轮，室内路面则多采用充气轮胎。但车轮式行走机构只能在较为光滑的运动平面或轨道上才能实现。

常见的车轮式行走机构多采用 3 轮式和 4 轮式结构。3 轮式移动机构一般是一个前轮加两个后轮分布，如图 4-11a 所示。3 轮式移动结构中，前轮为万向轮，起整体支撑作用；两个后轮由独立控制器分别驱动，依靠其转速差实现转向目的。4 轮式移动机构由于其具有较高的移动稳定性而被广泛应用，4 轮式移动机构可采用不同的方式实现驱动和转向，如图 4-11b 所示。既可以使用后轮分散驱动，也可以用连杆机构实现四轮同步转向，这种方式相比仅前轮转向的机构更能实现小半径转弯。

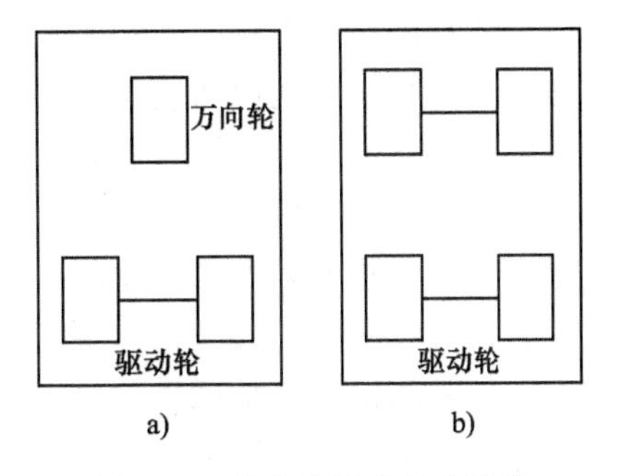

图 4-11　常见车轮式行走机构
a）3 轮式移动机构　b）4 轮式移动机构

（3）履带式行走机构

履带式行走机构相比轮式行走机构，在野外或海底等松软地面或泥泞地面工作时，更能够适应复杂的地貌和地况。它是轮式移动机构的补充和拓展应用，履带本身起着给车轮连续铺路的作用，能够很好地适应地面的变化，因此近年来履带式行走机构机器人的研究得以蓬勃发展。履带式行走机构具有以下特点：

1）支撑面积大、接地比压小、下陷度小、滚动阻力小、越野机动性能好，适合在松软或泥泞场地作业。

2）转向半径极小，可以实现原地转向。

3）履带支撑面上有履齿，不易打滑，牵引附着性能好，有利于发挥较大的牵引力。

4）具有良好的自复位和越障功能。

（4）步行式行走机构

用类似于动物那样，利用脚部关节机构，用步行方式，实现移动的机械，称作步行式行走机构。与运行车式机构相比，步行式行走机构有以下优点：

1）可以在高低不平的地段上行走。

2）由于脚的主动性，身体不随地面晃动，运动平稳。

3）在柔软的地面上运动，效率并不显著降低。

常见的步行式行走机构如图4-12所示。

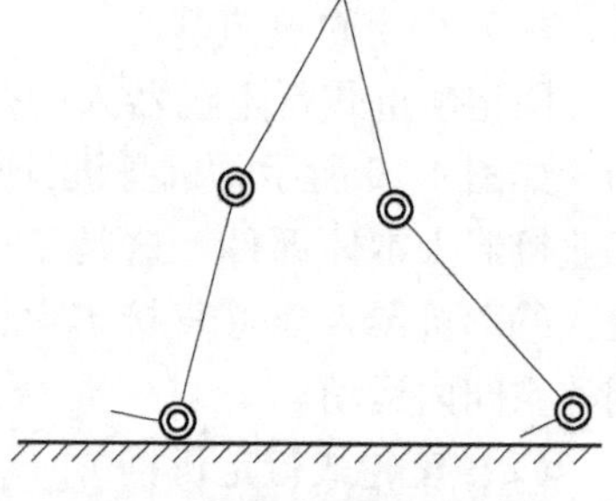

图4-12　步行式行走机构

4.2.2　手臂机构设计

1. 手臂运动机构分类

（1）手臂直线运动机构

机器人手臂的伸缩、升降及横向（或纵向）移动均属于直线运动，而实现手臂往复直线运动的机构形式较多，常用的有活塞油（气）缸、活塞缸和齿轮齿条机构、丝杠螺母机构及活塞缸和连杆机构等。直线往复运动可采用液压或气压驱动的活塞油（气）缸。由于活塞油（气）缸的体积小、重量轻，因而在机器人手臂机构中应用比较多。

（2）手臂回转运动机构

实现机器人手臂回转运动的机构形式是多种多样的，常用的有叶片式回转缸、齿轮传动机构、链轮传动机构和连杆机构。

（3）手臂复合运动机构

手臂的复合运动多数用于动作程序固定不变的专用机器人，它不仅使机器人的传动结构简单，而且可简化驱动系统和控制系统，并使机器人传动准确、工作可靠，因而在生产中应用得比较多。除手臂实现复合运动外，手腕和手臂的运动亦能组成复合运动。

手臂（或手腕）和手臂的复合运动，可以由动力部件（如活塞缸、回转缸、齿条活塞缸等）与常用机构（如凹槽机构、连杆机构、齿轮机构等）按照手臂的运动轨迹（即路线）或手臂和手腕的动作要求进行组合。

（4）新型的蛇形机械手臂

目前普通工业机器人都能够达到0.1mm的重复精度，无论是直线运动还是绕轴转动，甚至是要进行复杂的曲面移动，现在一般的工业机器人都能够很好地完成。这一方面得益于机械加工精度的日益提高，另一方面现代化的控制技术保证了机器人定位的精确。

如图 4-13 所示，蛇形机械手臂一般具有高度柔性，可深入装配结构当中进行均匀涂层，从而增加生产率，适用于在飞机翼盒的组装探视工作及引擎组装中进行深度检测等。

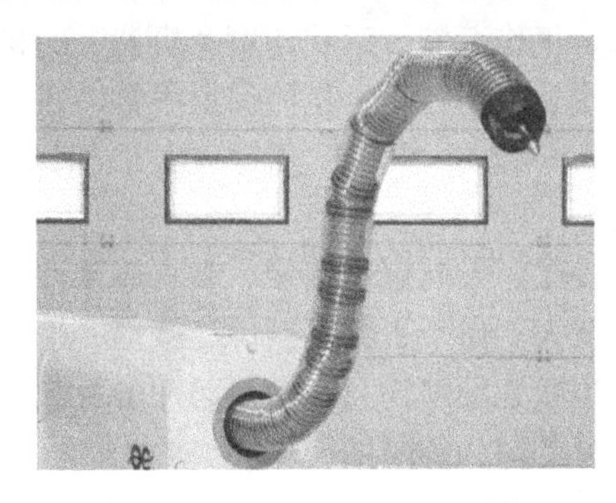

图 4-13　蛇形机械手臂

2. 手臂机构设计要求

手臂由机器人的动力关节和连接杆件等构成，手臂有时也包括肘关节和肩关节，是机器人执行机构中最重要的部件。它的作用是支承手部和腕部，并改变手部在空间的位置。机器人的臂部一般有 2~3 个自由度，即伸缩、回转、俯仰或升降。对手臂机构的要求包括：手臂承载能力大、刚性好但自重轻；手臂运动速度适当，惯性小，动作灵活；手臂位置精度高；通用性强，适应多种作业；工艺性好，便于维修调整等。

（1）手臂承载能力大、刚性好且自重轻

手臂的承载能力及刚性直接影响到手臂抓取工件的能力及动作的平稳性、运动速度和定位精度。如承载能力小，则会引起手臂的振动或损坏；刚性差则会在平面内出现弯曲变形或扭转变形，直至动作无法进行。为此，手臂一般都采用刚性较好的导向杆来加大手臂的刚度，手臂支承、连接件的刚性也有一定的要求，以保证能承受所需要的驱动力。

（2）手臂运动速度适当，惯性小，动作灵活

手臂通常要经历由静止状态到正常运动速度，然后减速到停止不动的运动过程。若手臂自重轻，其起动和停止的平稳性就好。对此，手臂运动速度应根据生产节拍的要求决定，不宜盲目追求高速度。

手臂的结构应紧凑小巧，这样手臂运动便轻快、灵活。为了手臂运动轻快、平稳，通常在运动臂上加装滚动轴承或采用滚珠导轨。对于悬臂式机械手臂，还要考虑零件在手臂上的布置。要计算手臂移动零件时，还应考虑其重量对回转、升降、支承中心等部位的偏移力矩。

（3）手臂位置精度高

机械手臂要获得较高的位置精度，除采用先进的控制方法外，在结构上还注意以下几个问题：

1）机械手臂的刚度、偏移力矩、惯性力及缓冲效果均对手臂的位置精度产生直接影响。

2）需要加设定位装置及行程检测机构。

3）合理选择机械手臂的坐标形式。

（4）设计合理，工艺性好

上述对手臂机构的要求有时是相互矛盾的。如刚性好、载重大时，其结构往往粗大、导向杆也多，会增加手臂自重；如当转动惯量增加时，冲击力大，位置精度便降低。因此，在设计手臂时，应该根据手臂抓取重量、自由度数、工作范围、运动速度及机器人的整体布局和工作条件等各种因素综合考虑，以达到动作准确、结构合理，从而保证手臂的快速动作及位置精度。

3. 手臂机构设计流程

手臂的多种运动通常由驱动装置、各种传动装置、导向定位装置、支承连接件和位置检测元件等来实现，因此它受力比较复杂，其自重较大。由于手臂直接承受腕部、手部及被抓取工件的静、动载荷，尤其是高速运动时，将产生较大的惯性力，易引起冲击及影响定位的准确性。臂部运动部分零部件的重量直接影响着臂部结构的刚度和强度。对此，机器人手臂结构必须根据机器人的运动形式、抓取重量、动作自由度、运动精度等因素来确定。同时，设计时必须要考虑到手臂的受力情况、驱动装置及导向装置的布置、内部管路与手腕的连接形式等因素。因此，手臂机构设计流程的内容包括运动性能、力学特性、机械结构、精度要求、详细设计、验证与修改等。

（1）方案制定

明确手臂机构在机器人整机中的作用及位置，制定手臂机构的方案。按照抓取工件的要求，机械手的手臂有三个自由度，即手臂的伸缩、左右回转和升降运动。

（2）运动性能及参数

根据机器人的目标运动性能及参数，绘制手臂机构的传动链和运动原理简图。

（3）力学特性

根据臂部的受力情况分析，可知手臂的结构、工作范围、灵活性等直接影响到机器人的工作性能。针对机器人手臂机构的设计对象，制定满足其结构的力学特性与参数。

对手臂机构的关键零部件应进行强度、刚度、稳定性等计算。

（4）零部件建模与设计

在满足运动性能计算、力学特性分析的前提下，进行机器人手臂机构的零部件建模与设计。该设计应包括手臂关键零件及专用零部件的详细设计、优化设计等。

（5）精度要求

精度要求与机械手臂的坐标形式有关。如直角坐标式机械手的位置精度较高，其结构和运动都比较简单、误差也小。回转运动产生的误差是放大时的尺寸误差，当转角位置一定时，手臂伸出越长，其误差越大。关节式机械手因其结构复杂，手端的定位由各部分关节相互转角来确定，其误差是积累误差，因而精度较差，其位置精度也更难保证。因此合理选择机械手臂的坐标形式是满足精度要求的方式之一。

在手臂机构的零部件结构设计时，还必须考虑选用件的匹配及零部件间的配合，也包括传动误差分析，以满足精度要求。

（6）上下料节拍

上下料节拍由上下料需要的时间决定，不同工件设置不同时间的节拍。

（7）详细设计、验证与修改

在上述基础上进行手臂机构及全部零部件的详细设计，验证手臂机构的运动性能、力学特性及精度要求，修改零件的机械结构，直至满足各项技术要求。

4.2.3　手腕机构设计

工业机器人一般需要六个自由度才能使手部达到目标位置并处于期望的姿态。为了使手部能处于空间任意方向，要求腕部能实现对空间三个坐标轴 x、y、z 的转动，即具有翻转、仰俯和偏转三个自由度。通常也把手腕的翻转称为 *Roll*，用 *R* 表示；把手腕的仰俯称为 *Pitch*，用 *P* 表示；把手腕的偏转称为 *Yaw*，用 *Y* 表示。

1. 手腕机构的分类

手腕按自由度数目来分，可分为单自由度手腕、二自由度手腕和三自由度手腕。

（1）单自由度手腕

如图 4-14 所示，图 4-14a 是一种翻转（*Roll*）关节，它把手臂纵轴线和手腕关节轴线构成共轴形式。这种 *R* 关节旋转角度大，可达到 360°以上。

图 4-14b、图 4-14c 是一种折曲（*Bend*）关节（简称 *B* 关节），关节轴线与前后两个连接件的轴线相垂直。这种 *B* 关节因为受到结构上的限制，旋转角度小，大大限制了方向角。图 4-14d 所示为移动关节。

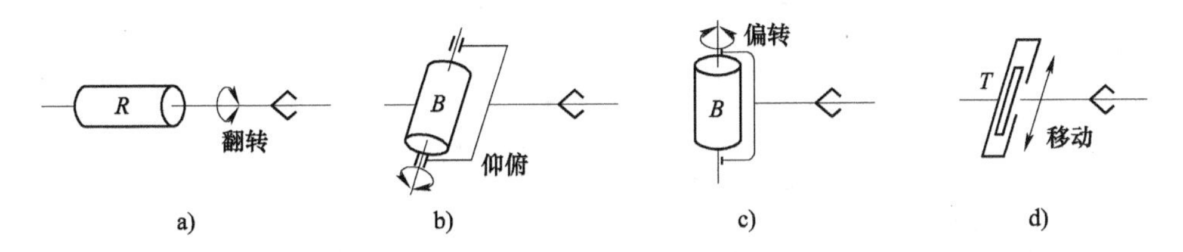

图 4-14　单自由度手腕

a）翻转关节　b）仰俯关节　c）偏转关节　d）移动关节

（2）二自由度手腕

如图 4-15 所示，二自由度手腕可以由一个 *R* 关节和一个 *B* 关节组成 *BR* 手腕，如图 4-15a 所示，也可以由两个 *B* 关节组成 *BB* 手腕，如图 4-15b 所示。但是，不能由两个 *R* 关节组成 *RR* 手腕，因为两个 *R* 共轴线，所以退化了一个自由度，实际只构成了单自由度手腕，如图 4-15c 所示。

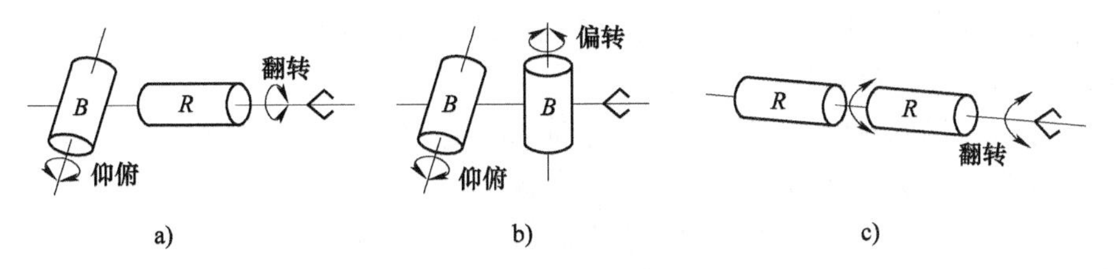

图 4-15　二自由度手腕

a）*BR* 手腕　b）*BB* 手腕　c）*RR* 手腕

（3）三自由度手腕

三自由度手腕可以由 *B* 关节和 *R* 关节组成多种形式。

图 4-16a 所示是通常见到的 *BBR* 手腕，使手部具有仰俯、偏转和翻转运动，即 *RPY*

运动。

图 4-16b 所示是一个 *B* 关节和两个 *R* 关节组成的 *BRR* 手腕，为了不使自由度退化，使手部产生 *RPY* 运动，第一个 *R* 关节必须进行如图 4-16b 所示的偏置。

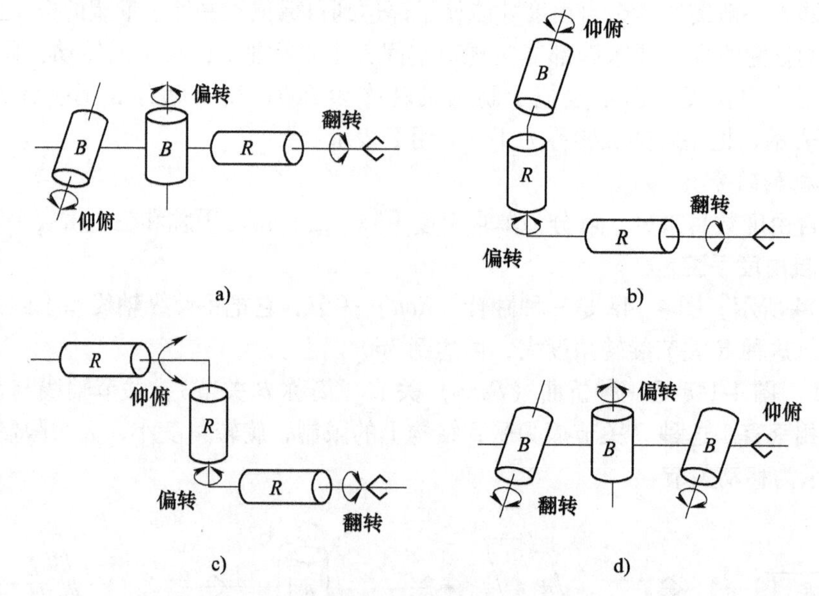

图 4-16　三自由度手腕

a）*BBR* 手腕　b）*BRR* 手腕　c）*RRR* 手腕　d）*BBB* 手腕

图 4-16c 所示是三个 *R* 关节组成的 *RRR* 手腕，它也可以实现手部 *RPY* 运动。

图 4-16d 所示是 *BBB* 手腕，很明显，它已退化为二自由度手腕，只有 *PY* 运动，实际中不采用这种手腕。此外，*B* 关节和 *R* 关节排列的次序不同，也会产生不同的效果，同时产生了其他形式的三自由度手腕。为了使手腕结构紧凑，通常把两个 *B* 关节安装在一个十字接头上，这对于 *BBR* 手腕来说，大大减小了手腕纵向尺寸。

2. 手腕机构设计要求

手腕是用于支承和调整末端执行器姿态的部件，主要用来确定和改变末端执行器的方位和扩大手臂的动作范围，一般有 2~3 个回转自由度用以调整末端执行器的姿态。当然，有些专用机器人可以没有手腕而直接将末端执行器安装在手臂的端部。

手腕机构的设计要求包括以下几个部分。

1）手腕要与末端执行器相连。对此，应有标准连接法兰，结构上要便于装卸末端执行器。由于手腕部安装在手臂的末端，在设计手腕时，应力求减小其重量和体积，使结构紧凑。为了减轻手腕部的重量，腕部机构的驱动器采用分离传动。腕部驱动器一般安装在手臂上，不采用直接驱动，并选用高强度的铝合金制造。

2）要设有可靠的传动间隙调整机构，以减小空回间隙，提高传动精度。

3）手腕各关节轴转动要有限位开关，并设置硬限位，以防止超限造成机械损坏。

4）手腕机构要有足够的强度和刚度，以保证力与运动的传递。

5）手腕的自由度数，应根据实际作业要求来确定。手腕自由度数目越多，各关节的运动角度越大，则手腕部的灵活性越高，对作业的适应能力也越强。但是，自由度的增加，必然会使腕部结构更复杂，手腕的控制更困难，成本也会增加。在满足作业要求的前提下，应使自由度数尽可能少。要具体问题具体分析，考虑机械手的多种布局及运动方案，使用满足要求的最简单的方案。

3. 手腕机构设计流程

手腕机构设计流程的内容包括运动性能、力学特性、机械结构、精度要求、详细设计、验证与修改等。

（1）方案制定

手腕在操作机的最末端并与手臂配合运动，实现安装在手腕上的末端执行器的空间运动轨迹与运动姿态，完成所需要的作业动作。

制定手腕机构的方案时，应明确手腕机构在机器人整机中的作用及位置。常规手腕一般安装在手臂的末端，所以在减轻手臂载荷的同时，应力求手腕部件的结构紧凑，减小重量和体积。

（2）运动性能及参数

通过绘制机器人手腕机构的传动链或运动原理简图，可保证机器人的手腕和末端执行器能以正确的姿态抓取工件。

（3）力学特性

针对机器人手腕机构的设计对象，制定满足其结构的力学特性与参数。对手腕机构的关键零部件应进行强度、刚度、稳定性等计算。

（4）零部件建模与设计

在满足运动性能计算、力学特性分析的前提下进行机器人手腕机构的零部件建模与设计。该设计应包括手腕关键零件及专用零部件的详细设计、优化设计等。

（5）精度要求

在手腕机构的零部件结构设计时，必须考虑选用件的匹配及零部件间的配合，也包括传动误差分析，以满足精度要求。

（6）详细设计、验证与修改

在上述基础上进行手腕机构及全部零部件的详细设计，验证手腕机构的运动性能、力学特性及精度要求，修改零件的机械结构，直至满足各项技术要求。

4.2.4　末端执行器机构设计

用在工业上的机器人的手一般称之为末端执行器，它是机器人直接用于抓取和握紧专用工具进行操作的部件。它具有模仿人手动作的功能，并安装于机器人手臂的前端。

1. 末端执行器的分类

由于被抓取的工件的形状、尺寸、重量、材质等的不同，手部的结构也是多种多样的，大部分的末端执行器结构是根据特定的工件要求而专门设计的。各种手部的工作原理不同，结构形式各异，大致可分为以下几类：

（1）夹钳式取料手

夹钳式取料手由手指（手爪）和驱动机构、传动机构及连接与支承元件组成，如图 4-17 所示。它通过手指的开、合实现对物体的夹持。

一般的夹钳式取料手由手指、传动机构、驱动装置三部分组成。此外，还有连接和支承元件，将上述各部分连接成一个整体，实现手部与机器人腕部的连接。

1）手指。手指是直接与工件接触的部件。手部松开和夹紧工件，就是通过手指的张开与闭合来实现的。机器人的手部一般有两个手指，也有三个、四个或五个手指，其结构形式常取决于被夹持工件的形状和特性，最常见的V形指结构如图4-18所示。

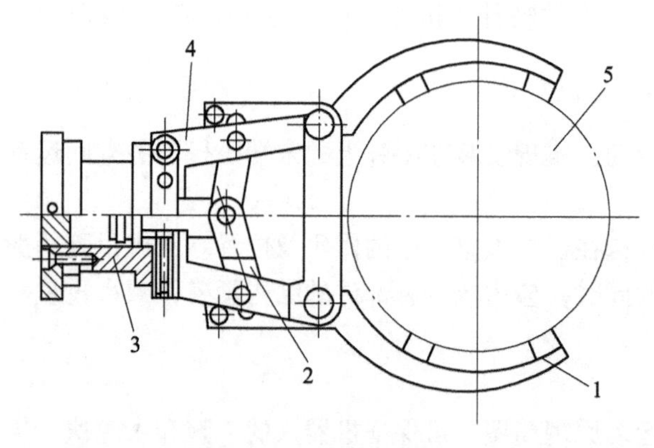

图4-17　夹钳式取料手

1—手指　2—传动机构　3—驱动机构　4—支架　5—工件

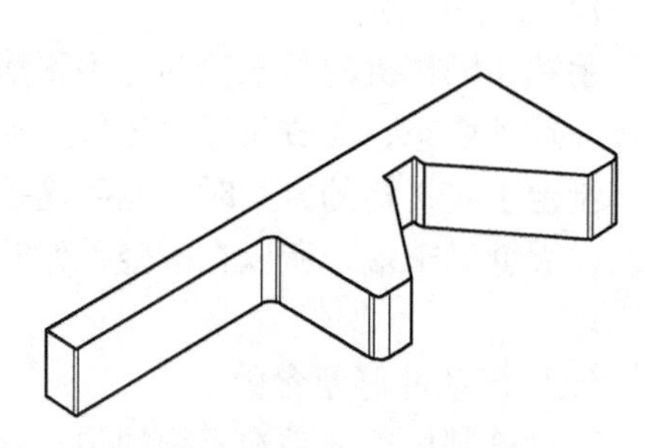

图4-18　常见的V形指结构

手指材料选用恰当与否，对机器人的使用效果有很大的影响。对于夹钳式手部，其手指材料可选用一般碳素钢和合金结构钢。

2）传动机构。传动机构是向手指传递运动和动力，以实现夹紧和松开动作的机构。该机构根据手指开合的动作特点分为回转型和平移型。

夹钳式取料手中较多的是回转型取料手，其手指就是一对（或几对）杠杆，再同斜楔、滑槽、连杆、齿轮、蜗轮蜗杆或螺杆等机构组成复合式杠杆传动机构，来改变传力比、传动比及运动方向等。回转型又分为单支点回转和多支点回转。根据手爪夹紧是摆动还是平动，又可分为摆动回转型和平动回转型。

平移型夹钳式取料手是通过手指的指面做直线往复运动或平面移动来实现张开或闭合动作的，常用于夹持具有平行平面的工件（如箱体等）。其结构较复杂，不如回转型应用广泛。平移型传动机构据其结构，大致可分平面平行移动机构和直线往复移动机构两种类型。

3）驱动装置。驱动装置是指向传动机构提供动力的装置。按驱动方式不同有液压、气动、电动和机械驱动之分。

（2）吸附式取料手

吸附式取料手靠吸附力取料，根据吸附力的不同分为气吸附式、挤压排气吸附式和磁吸附式取料手三种。吸附式取料手适应于大平面、易碎（玻璃、磁盘）、微小的物体，因此使用面较广。

1）气吸附式取料手。气吸附式取料手是工业机器人常用的一种吸持工件的装置，由吸盘（一个或几个）、吸盘架及进排气系统组成，如图4-19所示。它具有结构简单、重量轻、使用方便可靠等优点，广泛应用于非金属

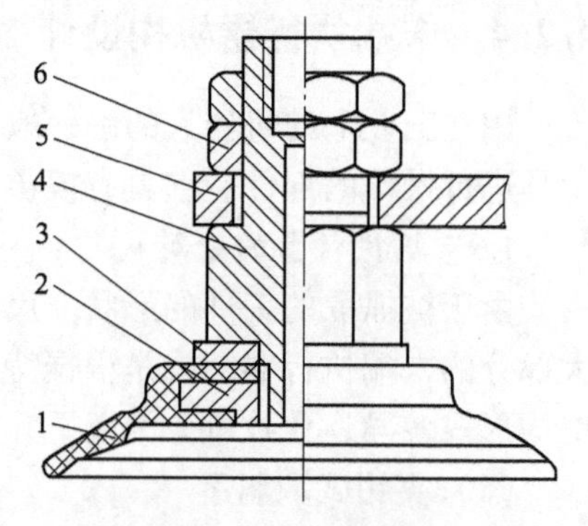

图4-19　气吸附式取料手

1—橡胶吸盘　2—固定环　3—垫片

4—支承杆　5—基板　6—螺母

材料（如板材、纸张、玻璃等物体）或不可有剩磁材料的吸附。

气吸附式取料手的另一个特点是对工件表面没有损伤，且对被吸持工件预定的位置精度要求不高；但要求工件上与吸盘接触部位光滑平整、清洁，被吸工件材质致密，没有透气空隙。

气吸附式取料手是利用吸盘内的压力与大气压之间的压力差而工作的。按形成压力差的方法可分为真空气吸、气流负压气吸和挤压排气负压气吸。

2）挤压排气吸附式取料手。挤压排气吸附式取料手如图 4-20 所示。其工作原理为：取料时吸盘压紧物体，橡胶吸盘变形，挤出腔内多余的空气，取料手上升，靠橡胶吸盘的恢复力形成负压，将物体吸住。释放时，压下拉杆 3，使吸盘腔与大气相连通而失去负压。该取料手结构简单，但吸附力小，吸附状态不易长期保持。

3）磁吸附式取料手。磁吸附式取料手是利用永久磁铁或电磁铁通电后产生的磁力来吸附工件的，其应用较广。磁吸附式取料手与气吸式手部相同，不会破坏被吸收表面质量。磁吸附式取料手比气吸附式取料手优越的方面是：有较大的单位面积吸力，对工件表面粗糙度及通孔、沟槽等无特殊要求。

磁吸附式取料手是利用电磁铁通电后产生的电磁吸力取料，因此只能对铁磁物体起作用，但是对某些不允许有剩磁的零件禁止使用，所以磁吸附式取料手的使用有一定的局限性。

（3）专用执行器及转换器

1）专用末端执行器。机器人是一种通用性很强的自动化设备，可根据作业要求完成各种动作，再配上各种专用的末端执行器后，就能完成各种动作。如图 4-21 所示，在通用机器人上安装焊枪就成为一台焊接机器人，安装拧螺母机则成为一台装配机器人。

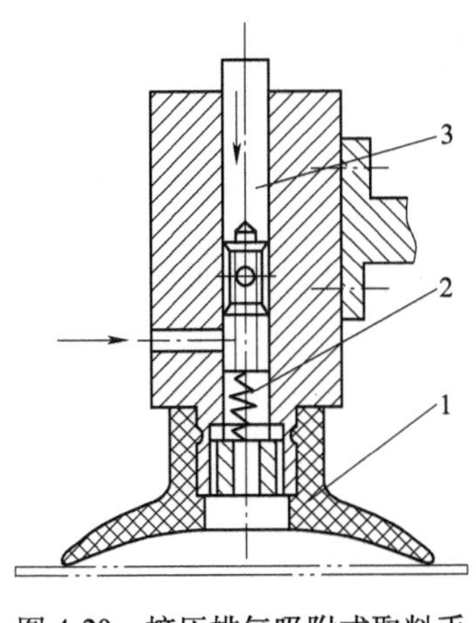

图 4-20　挤压排气吸附式取料手

1—橡胶吸盘　2—弹簧　3—拉杆

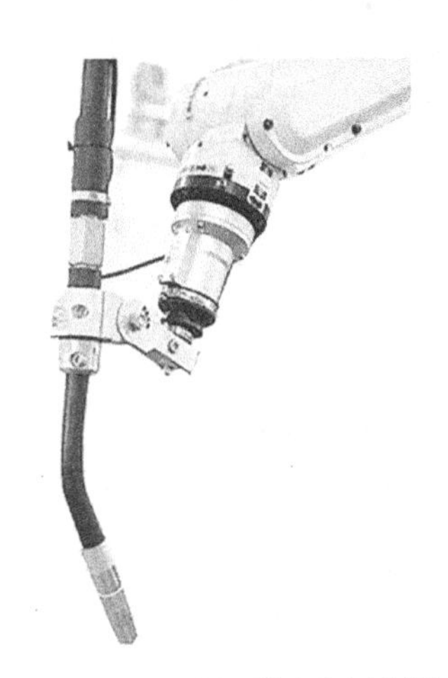

图 4-21　工业机器人专用焊枪

2）专用转换器。使用一台通用机器人，要在作业时能自动更换不同的末端执行器，就需要配置具有快速装卸功能的换接器。换接器由两部分组成：换接器插座和换接器插头分别装在机器腕部和末端执行器上，能够实现机器人对末端执行器的快速自动更换。

（4）仿生多指灵巧手

目前，大部分工业机器人的手部只有两个手指，而且手指上一般没有关节。因此取料不能适应物体外形的变化，不能使物体表面承受比较均匀的夹持力，因此无法满足对复杂形状、不同材质的物体实施夹持和操作。为了提高机器人手部和手腕的操作能力、灵活性和快速反应能力，使机器人能像人手一样进行各种复杂的作业，就必须有一个运动灵活、动作多样的灵巧手，即仿生多指灵巧手。

1）柔性手。为了能对不同外形的物体实施抓取，并使物体表面受力比较均匀，因此研制出了柔性手，如图 4-22 所示。不同于传统手爪的刚性结构，柔性抓持器具有柔软的灵动"手指"，能够自适应地包覆住奇异外形的物体，无需根据物体精准的尺寸、形状进行预先调整，摆脱了传统生产线要求生产对象尺寸均等的束缚。

2）多指灵巧手。机器人手爪和手腕最完美的形式是模仿人手的多指灵巧手。如图 4-23 所示，多指灵巧手有多个手指，每个手指有三个回转关节，每一个关节的自由度都是独立控制的。因此，几乎人手指能完成的各种复杂动作它都能模仿，如拧螺钉、弹钢琴、做礼仪手势等动作。在手部配置触觉、力觉、视觉、温度传感器，将会使多指灵巧手达到更完美的程度。多指灵巧手的应用前景十分广泛，可在各种极限环境下完成人无法实现的操作，如核工业领域、宇宙空间作业，在高温、高压、高真空环境下作业等。

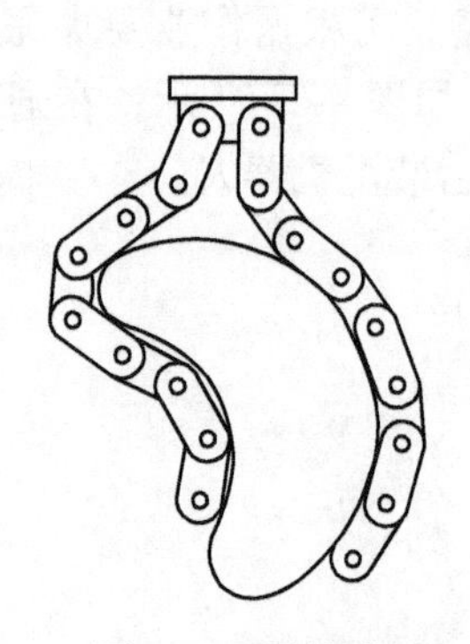

图 4-22 柔性手

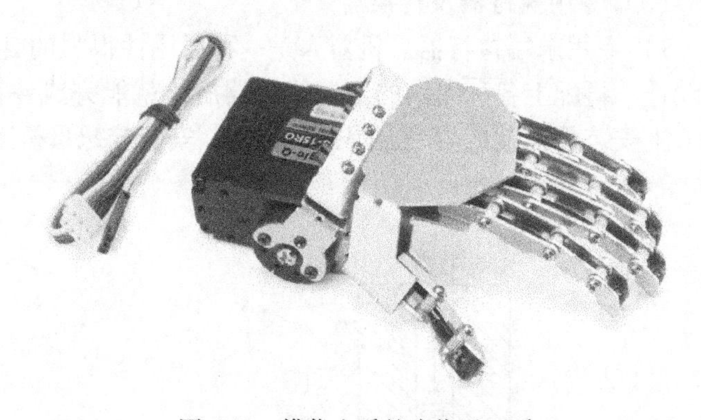

图 4-23 模仿人手的多指灵巧手

2. 末端执行器设计要求

（1）夹钳式取料手的设计要求

1）应具有足够的夹紧力。

2）应具有足够的张开角。

3）应能保证工件的可靠定位。

4）应具有足够的强度和刚度。

5）应适应被抓取对象的要求。

6）应尽量做到结构紧凑、重量轻、效率高。

7）应具有一定的通用性和可互换性。

（2）气吸附式取料手的设计要求

1）吸力大小与吸盘的直径大小，吸盘内的真空度（或负压大小）以及吸盘的吸附面积的大小有关。工件被吸附表面的形状和表面不平度也对其有一定的影响，设计时要充分考虑上述各种因素，以保证有足够的吸附力。

2）应根据被抓取工件的要求确定吸盘的形状。由于气吸附式取料手多吸附薄片状的工件，故可用耐油橡胶压制不同尺寸的盘状吸头。

（3）磁吸附式取料手的设计要求

1）应具有足够的电磁吸引力。

2）应根据被吸附工件的形状、大小来确定电磁吸盘的形状、大小，吸盘的吸附面应与工件的被吸附表面形状一致。

4.3　工业机器人驱动系统

工业机器人的驱动可分为液压、气动和电动三种基本类型。

（1）液压驱动

液压驱动有以下特点：

1）驱动力或驱动力矩大，即功率重量比大、响应速度快、重复精度高，压力可达 20~30MPa（机器人多用 0.6~7MPa）。

2）液压缸可直接用作机器人关节的一部分，实现直接驱动，结构简单紧凑。

3）速度调节方便易控，可实现平稳的无级调速和换向。容易实现自动化。

4）液压系统可实现自我润滑，过载保护方便，使用寿命长。

5）液压驱动需配置液压系统，易产生泄漏而影响运动精度。系统易发热，出现故障后较难找出原因。

（2）气压驱动

气压驱动有以下特点：

1）气源方便，气源系统简单、清洁无污染。

2）压缩空气在管路中流速可达 100m/s（液压油流速只有 5m/s），所以作业速度快。

3）与液压相比，气压工作压力低，通常为 0.4~0.6MPa。气动系统体积大，由于空气可压缩，因而运动平稳差，工作时噪声大，位置精度低。一般用于小负荷机器人。

（3）电力驱动

功率在 1kW 以下的工业机器人多采用电力驱动。电力驱动可分为普通交、直流电动机驱动，交、直流伺服电动机驱动和步进电动机驱动。

普通交、直流电动机驱动需加减速装置，输出力矩大，但控制性能差，惯性大，适用于中型或重型机器人。伺服电动机和步进电动机输出力矩相对较小，控制性能好，可实现速度和位置的精确控制，适用于要求严格的中小型机器人。交、直流伺服电动机一般用于闭环控制系统，而步进电动机则主要用于开环控制系统。

表 4-1 为工业机器人各种驱动方式及特点。

表 4-1　工业机器人各种驱动方式及特点

驱动方式		特点					
		输出力矩	控制性能	维修性能	结构体积	使用范围	制造成本
气压驱动		气压压力低，输出力矩较小	气体压缩性大，阻尼效果差，低速不易控制，不易与 CPU 连接，精确定位困难	维修方便	体积较大	能在高温、粉尘等恶劣环境中使用，泄露无影响。适用于中小型机器人	结构简单，能源方便，成本低
液压驱动		压力高，可获得大的输出力矩	油液压缩性小，压力、流量均容易控制，可无级调速，反应灵敏	维修方便	与气压驱动方式相比较小	适用于中小型机器人，重型机器人多为液压驱动	液压元件成本较高，油路复杂
电力驱动	异步电动机、直流电动机	输出力矩较大	惯性大，不易精确定位	维修方便	需要减速装置，体积较大	适用于速度低、承载大的工业机器人	成本低
	步进或伺服电动机	步进电动机输出力矩较小、伺服电动机输出力矩较大	易与 CPU 连接，控制性能好，响应快，可精确定位，但控制系统复杂	维修使用较复杂	体积较小	适用于程序复杂、运动轨迹要求严格的工业机器人	成本较高

4.4　工业机器人控制系统

4.4.1　工业机器人控制系统基本功能

机器人控制系统是机器人的重要组成部分，用于对操作机的控制，以完成特定的工作任务，其基本功能如下：

1）记忆功能：存储作业顺序、运动路径、运动方式、运动速度和与生产工艺有关的信息。

2）示教功能：离线编程，在线示教，间接示教。在线示教包括示教盒和导引示教两种。

3）与外围设备联系功能：输入和输出接口、通信接口、网络接口、同步接口。

4）坐标设置功能：有关节、绝对、工具、用户自定义四种坐标系。

5）人机接口：示教盒、操作面板、显示屏。

6）传感器接口：位置检测、视觉、触觉、力觉等。

7）位置伺服功能：机器人多轴联动、运动控制、速度和加速度控制、动态补偿等。

8）故障诊断安全保护功能：运行时系统状态监视、故障状态下的安全保护和故障自诊断。

4.4.2　工业机器人控制系统的组成

1）控制计算机：控制系统的调度指挥机构，一般为微型机、微处理器，有 32 位、64

位等，如奔腾系列 CPU 以及其他类型 CPU。

2）示教盒：示教机器人的工作轨迹和参数设定，以及所有人机交互操作，拥有自己独立的 CPU 以及存储单元，与主计算机之间以串行通信方式实现信息交互。

3）操作面板：由各种操作按键、状态指示灯构成，只完成基本功能操作。

4）硬盘和软盘存储器：存储机器人工作程序的外围存储器。

5）数字和模拟量输入输出：各种状态和控制命令的输入或输出。

6）打印机接口：记录需要输出的各种信息。

7）传感器接口：用于信息的自动检测，实现机器人柔顺控制，一般为力觉、触觉和视觉传感器。

8）轴控制器：完成机器人各关节位置、速度和加速度控制。

9）辅助设备控制：用于和机器人配合的辅助设备控制，如手爪变位器等。

10）通信接口：实现机器人和其他设备的信息交换，一般有串行接口、并行接口等。

11）网络接口：网络接口又包含以下两个方面：

① Ethernet 接口：可通过以太网实现数台或单台机器人的直接 PC 通信，数据传输速率高达 10Mbit/s，可直接在 PC 上用 Windows 库函数进行应用程序编程之后，支持 TCP/IP 通信协议，通过 Ethernet 接口将数据及程序装入各个机器人控制器中。

② Fieldbus 接口：支持多种流行的现场总线规格，如 Devicenet、ABRemoteI/O、Interbus-s、profibus-DP、M-NET 等。

4.4.3 工业机器人控制系统分类

1）程序控制系统：给每一个自由度施加一定规律的控制作用，机器人就可实现要求的空间轨迹。

2）自适应控制系统：当外界条件变化时，为保证所要求的品质或为了随着经验的积累而自行改善控制品质，其过程是基于操作机的状态和伺服误差的观察，再调整非线性模型的参数，一直到误差消失为止。这种系统的结构和参数能随时间和条件自动改变。

3）人工智能系统：事先无法编制运动程序，而是要求在运动过程中根据所获得的周围状态信息，实时确定控制作用。

4）点位式：要求机器人准确控制末端执行器的位姿，而与路径无关。

5）轨迹式：要求机器人按示教的轨迹和速度运动。

6）控制总线：国际标准总线控制系统。采用国际标准总线作为控制系统的控制总线，如 VME、MULTI-bus、STD-bus、PC-bus。

7）自定义总线控制系统：由生产厂家自行定义使用的总线作为控制系统总线。

8）物理设置编程系统：由操作者设置固定的限位开关，实现起动，停车的程序操作，只能用于简单的拾起和放置作业。

9）在线编程：通过人的示教来完成操作信息的记忆过程编程方式，包括直接示教、模拟示教和示教盒示教。

10）离线编程：不对实际作业的机器人直接示教，而是脱离实际作业环境，通过离线编程软件模拟实际加工工艺，远程式离线生成机器人作业轨迹。

4.4.4 机器人控制系统结构

机器人控制系统按其控制方式可分为三类。

1）集中控制系统（Centralized Control System，CCS）：用一台计算机实现全部控制功能，结构简单，成本低，但实时性差，难以扩展，在早期的机器人中常采用这种结构。基于PC的集中控制系统充分利用了PC资源开放性的特点，可以实现很好的开放性：多种控制卡，传感器设备等都可以通过标准PCI插槽或通过标准串口、并口集成到控制系统中。集中式控制系统的优点是：硬件成本较低，便于信息的采集和分析，易于实现系统的最优控制，整体性与协调性较好，基于PC的系统硬件扩展较为方便。其缺点也显而易见：系统控制缺乏灵活性，控制危险容易集中，一旦出现故障，其影响面广，后果严重；由于工业机器人的实时性要求很高，当系统进行大量数据计算，会降低系统实时性，系统对多任务的响应能力也会与系统的实时性相冲突；此外，系统连线复杂，会降低系统的可靠性。

2）主从控制系统：采用主、从两级处理器实现系统的全部控制功能。主CPU实现管理、坐标变换、轨迹生成和系统自诊断等；从CPU实现所有关节的动作控制。主从控制方式系统实时性较好，适于高精度、高速度控制，但其系统扩展性较差，维修困难。

3）分布式控制系统（Distribute Control System，DCS）：按系统的性质和方式将系统控制分成几个模块，每一个模块各有不同的控制任务和控制策略，各模式之间可以是主从关系，也可以是平等关系。这种方式实时性好，易于实现高速、高精度控制，易于扩展，可实现智能控制，是目前流行的方式。其主要思想是“分散控制，集中管理”，即系统对其总体目标和任务可以进行综合协调和分配，并通过子系统的协调工作来完成控制任务，整个系统在功能、逻辑和物理等方面都是分散的，所以DCS系统又称为集散控制系统或分散控制系统。这种结构中，子系统是由控制器和不同被控对象或设备构成的，各个子系统之间通过网络等相互通信。分布式控制结构提供了一个开放、实时、精确的机器人控制系统。分布式系统中常采用两级控制方式。

分布式控制系统的优点在于系统灵活性好，控制系统的危险性降低，采用多处理器的分散控制，有利于系统功能的并行执行，提高系统的处理效率，缩短响应时间。

对于具有多自由度的工业机器人而言，集中控制对各个控制轴之间的耦合关系处理得很好，可以很简单地进行补偿。但是，当轴的数量增加到使控制算法变得很复杂时，其控制性能会恶化，甚至可能会导致系统的重新设计。与之相比，分布式结构的每一个运动轴都由一个控制器处理，这意味着，系统有较少的轴间耦合和耦高的系统重构性。

思考题与习题

1. 工业机器人主要由________、________、________等几部分组成。

2. 转动关节自由度数目为________，移动关节自由度数目为________，球面关节自由度数目为________。

3. 分析图4-24所示的工业机器人本体结构，计算其自由度数目。

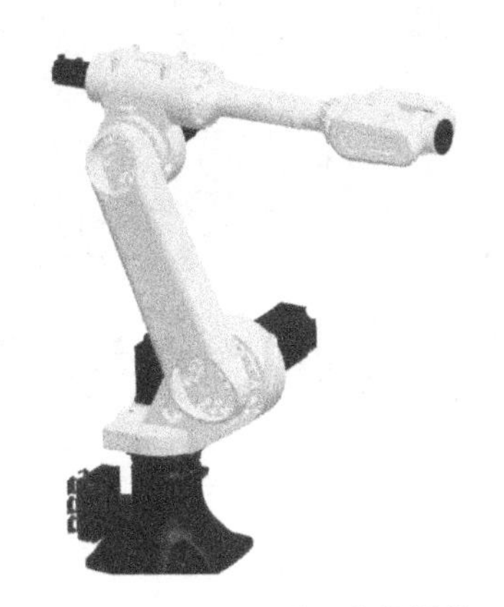

图 4-24　工业机器人本体结构

4. 工业机器人的定义是什么？
5. 工业机器人的常用坐标系有哪几种？

第5章 机器视觉与传感器技术

导 读

基本内容：

传感器是设备感受外界环境的重要硬件，决定了装备与外界环境感知交互的能力，是设备智能化的硬件基础，尤其在很多智能设备中，传感器决定着设备的核心能力。一个典型的传感器由敏感元件、转换元件和调理电路组成。

视觉传感技术是传感技术七大类中的一个，视觉传感器是指通过对摄像机拍摄到的图像进行图像处理，来计算对象物的特征量（面积、重心、长度、位置等），并输出数据和判断结果的传感器。视觉传感器是整个机器视觉系统信息的直接来源，主要由一个或者两个图形传感器组成，有时还要配以光投射器及其他辅助设备。视觉传感器的主要功能是获取足够的机器视觉系统要处理的最原始图像。

学习要点：

了解智能传感器技术；熟悉传感器的分类；掌握视觉硬件系统；熟悉视觉软件系统。

5.1 智能传感器技术

传感器是一种常见的却又很重要的器件，它是感受规定的被测量的各种量，并按一定规律将其转换为有用信号的器件或装置，是实现智能制造的关键基础，是工业生产乃至家庭生活所必不可少的器件。传感器的发展方向是多功能、可视图像的、智能的。传感器测量是数据获取的重要手段。常见的传感器有物理传感器、光纤传感器、红外传感器、磁传感器、磁光效应传感器、压力传感器、仿生传感器等。

（1）物理传感器

物理传感器是检测物理量的传感器。它是利用某些物理效应，把被测量的物理量转化成为便于处理的能量形式的信号的装置，其输出的信号和输入的信号有确定的关系。主要的物理传感器有光电式传感器、压电式传感器、压阻式传感器、电磁式传感器、热电耦式传感器、光导纤维传感器等。

物理传感器的应用范围是非常广泛的。比如血压测量是医学测量中最为常规的一种，测量血压所需要的传感器通常都包括一个弹性膜片，它将压力信号转变成为膜片的变形，然后再根据膜片的应变或位移转换成为相应的电信号。在电信号的峰值处可以检测出收缩压，在通过反相器和峰值检测器后，可以得到舒张压，通过积分器就可以得到平均压。再比如最常见的体表温度测量过程，体表温度是由局部的血流量、下层组织的导热情况和表皮的散热情况等多种因素决定的，因此测量皮肤温度要考虑多方面的影响。热电耦式传感器被较多地应用到温度的测量中，通常有杆状热电偶传感器和薄膜热电偶传感器。由于热电偶的尺寸非常小，精度比较高的可做到微米的级别，所以能够比较精确地测量出某一点处的温度，加上后期的分析统计，能够得出比较全面的分析结果。这是传统的水银温度计所不能比拟的，也展示了应用传感器技术给科学发展带来的广阔前景。

（2）光纤传感器

近年来，传感器朝着灵敏、精确、适应性强、小巧和智能化的方向发展。在这一过程中，光纤传感器这个传感器家族的新成员倍受青睐。光纤具有很多优异的性能，例如：抗电磁干扰和原子辐射的性能，径细、质软、重量轻的机械性能，绝缘、无感应的电气性能，耐水、耐高温、耐腐蚀的化学性能等，它能够在人无法进入（如高温区）或者对人有害的地区（如核辐射区），起到人的耳目的作用，而且还能超越人的感官界限，接收人的感官所感受不到的外界信息。光纤传感器是最近几年出现的新技术，可以用来测量多种物理量，比如声场、电场、压力、温度、角速度、加速度等，还可以完成现有测量技术难以完成的测量任务。在狭小的空间里，在强电磁干扰和高电压的环境里，光纤传感器都显示出了独特的能力。

目前光纤传感器已经有 70 多种，大致上分成光纤自身传感器和利用光纤的传感器。所谓光纤自身传感器，就是光纤自身直接接收外界的被测量。外界的被测量物理量能够引起测量臂的长度、折射率、直径的变化，从而使得光纤内传输的光在振幅、相位、频率、偏振等方面发生变化。测量臂传输的光与参考臂的参考光互相干涉（比较），使输出的光的相位（或振幅）发生变化，根据这个变化就可检测出被测量的变化。光纤声传感器就是一种利用光纤自身的传感器，声音是一种机械波，它对光纤的作用就是使光纤受力并产生弯曲，通过弯曲就能够得到声音的强弱。光纤陀螺也是光纤自身传感器的一种，与激光陀螺相比，光纤陀螺灵敏度高、体积小、成本低，可以用于飞机、舰船等的高性能惯性导航系统。光纤在传感器家族中是后起之秀，它凭借着光纤的优异性能而得到广泛的应用，是在生产实践中值得关注的一种传感器。

（3）红外传感器

红外技术发展到现在，已经为大家所熟知，在现代科技、国防和工农业等领域获得了广泛的应用。红外传感系统是用红外线为介质的测量系统，按照功能能够分成五类：

1）辐射计：用于辐射和光谱测量。

2）搜索和跟踪系统：用于搜索和跟踪红外目标，确定其空间位置并对它的运动进行跟踪。

3）热成像系统：可产生整个目标红外辐射的分布图像。

4）红外测距和通信系统。

5）混合系统：是指以上各类系统中的两个或者多个的组合。

红外系统的核心是红外探测器，按照探测的机理不同，可以分为热探测器和光子探测器两大类。下面以热探测器为例来分析探测器的原理。热探测器是利用辐射热效应，使探测元件接收到辐射能后引起温度升高，进而使探测器中依赖于温度的性能发生变化。检测其中某一性能的变化，便可探测出辐射。多数情况下是通过热电变化来探测辐射的。当元件接收辐射，引起非电量的物理变化时，可以通过适当的变换后测量相应的电量变化。

（4）磁传感器

磁传感器是最古老的传感器，指南针是磁传感器的最早的一种应用。但是作为现代的传感器，为了便于信号处理，需要磁传感器能将磁信号转化成为电信号输出。应用最早的是根据电磁感应原理制造的磁电式的传感器。这种磁电式传感器曾在工业控制领域做出了杰出的贡献，但如令已经被以高性能磁敏感材料为主的新型磁传感器所替代。

当今所用的电磁效应的传感器中，磁旋转传感器是重要的一种。磁旋转传感器主要由半导体磁阻元件、永久磁铁、固定器、外壳等几部分组成。典型结构是将一对磁阻元件安装在一个永磁体的磁极上，元件的输入输出端子接到固定器上，然后安装在金属盒中，再用工程塑料密封，形成密闭结构，这个结构就具有良好的可靠性。磁旋转传感器有许多半导体磁阻元件无法比拟的优点。除了具备很高的灵敏度和很大的输出信号外，还有很强的转速检测范围，这是电子技术发展的结果。另外，这种传感器还能够应用在很大的温度范围中，有很长的工作寿命，抗灰尘、水和油污的能力强，因此耐受各种环境条件及外部噪声。所以，其在工业应用中受到广泛的重视。例如，磁旋转传感器在工厂自动化系统中有广泛的应用，因为这种传感器有着令人满意的特性，同时不需要维护，其主要应用于机床伺服电动机的转动检测、工厂自动化的机器人臂的定位、液压冲程的检测、工厂自动化相关设备的位置检测、旋转编码器的检测单元和各种旋转的检测单元等。现代的磁旋转传感器主要包括四相和单相两种。在工作过程中，四相差动旋转传感器用一对检测单元实现差动检测，另一对实现倒差动检测，因此四相传感器的检测能力是单元件的四倍。而二元件的单相旋转传感器也有自己的优点，也就是小巧可靠的特点，并且输出信号大，能检测低速运动，抗环境影响和抗噪声能力强，成本低，因此单相传感器也有很好的市场前景。

磁旋转传感器在家用电器中也有大的应用潜力。在盒式录音机的换向机构中，可用磁阻元件来检测磁带的终点。家用录像机中大多数有变速与高速重放功能，这也可用磁旋转传感器检测主轴速度并进行控制，获得高质量的画面。

（5）磁光效应传感器

现代电测技术日趋成熟，由于其具有精度高、便于微机相连实现自动实时处理等优点，已经广泛应用在电气量和非电气量的测量中。然而电测法容易受到干扰，在交流测量时，频响不够宽及对耐压、绝缘方面有一定要求。在激光技术迅速发展的今天，已经能够解决上述的问题。磁光效应传感器就是利用激光技术发展而成的高性能传感器，它的原理主要是利用光的偏振状态来实现传感器的功能。当一束偏振光通过介质时，若在光束传播方向存在着一个外磁场，那么光通过偏振面将旋转一个角度，这就是磁光效应。也就是可以通过旋转的角度来测量外加的磁场。在特定的试验装置下，偏转的角度和输出的光强成正比，通过输出光照射激光二极管 LD，就可以获得数字化的光强，用来测量特定的物理量。磁光效应传感器具有优良的电绝缘性能和抗干扰、频响宽、响应快、安全防爆等特性，因此可在一些特殊场合进行电磁参数的测量，尤其在电力系统中高压大电流的测量方面，更显示出其潜在的优势。同时通过开发处理系统的软件和硬件，也可以实现电焊机和机器人控制系统的自动实时测量。在磁光效应传感器的使用中，最重要的是选择磁光介质和激光器，不同的器件在灵敏度、工作范围方面都有不同的特性。随着高性能激光器和新型的磁光介质的出现，磁光效应传感器的性能越来越突出，应用也越来越广泛。磁光效应传感器作为一种特定用途的传感器，能够在特定的环境中发挥自己的功能，是一种非常重要的工业传感器。

（6）压力传感器

压力传感器是工业实践中最为常用的一种传感器，而通常使用的压力传感器主要是利用压电效应制造而成的，这样的传感器也称为压电传感器。由于晶体是各向异性的，非晶体是各向同性的，某些晶体介质，当沿着一定方向受到机械力作用发生变形时，就产生了极化效应；当机械力撤掉之后，又会重新回到不带电的状态，也就是受到压力的时候，某些晶体可能产生出电的效应，这就是所谓的压电效应。因此，根据压电效应研制出了压力传感器。压电传感器中主要使用的压电材料包括有石英（二氧化硅）、酒石酸钾钠和磷酸二氢胺。其中石英是一种天然晶体，压电效应就是在这种晶体中发现的。在一定的温度范围之内，压电性质一直存在，但温度超过这个范围之后，压电性质完全消失（这个临界高温被称为“居里点”）。由于随着应力的变化电场变化微小（也就说压电系数比较低），所以石英逐渐被其他的压电晶体所替代。而酒石酸钾钠具有很大的压电灵敏度和压电系数，但是它只能在室温和湿度比较低的环境下才能应用。磷酸二氢胺属于人造晶体，能够承受高温和相当高的湿度，因此已经得到了广泛的应用。压电效应也应用在多晶体上，比如现在的压电陶瓷，包括钛酸钡压电陶瓷、PZT、铌酸盐系压电陶瓷、铌镁酸铅压电陶瓷等。

压电传感器主要应用在加速度、压力和力等的测量中。压电式加速度传感器是一种常用的加速度计。它具有结构简单、体积小、重量轻、使用寿命长等优异的特点。压电式加速度传感器在飞机、汽车、船舶、桥梁和建筑的振动和冲击测量中已经得到了广泛的应用，特别是航空和宇航领域中更有它的特殊地位。压电式传感器也可以用来测量发动机内部燃烧压力与真空度，也可以用于军事工业，例如测量枪炮在膛中击发的一瞬间膛压的变化和炮口的冲击波压力。它既可以用来测量大的压力，也可以用来测量微小的压力。压电传感器也广泛应用在生物医学测量中，比如心室导管式微音器就是由压电传感器制成的。因为测量动态压力是如此普遍，所以压电传感器的应用就非常广泛。除了压电传感器之外，还有利用压阻效应制造出来的压阻传感器，利用应变效应的应变式传感器等，这些不同的压力传感器利用不同的效应和不同的材料，在不同的场合能够发挥它们独特的用途。

（7）仿生传感器

仿生传感器是一种采用新的检测原理的新型传感器，它采用固定化的细胞、酶或者其他生物活性物质与换能器相配合组成传感器。这种传感器是近年来生物医学和电子学、工程学相互渗透而发展起来的一种新型的信息技术。在仿生传感器中，比较常用的是生体模拟的传感器。仿生传感器按照使用的介质可以分为：酶传感器、微生物传感器、细胞器传感器、组织传感器等。仿生传感器和生物学理论的方方面面都有密切的联系，是生物学理论发展的直接成果。

在生体模拟的传感器中，尿素传感器是最近开发出来的一种传感器。它主要是由生体膜及其离子通道两部分构成。生体膜能够感受外部刺激影响，离子通道能够接收生体膜的信息，并进行放大和传送。当膜内的感受部位受到外部刺激物质的影响时，膜的透过性将产生变化，使大量的离子流入细胞内，形成信息的传送。其中起重要作用的是生体膜的组成成分膜蛋白质，它能产生保形网络变化，使膜的透过性发生变化，进行信息的传送及放大。生体膜的离子通道，由氨基酸的聚合体构成，可以用有机化学中容易合成的聚氨酸的聚合物（L—谷氨酸，PLG）为替代物质，它比酶的化学稳定性好。PLG 是水溶性的，本不适合电极的修饰，但 PLG 和聚合物可以合成嵌段共聚物，形成传感器使用的感应膜。生体膜的离子通道的原理基本上与生体膜一样，在电极上将嵌段共聚膜固定后，如果加与 PLG 感应并使其保形网络发生变化的物质，就会使膜的透过性发生变化，从而产生电流的变化，由电流的变化，便可以进行对刺激性物质的检测。尿素传感器经试验证明是稳定性好的一种生体模拟传感器，检测下限为 10^{-3}数量级，还可以检测刺激性物质，但是暂时还不适合生命体的检测。

目前，虽然已经发展成功了许多仿生传感器，但仿生传感器的稳定性、再现性和可批量生产性明显不足，所以仿生传感技术尚处于幼年期，因此，除继续开发出新系列的仿生传感器和完善现有的系列之外，生物活性膜的固定化技术和仿生传感器的固态化值得进一步研究。在不久的将来，模拟生命体功能的嗅觉、味觉、听觉、触觉仿生传感器将出现，有可能具有超过人类五官的敏感能力，完善目前机器人的视觉、味觉、触觉和对目标物进行操作的能力。

5.2 传感器的分类

目前，智能制造设备主要通过传感系统获取内部和外部环境状态中有意义的信息，提高设备的机动性、适应性和智能化水准，因此传感器常根据检测对象的不同分为内部传感器和外部传感器。内部传感器主要用来检测设备本身状态，多为检测位置和角度的传感器。外部传感器主要用来检测设备所处环境及工作状况的传感器，具体有物体识别传感器、物体探伤传感器、触觉传感器接近觉传感器、距离传感器、力觉传感器，听觉传感器等。

5.2.1 内部传感器

智能装备能够准确工作取决于对自身状态、操作对象及作业环境的准确认识，这些认识都依靠传感器来完成。智能装备自身状态信息，如位置、位移量、速度、加速度、角速度、姿态、方向、倾角等通过内部信息传感器来完成，通过内部传感器获取信息并提供反馈，实现智能装备的自身运动控制和自我保护。

（1）位置传感器

常用的位置传感器有直线位移传感器与角位移传感器。直线位移传感器常用电位器式位移传感器。电位器式位移传感器由一个线绕电阻（或薄膜电阻）和一个滑动触点组成。其中滑动触点通过机械装置受被检测量的控制。当被检测的位置量发生变化时，滑动触点也发生位移，从而改变了滑动触点与电位器各端之间的电阻值和输出电压值，根据这种输出电压值的变化，可以检测出各零部件的位置和位移量。

角位移传感器常用导电塑料角度传感器、磁敏霍尔原理角度传感器及光电编码器三种。

（2）速度、加速度传感器

速度传感器有测量平移和旋转运动速度两种，但大多数情况下只限于测量旋转速度。常用光电脉冲式转速传感器与测速发电机测量速度，应变仪与伺服加速度传感器测量加速度。

5.2.2　外部传感器

外部传感器是智能装备感知作业环境、辨识操作对象的关键设备。视觉传感器就属于外部传感器。常见的外部传感器有触觉传感器、接近觉传感器等。

1. 触觉传感器

触觉传感器实际是人的触觉的某些模仿，是有关智能装备和对象物之间直接接触的感觉。触觉传感器包含的内容较多，通常指以下几种：

（1）接触觉

传感器装于智能装备的运动部件或执行器上，用以判断是否和对象物发生了接触。接触觉是通过与对象物体彼此接触而产生的，所以最好使用表面高密度分布触觉传感器阵列。

（2）压觉

压觉传感器用来检测和智能装备接触的对象物之间的压力值，主要有以下几种方式：

1）利用某些材料的内阻随压力变化而变化的压阻效应制成的压阻元件，将它们密集配置成阵列，即可检测压力的分布。

2）利用压电效应器件如压电晶体等。它的优点是耐腐蚀、频带宽和灵敏度高等；缺点是无直流响应，不能直接检测静态信号。

3）利用半导体力敏器件与信号电路构成的集成压敏传感器。常用的有三种：压电型（ZnO/Si-IC），电阻型 SIR（硅集成）和电容型 SIC。其优点是体积小、成本低、便于同计算机接口；缺点是耐压负载差、不柔软。

4）利用压磁传感器、扫描电路与针式差动变压器式传感器构成的压觉传感器，有较强的过载能力，但体积较大。

（3）力觉

力觉是指对智能装备的轴系、杆件等运动中所受力的感知。根据被测对象的负载，可以把力传感器分为测力传感器、力矩传感器。

（4）滑觉

可以检测垂直于握持方向物体的位移、旋转、由重力引起的变形，以达到修正受力值、防止滑动、进行多层次作业及测量物体重量和表面特性等的目的。

若没有触觉，就不能完好平稳地抓住操作对象，也不能握住工具。因此触觉传感器常常应用在检测、识别等领域。

2. 接近觉传感器

接近觉传感器就是智能装备接近对象物体的距离约为一定数值时，就可检测出到对象物体表面的距离、斜度和表面状态的传感器。接近觉一般用非接触式测量元件，如霍尔效应传感器、电磁式接近开关、光学接近传感器和超声波式传感器。

1）光电式接近觉传感器的应答性好，维修方便，尤其是测量精度很高，是目前应用最多的一种接近觉传感器。但其信号处理较复杂，使用环境也受到一定限制。

2）超声波式传感器的原理是测量渡越时间，超声波是频率 20kHz 以上的机械振动波，渡越时间与超声波在介质中的传播速度的乘积的一半即是传感器与目标物之间的距离，渡越时间的测量方法有脉冲回波法、相位差法和频差法。

3）激光测距法也可以利用回波法，或者利用激光测距仪。氦氖激光器固定在基线上，在基线的一端由反射镜将激光点射向被测物体，反射镜固定在电动机轴上，电动机连续旋转，使激光点稳定地对被测目标扫描。由 CCD（电荷耦合器件）摄像机接受反射光，采用图像处理的方法检测出激光点图像，并根据位置坐标及摄像机光学特点计算出激光反射角。

3. 其他外部传感器

1）听觉：听觉传感器是检测出声波（包括超声波）或声音的传感器，主要使用话筒等振动检测器作为检测元件。

2）嗅觉：检测空气中的化学成分、浓度等，主要采用气体传感器及射线传感器。

3）味觉：对液体进行化学成分的分析。检测味觉的方法有 pH 计、化学分析器等。

4）其他传感器：如纯工程学的传感器，如磁传感器、安全用传感器和电波传感器等。

5.3 机器视觉

人类完成一系列活动离不开眼睛的辅助，机器视觉能够利用机器代替人眼来辅助机器人完成各类环境判断与检测。

机器视觉作为视觉传感系统是将被摄取环境目标转换成图像信号，传送给专用的图像处理系统，根据像素分布和亮度、颜色等信息，转变成数字化信号，图像系统对这些信号进行各种运算来抽取目标的特征，进而根据判别的结果来控制现场的设备动作。

随着工业 4.0 时代的来临，机器视觉在智能制造业领域的作用越来越重要，典型的机器视觉系统可以分为图像采集部分、图像处理部分和运动控制部分，如图 5-1 所示。

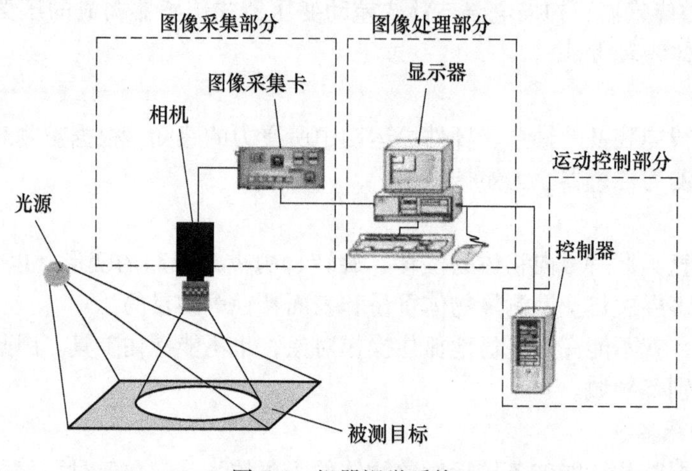

图 5-1　机器视觉系统

机器视觉系统的优点有：

1）可靠性好：非接触测量，对于观测者与被观测者都不会产生任何损伤，从而提高系统的可靠性。

2）精度高：由于人眼有物理条件的限制，在精确性上机器明显的优于人工视觉检查精度。同时，机器视觉系统能够同时完成一千个或者更多的零部件的空间测量。

3）灵活性强：具有较宽的光谱响应范围，扩展了视觉范围，能够适应各种不同的测量。对于机器视觉来说，“工具更换”仅仅是软件的变换而不是更换昂贵的硬件。

4）效率高：机器视觉系统可以快速获取大量信息，实现更为快速的产品检测，同时也易于加工过程中的信息集成，尤其是在大批量工业生产过程中，用机器视觉检测方法可以大大提高生产效率和生产的自动化程度。

5.3.1 视觉系统硬件

机器视觉就是机器代替人眼来做测量和判断。机器视觉系统是指通过图像摄取装置，将被摄取目标转换成图像信号，传送给专用的图像处理系统，根据像素分布和亮度、颜色等信息，转变成数字化信号；图像系统对这些信号进行各种运算来抽取目标的特征，进而根据识别的结果来控制现场的设备动作。

1. 镜头

镜头是机器视觉系统中的重要组成部件，是连接被测物体与相机之间的纽带，它的基本功能就是实现光束变换。在机器视觉系统中将目标成像在图像传感器的光敏面上，镜头的质量直接影响到机器视觉系统的整体性能，合理地选择和安装镜头，是机器视觉系统设计的重要环节。

（1）镜头的分类

1）按功能，分为定焦镜头、变焦镜头、定光圈镜头。

2）按视角，分为普通镜头、广角镜头、远摄镜头。

3）按用途，分为微距镜头、远心镜头、CCTV 镜头。

（2）镜头的基本参数

镜头的基本参数及意义如图 5-2 所示。

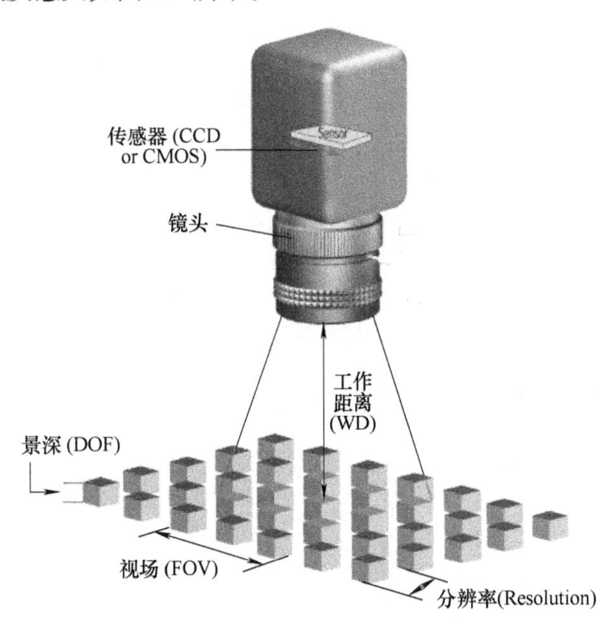

图 5-2 镜头基本参数

1）视场（Field of View，FOV）：也称视野范围，指观测物体的可视范围，即充满相机采集芯片的物体部分。

2）工作距离（Working Distance，WD）：指从镜头前部到受检验物体的距离，即清晰成像的表面距离。

3）分辨率（Resolution，RES）：图像系统可以测到的受检验物体上的最小可分辨特征尺寸。在多数情况下，视野越小，分辨率越好。

4）景深（Depth of Field，DOF）：物体离最佳焦点较近或较远时，镜头保持所需分辨率的能力。

其中景深还分为前景深和后景深，如图 5-3 所示。

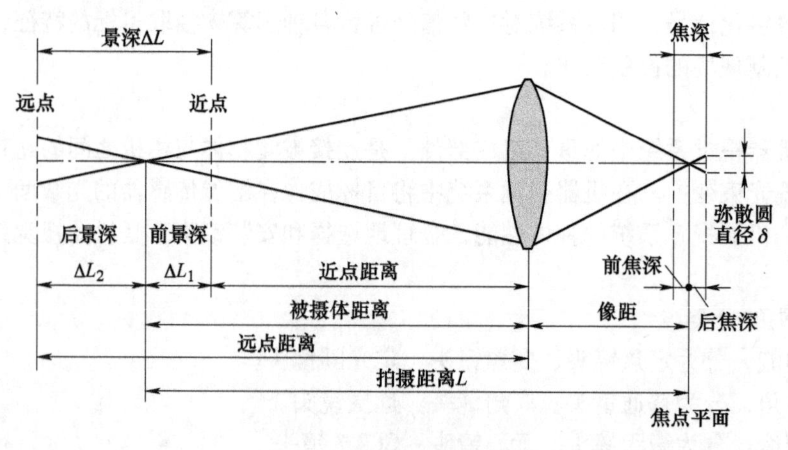

图 5-3 景深原理图

前景深：

$$\Delta L_1=\frac{F\delta L^2}{f^2+F\delta L} \tag{5-1}$$

后景深：

$$\Delta L_2=\frac{F\delta L^2}{f^2-F\delta L} \tag{5-2}$$

景深：

$$\Delta L=\Delta L_1+\Delta L_2=\frac{2f^2F\delta L^2}{f^4-F^2\delta^2L^2} \tag{5-3}$$

式中 δ——容许弥散圆直径；

f——镜头焦距；

F——镜头的拍摄光圈值；

L——拍摄距离；

ΔL_1——前景深；

ΔL_2——后景深；

ΔL——景深。

从景深公式可以看出，后景深大于前景深，且景深与镜头使用的光圈、镜头焦距和拍摄距离等存在如下关系：

1）镜头光圈：光圈越大，景深越小；光圈越小，景深越大。

2）镜头焦距：镜头焦距越长，景深越小；焦距越短，景深越大。

3）拍摄距离：距离越远，景深越大；距离越近，景深越小。

（3）镜头的其他参数

1）感光芯片尺寸：相机感光芯片的有效区域尺寸，一般指水平尺寸。这个参数对于决定合适的镜头缩放比例以获取想要的视野范围非常重要。镜头光学放大倍数（Primary Magnification，PMAG）由感光芯片的尺寸和视场的比率来定义。虽然基本参数包括感光芯片的尺寸，但 PMAG 却不属于基本参数。

2）焦距：是光学系统中衡量光的聚集或发散的度量方式，指从透镜的光心到光聚集之焦点的距离，也是相机中从镜头中心到底片或 CCD 等成像平面的距离。

3）镜头接口：C 型接口镜头与摄像机接触面至镜头焦平面（摄像机 CCD 光电感应器应处的位置）的距离为 17.5mm，CS 型接口此距离为 12.5mm。C 型镜头与 CS 型镜头相机之间增加一个 5mm 的 C/CS 接圈可以配合使用，CS 型镜头与 C 型镜头无法配合使用，如图 5-4 所示。F 型为通用型接口，一般适用于大于 25mm 的镜头。

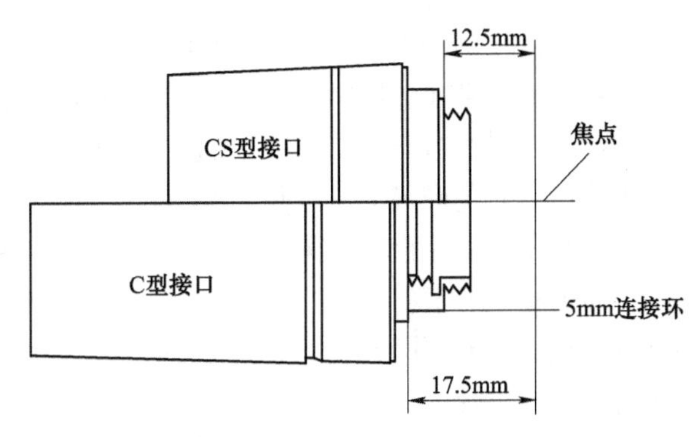

图 5-4　镜头接口示意图

4）畸变：视野中局部放大倍数不一定造成图像扭曲，由于受制作工艺的影响，镜头越好畸变越小。广角镜头的畸变比较大，比如直线弯曲、矩形变成桶形或者枕形，如图 5-5 所示。因此在精密测量系统等精度要求高的情况下必须考虑镜头的畸变。

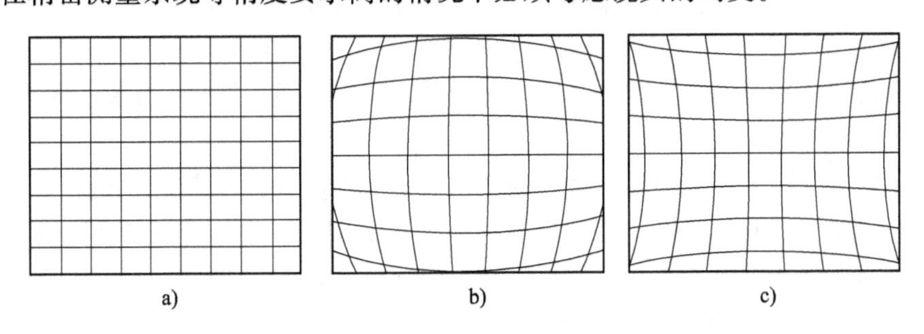

图 5-5　畸变示意图

a）正常　b）桶形失真　c）枕形失真

5）扩展镜或延伸管：很多镜头为了适应更多的应用环境，常常在镜头中预留位置或在镜头两端预留螺纹，以方便扩展镜头用。扩展镜是个广义的概念，可以指增倍镜、滤光镜、偏振镜、转轴镜或差分镜，也可以是与延伸管功能类似的微距镜，还可以是用以实现同轴照明的半透半反镜。

（4）镜头选取方法

对于一个光学镜头的性能评估通常用分辨率、对比度、像差、调制传递函数（Modulation Transfer Function，MTF）、色彩平衡性、周边光量、渐晕、光斑、镀膜等参数进行衡量。一般先考虑对镜头的特殊需求，例如在镜头与工件之前有没有加入其他器件（透镜、反光镜片、玻璃）、镜头的工作环境等。

是否需要用远心镜头。精密测量系统需要选用远心镜头，远心镜头最主要的功能就是可以克服透视像差（成像时由于距离的不同而导致的放大倍数不一致现象）的影响，使得检测目标在一定范围内运动时得到的尺寸数据几乎不变。一般情况下，远心镜头都是固定焦距和工作距离的，而且有些远心镜头的体积很大，有的重量超过十斤，需要详细了解客户对视场大小、工作距离、空间限制和运动控制的要求，之后联系镜头供应商或者专业的技术人员确定型号。一般的表面缺陷、有无判断等对物体成像没有严格要求时，选用畸变小的镜头，就可以满足要求。

镜头的接口。镜头接口和相机接口分为C、CS、F和其他更大尺寸的接口类型。相机和镜头是互补的，即C接口的相机只能用C接口的镜头，CS接口的相机可以使用CS接口的镜头或者C接口加上5mm接圈，其他接口的只能一一对应，如果相机的芯片尺寸超过1英寸，尽量选用F或者更大的接口，避免图像周围成像质量差。

此外与视觉应用比较相关的还有工作距离、景深、畸变、均一充分的亮度、耐振荡冲击性和镜头本身的尺寸规格。其余特点如下：

1）小的光圈、短的焦距以及大的工作距离将会导致大的景深，因而可以将光圈调到最大时调焦，这样容易找到最佳对焦位置。

2）如光照足够，可以减小光圈，即增加F数来增加景深。定光圈工业镜头和针孔摄像机镜头由于无法设置调焦机构，其F数都设计得比较大。

3）镜头的规格必须等于或大于电荷耦合元件（Charge Coupled Device，CCD）芯片的规格。

4）测量时尽量用小像差的测量镜头，而不用小焦距的镜头（焦距小于8mm），由于它会产生不可接受的失真，会增大软件补偿的困难。

5）失真是镜头边缘的很大问题，因此在测量应用中，镜头规格一定要大于CCD芯片的规格。

6）扩展管和微距镜头可以减小镜头物距。对于变倍镜头，应避免使用扩展管。

7）远心镜头可以避免投影失真（即视角失真）的问题，它的直径必须比被测物体大。

8）有些镜头之所以被称为百万像素镜头是因为这些镜头本身的分辨能力大于百万像素CCD或互补金属氧化物半导体（Complementary Metal Oxide Semiconductor，CMOS）的物理分辨率。

9）对于工业应用，不能减少对机械稳定性的成本。最好当镜头的焦距、光圈、放大倍数都设置好后将它们固定或者一开始就选择定光圈的定倍镜头。

10）C接口的3CCD芯片相机与通常一个CCD芯片的相机的光学特性和机械特性都有很大不同。由于这个原因，对厂商提供的兼容的镜头要特别注意。

2. 光源

光源在视觉系统中的主要用途就是获得对比鲜明的图像。机器视觉系统中最关键的一个方面就是选择正确的照明，机器视觉光源直接影响到图像的质量，进而影响到系统的性能。

选择合适的光源，可突显良好的图像效果（特征点），可以简化算法，提高检测精度，保证检测系统的稳定性。

（1）光源的分类

1）环形光源：能够提供不同的照射角度、不同颜色组合，更能突出物体的三维信息；高密度 LED 阵列，高亮度；多种紧凑设计，节省安装空间；解决对角照射阴影问题；可选配漫射板导光，光线均匀扩散。

应用领域：PCB 基板检测，IC 元件检测，显微镜照明，液晶校正，塑胶容器检测，集成电路印字检查。

2）背光源：用高密度 LED 阵列面提供高强度背光照明，能突出物体的外形轮廓特征，尤其适合作为显微镜的载物台。红白两用背光源、红蓝多用背光源，能调配出不同颜色，满足不同被测物多色要求。

应用领域：机械零件尺寸的测量，电子元件、IC 的外形检测，胶片污点检测，透明物体划痕检测等。

3）条形光源：条形光源是较大方形结构被测物的首选光源；颜色可根据需求搭配，自由组合；照射角度与安装方式随意可调。

应用领域：金属表面检查，图像扫描，表面裂缝检测，LCD 面板检测等。

4）组合条形光源：四边配置条形光，每边照明独立可控；可根据被测物要求调整所需照明角度，适用性广。

应用领域：PCB 基板检测，IC 元件检测，焊锡检查，Mark 点定位，显微镜照明，包装条码照明，球形物体照明等。

5）同轴光源：同轴光源可以消除物体表面不平整引起的阴影，从而减少干扰；部分采用分光镜设计，减少光损失，提高成像清晰度，均匀照射物体表面。

应用领域：系列光源最适宜用于反射度极高的物体，如金属、玻璃、胶片、晶片等表面的划伤检测，芯片和硅晶片的破损检测，Mark 点定位，包装条码识别。

6）线性光源：超高亮度，采用柱面透镜聚光，适用于各种流水线连续检测场合。

7）点光源：大功率 LED，体积小，发光强度高；光纤卤素灯的替代品，尤其适合作为镜头的同轴光源等；高效散热装置，大大提高光源的使用寿命。

应用领域：适合远心镜头使用，用于芯片检测，Mark 点定位，晶片及液晶玻璃底基校正。

（2）光源的选型

光源选型的主要依据为：了解被检测产品的特征点面积大小，选择合适尺寸的光源；了解被检测产品特性，选择不同类型的光源；了解被检测产品的材质，选择不同颜色的光源；了解光源安装空间及其他可能会产生障碍的情况，选择合适的光源。

以下举例说明几种常见光源的选型要领：

1）条光选型要领：条光照射宽度最好大于检测的距离，否则可能会照射距离远造成亮度差，或者是距离近而辐射面积不够。

条光长度能够照明所需打亮的位置即可，无须太长造成安装不便，同时也增加成本。一般情况下，光源的安装高度会影响到所选用条光的长度，高度越高，光源长度要求越长，否则图像两侧亮度会比中间暗。

如果照明目标是高反光物体，最好加上漫射板，如果是黑色等暗色不反光产品，也可以拆掉漫射板以提高亮度。

2）环光选型要领：了解光源安装距离，过滤掉某些角度光源。例如要求光源安装尺寸高，就可以过滤掉大角度光源，选择用小角度光源；同样，安装高度越高，要求光源的直径越大；目标面积小，且主要特性在表面中间，可选择小尺寸（0°或小角度）光源。目标需要表现的特征如果在边缘，可选择90°环光，或大尺寸大角度环光。检测表面划伤，可选择90°环光，尽量选择波长短的光源。

3）背光源选型要领：背光源选型主要遵循以下五个方面的要领：

① 选择背光源时，根据物体的大小选择合适尺寸的背光源，以免增加成本造成浪费。

② 背光源四周一条由于外壳遮挡，其亮度会低于中间部位，因此选择背光源时尽量不要使目标位于背光源边缘。

③ 一般在检测轮廓时，背光源可以尽量使用波长短的光源，波长短的光源其衍射性弱，图像边缘不容易产生重影，对比度更高。

④ 背光源与目标之间的距离可以通过调整来达到最佳的效果，并非离得越近效果越好，也非越远越好。

⑤ 检测液位可以将背光源侧立使用；圆轴类的产品，螺旋状的产品尽量使用平行背光源。

4）同轴光源选型要领：选择同轴光时主要看其发光面积，根据目标的大小来选择合适发光面积的同轴光。

同轴光的发光面积最好比目标尺寸大 1.5~2 倍左右，因为同轴光的光路设计是让光路通过一片 45°半反半透镜改变，光源靠近灯板的地方会比远离灯板的亮度高，因此，尽量选择大一点的发光面，避免光线左右不均匀。

在安装时同轴光尽量不要离目标太高，越高则需要选用越大的同轴光，才能保证均匀性。

3. 相机

视觉行业所用的相机为工业相机，相比于传统的民用相机而言，它具有高的图像稳定性、高传输能力和高抗干扰能力等，目前市面上工业相机大多是基于 CCD 或 CMOS 芯片的相机。

（1）CCD 相机

CCD 是目前机器视觉最为常用的图像传感器。它集光电转换及电荷存储、电荷转移、信号读取于一体，是典型的固体成像器件。CCD 的突出特点是以电荷作为信号，而不同于其他器件是以电流或者电压为信号。这类成像器件通过光电转换成电荷包，而后在脉冲的作用下转移、放大输出图像信号。

CCD 相机的优点是：典型的 CCD 相机由光学镜头、时序及同步信号发生器、垂直驱动器、模拟/数字信号处理电路组成。CCD 作为一种功能器件，与真空管相比具有无灼伤、无滞后、低电压工作、低功耗等优点。

（2）CMOS 相机

CMOS 相机的开发最早出现在 20 世纪 70 年代。20 世纪 90 年代初期，随着超大规模集成电路制造工艺技术的发展，CMOS 相机得到迅速发展。CMOS 图像传感器将光敏元阵列、图像信号放大器、信号读取电路、模数转换电路、图像信号处理器及控制器集成在一块芯片上。

优点：CMOS 相机具有局部像素的编程随机访问的优点。目前，CMOS 相机以其良好的集成性、低功耗、高速传输和宽动态范围等特点在高分辨率和高速场合得到了广泛应用。

（3）相机基本参数

1）分辨率：相机每次采集图像的像素点（Pixels），对于数字相机一般是直接与光电传感器的像元数对应的，对于模拟相机则是取决于视频制式，PAL 制为 768×576，NTSC 制为 640×480。

2）像素深度：即每个像素数据的位数，一般常用的是 8bit，对于数字工业相机一般还有 10bit、12bit 等。

3）像元尺寸：像元大小和像元数（分辨率）共同决定了相机靶面的大小。

4）帧率：相机采集传输图像的速率，对于面阵相机一般为每秒采集的帧数（Frames/Sec），对于线阵相机为每秒采集的行数（Hz）。

（4）工业相机与普通相机的区别

1）工业相机性能可靠、易于安装，相机结构紧凑结实不易损坏，连续工作时间长，可以在较差的环境下使用。

2）工业相机的快门（曝光）时间非常短，可以抓拍高速运动的物体。

3）工业相机帧率远高于普通相机。

4）工业相机输出的是裸数据，光谱范围较宽，比较适合进行高质量的图像处理算法，例如机器视觉应用。而普通相机拍摄的图片，其光谱范围只适合人眼视觉，图像质量较差，不利于进行分析处理。

5）工业相机相对于普通相机来说价格较贵。

（5）相机选取方法

1）根据应用的不同选用 CCD 或 CMOS 相机。CCD 相机主要应用在运动物体的图像摄取，如贴片机机器视觉，当然随着 CMOS 技术的发展，许多贴片机也在选用 CMOS 工业相机。在视觉自动检查的方案或行业中一般用 CCD 相机比较多，CMOS 相机成本低，功耗低，应用越来越广泛。

2）分辨率的选择。首先考虑待观察或待测量物体的精度，根据精度选择分辨率。相机像素精度=单方向视野范围大小/相机单方向分辨率，则相机单方向分辨率=单方向视野范围大小/理论精度。若单视野为 5mm，理论精度为 0.02mm，则单方向分辨率=5/0.02=250。然而为增加系统稳定性，不会只用一个像素单位对应一个测量/观察精度值，一般可以选择倍数 4 或更高。其次看相机的输出，若是体式观察或机器视觉软件分析识别，分辨率高是有帮助的；若是 VGA 输出或 USB 输出，在显示器上观察，则还依赖于显示器的分辨率，相机的分辨率再高，显示器分辨率不够，也是没有意义的；同时，相机的分辨率高对利用存储卡或拍照功能也是有利的。

3）考虑与镜头的匹配。传感器芯片尺寸需要小于或等于镜头尺寸，C 型或 CS 型安装座也要匹配（或者增加转接口）。

4）相机帧数选择。当被测物体有运动要求时，要选择帧数高的工业相机。但一般来说分辨率越高，帧数越低。

（6）其他

智能相机（Smart Camera）也称嵌入式机器视觉系统或视觉传感器（Vision Sensor），它并不是一台单纯的相机，而是一种高度集成化的微小型机器视觉系统，能胜任PC式视觉系统同样的检测任务。它将图像的采集、处理与通信功能融为一体，可直接输出影像处理结果，从而提供了具有多功能、模块化、高可靠性、易于实现的机器视觉解决方案。同时，由于应用了DSP、FPGA、CPLD及大容量存储技术，其智能化程度不断提高，可满足多种机器视觉的应用需求。智能相机具有易学、易用、易维护、安装方便等特点，可在短期内构建起可靠而有效的机器视觉系统。其技术优势主要表现在：

1）智能相机结构紧凑，尺寸小，易于安装在生产线和各种设备上，且便于装卸和移动。

2）智能相机实现了图像采集单元、图像处理单元、图像处理软件、网络通信装置的高度集成，通过可靠性设计，可以获得较高的效率及稳定性。

3）由于智能相机已固化了成熟的机器视觉算法，使用者无需重复编程，就可实现有无判断、表面缺陷检查、尺寸测量、OCR/OCV、条码阅读等功能，从而极大地提高了应用系统的开发速度。

智能相机一般由图像采集单元、图像处理单元、图像处理软件、网络通信装置等构成，各部分的功能如下：

1）图像采集单元。在智能相机中，图像采集单元相当于普通意义上的CCD/CMOS相机和图像采集卡。它将光学图像转换为模拟/数字图像，并输出至图像处理单元。

2）图像处理单元。图像处理单元类似于图像采集/处理卡。它可对图像采集单元的图像数据进行实时的存储，并在图像处理软件的支持下进行图像处理。

3）图像处理软件。图像处理软件主要在图像处理单元硬件环境的支持下，完成图像处理功能。如几何边缘的提取、Blob、灰度直方图、OCV/OVR、简单的定位和搜索等。在智能相机中，以上算法都封装成固定的模块，用户可直接应用而无需编程。

4）网络通信装置。网络通信装置是智能相机的重要组成部分，主要完成控制信息、图像数据的通信任务。智能相机一般均内置以太网通信装置，并支持多种标准网络和总线协议，从而使多台智能相机构成更大的机器视觉系统。

4. 图像采集卡

图像采集卡是图像采集部分和处理部分的接口。图像经过采样、量化以后转换为数字图像并输入、存储到帧存储器的过程，称为采集、数字化。简单来讲就是将图像或视频（模拟信号）转换成计算机可以“理解”的数字格式（数字信号），其工作原理如图5-6所示。

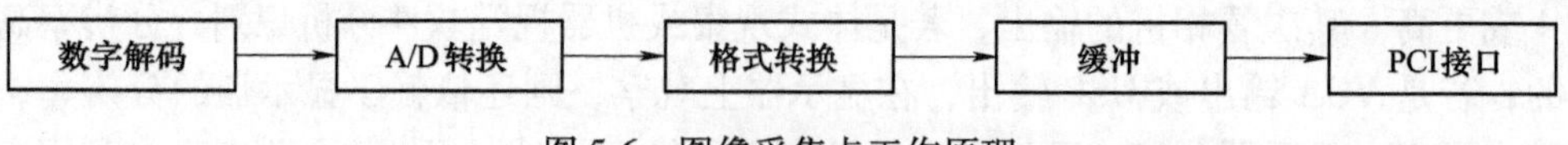

图5-6 图像采集卡工作原理

图像采集卡一般还包含相机触发功能、灯源控制功能、基本I/O功能、相机复位功能、相机时序输出功能等。

（1）图像采集卡分类

1）按输入信号类型可以分类为模拟图像采集卡和数字图像采集卡，如图 5-7 所示。

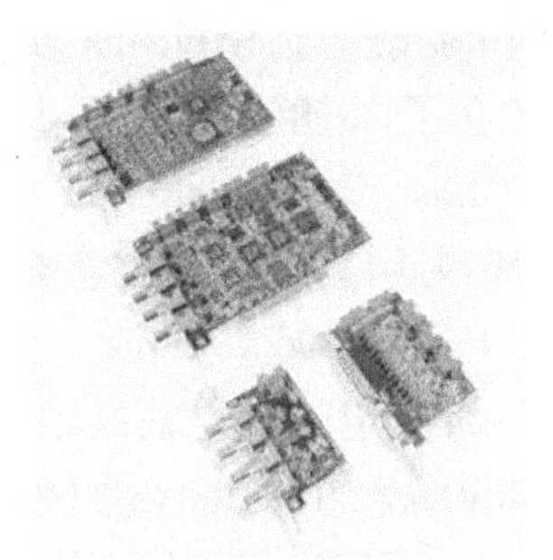

模拟图像采集卡

数字图像采集卡

图 5-7　模拟图像采集卡和数字图像采集卡

2）按功能可以区分为单纯功能的图像采集卡和集成图像处理功能的采集卡。

（2）图像采集卡基本技术参数

1）图像传输格式。图像采集卡需要支持系统中摄像机所采用的输出信号格式。大多数摄像机采用 RS 422 或 EIA644（LVDS）作为输出信号格式。在数字相机中，IEEE1394、USB2.0 和 CameraLink 几种图像传输形式则得到了广泛应用。

2）图像格式（像素格式）。图像格式分为黑白图像和彩色图像。黑白图像是指，在通常情况下，图像灰度等级可分为 256 级，即以 8 位表示。在对图像灰度有更精确要求时，可用 10 位、12 位等来表示。彩色图像是指彩色图像可由 RGB（YUV）三种色彩组合而成，根据其亮度级别的不同有 8—8—8、10—10—10 等格式。

3）传输通道数。当摄像机以较高速率拍摄高分辨率图像时，会产生很高的输出速率，这一般需要多路信号同时输出，图像采集卡应能支持多路输入。一般情况下，有 1 路、2 路、4 路、8 路输入等。

4）分辨率支持。采集卡能支持的最大点阵反映了其分辨率的性能。一般采集卡能支持 768×576 点阵，而性能优异的采集卡其支持的最大点阵可达 64K×64K。单行最大点数和单帧最大行数也可反映采集卡的分辨率性能。

5）采样频率。采样频率反映了采集卡处理图像的速度和能力。在进行高度图像采集时，需要注意采集卡的采样频率是否满足要求。目前高档的采集卡其采样频率可达 65MHz。

6）传输速率。主流图像采集卡与主板间都采用 PCI 接口，其理论传输速度为 132MB/s。

（3）图像采集卡接口

目前相机的接口形式包括模拟接口（PAL、NTSC、CCIR、RS170/EIA、非标准模拟制式），数字接口（Camera Link、Channel Link、LVDS/RS 422）和一些直联式数字接口（IEEE 1394、USB、Ethernet）必须与视觉系统所选用相机一致，如选用数字制式还必须考虑相机的数字位数。

1）RS-422 及 RS-644（LVDS）接口。RS-422 及 RS-644（LVDS）通常是 68pin 或 100pin 的高密度接口，但各相机厂家的引脚定义不尽相同，而且采集卡引脚定义也不太一样，因此在选定相机及采集卡后，需要更换其中之一都必须先看看引脚信号的定义，可能需要重做信号线或做一个信号转换板。

2）Channel Link 接口。Channel Link 是 Camera Link 的前身，能够与其兼容，接口的引脚相比 LVDS 较少但仍然可以传输大量的数据，它也没有统一的标准接头形式。

3）Camera Link 接口。Camera Link 标准则是由多家工业相机和采集卡大厂共同制定出来的，标准本身是基于 Channel Link 的特性，并定义了标准的接口，让相机与采集卡之间的信号传输更加简单化了，同时定义了基本架构（Base Configuration）、中级架构（Medium Configuration）及完整架构（Full Configuration）的信号引脚规范和传输资料量。

4）IEEE 1394。IEEE 1394 接口通常也被称为 FireWire 或者 iLink，因为可得到的带宽被分配到需要它的全部设备，在节点上的最慢的设备将决定整个传输网络的带宽。IEEE1394a 是目前已经实现的版本，它支持 100Mbit/s、200Mbit/s 和 400Mbit/s 的带宽。IEEE 1394b 是一个新兴的标准，但还没被广泛地支持，它提供一个 800Mbit/s 的带宽，最多可达 3. 2Gbit/s。1394 有两种工作方式：异步（Asynchronous）方式和同步（Isochronous），异步方式的设计主要是保证信息传递的可靠性，并非保证高的传输速度，它在数据的发送和接收之间通过“握手”来保证传送的数据被收到；而同步方式则会保证带宽，它必须牺牲握手过程而没有保障数据被收到。

5）USB。普通串口总线（USB）是一个主从系统，用于点对点通信，目的是作为一种通用标准来取代现有的各种串行或并行的计算机 I/O 协议。主控制器担任主机，端点的其他外部设备隶属于它，下位 USB 设备只能与主机（通常一台计算机）联系，但其他设备相互间不能通信。USB 1. 1 只提供一个 12Mbit/s 的带宽，因此不太适合工业相机的图像传输；有 480Mbit/s 的可提供带宽的 USB 2. 0 则完全能达到工业相机的数据传输速度需求。USB 也采用与 1394 同步方式类似的数据传输方式。USB 的同步方式每 125μs 发送一包数据。数据包长度确定设备分配到的带宽。与 1394 一样，不可能实现握手，因此也只是保证带宽而没有保证信息传输的完整。同步方式数据传输可以达到 90%可得到的带宽，即一部相机能请求并且被准许 480Mbit/s 中的 90%（理论上，8 位像素图像传输率为 54Mpixel/s）。但一些其他的总线开支通常降低可提供的带宽到实际 40Mpixel/s 左右。

6）以太网（Ethernet）。作为一个局域网络协议，Ethernet 接口使用总线型或者星形结构，并且支持数据传送率达到 1Gbit/s，但是最常使用的 100baseT 版本只能提供 100Mbit/s 的总线带宽。Ethernet 使用载波监听多路访问/冲突检测（CSMA/CD）存取方式。因为 Ethernet 允许任何设备给任何其他或全部设备随时发送数据且无需协调，数据冲突的潜在可能就会随着网络使用设备和被传送数据的数量增大。CSMA/CD 每当数据传输冲突时指定再试，直到数据到达最后的目的地。即使有其他网络设备，例如开关和路由器，当在一个网络上有超过两个设备时，冲突的潜在可能被大大降低，但也不能达到理论的带宽（100Mbit/s）。100Mbits/s 的理论带宽的 100baseT 通常有效的数据传输速度为 50Mbit/s，在考虑节点开销和冲突之后，对 8 位的图像数据只能达到 6. 25Mpixel/s，不适应多数机器视觉的应用。

（4）图像采集卡选用方法

1）视频信号接口。首先，要求相机与采集卡的视频信号类型一致。其次，优先选择以太网或 USB3. 0 接口，因为 1394 虽然有许多优点，但因为支持的问题将逐步淘汰。同时还需考虑系统需要多少接口，以及 PCI 或 PCIe 插槽的数目和相机数。一般在未定型前，通常留有备用插槽和备用相机接口给系统提供可能的扩展需要。

2）数据采集能力。要求采集卡的数据采样频率大于或等于相机信号数据输出频率。采集卡的数据率必须满足的要求可按下式计算：

模拟

$$\text{Data Rate(Grabber)} \geqslant 1.2 \times Rf \tag{5-4}$$

数字

$$\text{Data Rate(Grabber)} \geqslant \text{Data Rate(Camera)} \tag{5-5}$$

式中　Data Rate(Grabber)——采集卡的数据率；

Data Rate(Camera)——相机的数据率；

R——相机的分辨率；

f——相机的帧频。

3）软件开发包（Software Development Kit，SDK）。优先选择具有稳定、简单、易用、功能强大、移植性好的 SDK。

4）技术支持能力（Support）。选择能够快速完成系统的开发，便于系统维护的。

5）品牌及产品线（Product Line）。要求能够保证采集卡的质量，便于产品升级换代。

5.3.2　视觉系统软件

机器视觉软件系统主要完成将摄取的图像信号的像素分布和亮度、颜色等信息转变成数字化信号的过程，因此也称图像处理系统。本书主要介绍几款常用的视觉软件。

1. 开源的 OpenCV

OpenCV（Open Source Computer Vision Library）是一个开源的基于 BSD 许可的库，它包括数百种计算机视觉算法。OpenCV 具有模块化结构，即开发包里面包含多个共享库或者静态库。可使用的模块如下：

1）核心功能（Core functionality）：紧凑的模块，定义了基本的数据结构，它包括密集的多维 Mat 数组和被其他模块使用的基本功能。

2）图像处理（Image processing）：图像处理模块，它包括线性和非线性图像滤波、几何图形转化（重置大小，放射和透视变形，通用基本表格重置映射）、色彩空间转换、直方图等。

3）影像分析（Video）：影像分析模块，它包括动作判断、背景弱化和目标跟踪算法。

4）3D 校准（Calib3d）：基于多视图的几何算法、平面和立体摄像机校准、对象姿势判断、立体匹配算法和 3D 元素的重建。

5）平面特征（Features2d）：突出的特征判断、特征描述和对特征描述的对比。

6）对象侦查（Objdetect）：目标和预定义类别实例化的侦查（如脸、眼睛、杯子、人、汽车等）。

7）HighGui（High-level Graphical User Interface）：可以移植的图形工具包。OpenCV 将与操作系统、文件系统、摄像机等硬件进行交互的一些函数纳入 HighGui 库中，可以方便地打开窗口，显示图像，读出或者写入图像相关的文件（包含图像与视屏），处理简单的鼠标、光标和键盘事件。也可以使用 HighGui 创建其他一些很有用的控件，如滑动条，并把它加入窗口。

8）视频输入输出（Videoio）：容易使用的视频采集和视频解码器。

9）GPU：来自不同 OpenCV 模块的 GPU 加速算法。

由于具有开源便捷、使用方便、成本较低等优点，OpenCV 非常适合科研使用。

2. 德国的 HALCON

HALCON 是德国 MVTec 公司开发的一套完善的标准的机器视觉算法包，拥有应用广泛的机器视觉集成开发环境。它节约了产品成本，缩短了软件开发周期——HALCON 灵活的架构便于机器视觉、医学图像和图像分析应用的快速开发。HALCON 在欧洲以及日本的工业界已经是公认具有最佳效能的 Machine Vision 软件之一。

HALCON 源自学术界，它有别于一般的商用软件包。事实上，这是一套图像处理函数库（Image Processing Library），由一千多个各自独立的函数以及底层的数据管理核心构成。其中包含了各类滤波，色彩以及几何，数学转换，形态学计算分析，校正，分类辨识，形状搜寻等基本的几何以及影像计算功能。由于这些功能大多并非针对特定工作设计，因此只要用得到图像处理的地方，就可以用 HALCON 强大的计算分析能力来完成工作。应用范围几乎没有限制，涵盖医学、遥感探测、监控以及工业上的各类自动化检测。

HALCON 支持 Windows、Linux 和 Mac OS X 操作环境，它保证了投资的有效性。整个函数库可以用 C、C++、C#、Visual basic 和 Delphi 等多种普通编程语言访问。HALCON 为大量的图像获取设备提供接口，保证了硬件的独立性。它为百余种工业相机和图像采集卡提供接口，包括 GenICam、GigE 和 IIDC 1394。

随着 MVTec 公司与学术界的不断合作，HALCON 中增加了以下新功能：

（1）目标识别

实现真正意义上的目标识别。基于样本的识别方法可以区分出数量巨大的目标对象。使用这种技术可以实现仅依靠颜色或纹理等特征即可识别经过训练的目标，从而无需再采用一维码或二维码等用于目标识别的特殊印记。

（2）三维视觉处理

HALCON 提供的一个极为突出的新技术是三维表面比较，即将一个三维物体的表面形状测量结果与预期形状进行比较。HALCON 提供的所有三维技术，如多目立体视觉或激光三角测量，都可用于表面重构；同时也支持直接通过现成的三维硬件扫描仪进行三维重构。此外，针对表面检测中的特殊应用，对光度立体视觉方法进行了改善。不仅如此，HALCON 现在还支持许多三维目标处理的方法，如点云的计算和三角测量、形状和体积等特征计算、通过切面进行点云分割等。

（3）高速机器视觉体验

自动算子并行处理（Automatic Operator Parallelization，AOP）技术是 HALCON 的一个独特性能。HALCON 中支持使用 GPU 处理进行机器视觉算法的算子超过 75 个，比其他任何软件开发包提供的数量都多。除此之外，基于聚焦变化的深度图像获取（Depth From Focus）、快速傅里叶变换和 HALCON 的局部变形匹配都有显著的加速。

（4）机器学习

HALCON 加入了机器学习的功能，进一步强大了 HALCON 的使用区域。

（5）其他新功能

1）Aztec 码识别。

2）Micro QR 码识别。

3）为分类自动选择特征。

4）使用 HDevelop 性能评测工具进行高效的编码分析。

5）支持 Mac OS X 10.7 操作系统。

6）重新修订 HALCON/C++接口。

7）三维数据快速可视化。

8）远心镜头立体视觉。

9）改善摄像机标定技术。

10）HDevelop OCR 助手，包含训练文件浏览器。

11）用于一维码和二维码识别的 GS1 术语学。

12）串行化 HALCON/.NET 及 HALCON/C++。

13）易用的测量工具。

14）支持 JPEG XR 及其他。

3. VisionPro 系统

康耐视公司（Cognex）推出的 VisionPro 系统组合了世界一流的机器视觉技术，具有快速而强大的应用系统开发能力。VisionPro QuickStart 利用拖放工具，以加速应用原型的开发。这一成果在应用开发的整个周期内都可应用。通过使用基于 COM/ActiveX 的 VisionPro 机器视觉工具和 Visual Basic、Visual C++等图形化编程环境，开发应用系统，与 MVS-8100 系列图像采集卡相配合，VisionPro 使得制造商、系统集成商、工程师可以快速开发和配置出强大的机器视觉应用系统。主要优势体现在：

（1）快速建立原型和易于集成

VisionPro 的两层软件结构便于建立原型和集成。交互层利用拖放工具和 ActiveX 控件以加速应用系统的开发；在程序层，将原型应用开发成用户解决方案。基于 COM/ActiveX 技术使 VisionPro 应用系统易于集成第三方实用程序（例如图形函数），而且为整个机器（例如 I/O、机器人控制、工厂通信）提供了基于 COM 控件应用的易于集成性。

（2）先进的机器视觉软件

Cognex 的视觉工具库提供了用于测量、检测、制导和识别的视觉软件程序组。即使是在最具挑战性的视觉应用中，这些工具也被证实具有高可靠性。

（3）硬件灵活性

VisionPro 的用户可在较大范围内选择 MVS-8100 系列图像采集卡，以开发视觉应用。经 VisionPro 软件测试和证明，这些图像采集卡为主机提供了用于图像处理和显示的高速图像转移，以获得快速的视觉应用操作。多相机输入、高速度及对高分辨率相机的支持提高了 VisionPro 系统的采集灵活性。

（4）技术优势

快速开发强大的基于 PC 的视觉应用；简化视觉系统与其他主控制程序的融合处理；兼容多种 Cognex MVS-8100 系列图像采集卡；通过 QuickStart 拖放工具加速原型应用；配合视觉工具库，以获得高性能；VisionPro 的软件结构。

（5）提供了易于应用的原型、发展和应用

在交互层，通过系列拖放工具，VisionPro QuickStart 原型环境加速了强大机器视觉系统的开发速度。用户可以很快定义工具、测试工具行为及有效地运行参数之间的连接。通过QuickStart 或 Visual Basic 可访问 ActiveX 控件。因此，在程序层，原型应用可通过 Visual Basic 或 Visual C++增强，以开发出个性化的解决方案。这一性能将使应用系统的开发时间大大缩短。VisionPro 的结构使用户可从 QuickStart、ActiveX 或 COM 对象中的任何一层开始应用系统开发。

4. LabVIEW 用于机器视觉

美国 NI 公司的应用软件——LabVIEW 机器视觉软件编程速度是最快的。LabVIEW 是基于程序代码的一种图形化编程语言，提供了大量的图像预处理、图像分割、图像理解函数库和开发工具，用户只要在流程图中用图标连接器将所需要的 LabVIEW 子开发程序（Virtual Instruments，VI）连接起来就可以完成目标任务。任何一个 VI 都由三部分组成：可交互的用户界面、流程图和图标连接器。LabVIEW 编程简单，而且对工件的正确识别率较高。

5. MATLAB 相关的工具箱

常用的 MATLAB 视觉工具箱如下：

（1）Image Processing Toolbox（图像处理工具箱）

Image Processing Toolbox 提供了一套全方位的参照标准算法和工作流程应用程序，用于进行图像处理、分析、可视化和算法开发。可进行图像分割、图像增强、降噪、几何变换、图像配准和三维图像处理。

利用 Image Processing Toolbox 应用程序，可自动完成常用图像处理流程。可采用交互方式分割图像数据，比较图像配准方法，对大型数据集进行批处理。利用可视化函数和应用程序，可以探查图像、三维物体以及视频，调节对比度，创建灰度图以及操作感兴趣区域（Region of Interest，ROI）。

可通过在多核处理器和 GPU 上运行算法来进行加速。许多工具箱函数支持实现桌面原型建立和嵌入式视觉系统部署的 C/C++代码生成。

（2）Computer Vision System Toolbox（计算机视觉工具箱）

Computer Vision System Toolbox 为计算机视觉、3D 视觉和视频处理系统的设计和测试提供算法、函数和应用程序。可以执行对象检测和跟踪以及特征检测、提取和匹配。对于 3D 视觉，该工具箱支持单相机、立体相机和鱼眼相机校准以及立体视觉、3D 重建、激光雷达和 3D 点云处理。计算机视觉应用程序可自动执行地面实况标注和相机校准工作流程。

可通过在多核处理器和 GPU 上运行算法来加速算法。大多数工具箱算法都支持 C/C++代码生成，以便与现有代码、桌面原型设计及嵌入式视觉系统部署集成。

（3）Image Acquisition Toolbox（图像采集工具箱）

Image Acquisition Toolbox 提供了用于将相机和 LiDAR 传感器连接到 MATLAB 和 Simulink 的函数和模块。包含一个可交互式检测和配置硬件属性的 MATLAB 属性，继而可以生成等效的 MATLAB 代码，以便在将来的会话中自动进行采集。该工具箱支持各种采集模式，如在环处理、硬件触发、后台采集以及跨多台设备同步采集。同时，Image Acquisition Toolbox 可以连接到 Velodyne LiDAR 传感器、机器视觉相机和帧捕捉器以及高端科学和工业设备。

6. 加拿大的 Maxtor Image Library（MIL）

MIL 软件包是一种硬件独立、有标准组件的 32 位图像库。它有一整套指令，针对图像的处理和特殊操作，包括：斑痕分析、图像校准、口径测定、二维数据读写、测量、图案识别及光学符号识别操作。它也支持基本图形设备。MIL 能够处理二值、灰度或彩色图像。

MIL 软件包为应用的快速发展设计，便于使用。它有完全透明的管理系统，沿袭虚拟数据对象操作，而非物理数据对象操作，允许独立于平台的应用。这意味着一个 MIL 应用程序能够在不同环境（Win98/Me/NT/2000）中运行于任何 VESA-compatible VGA 板或 Matrox 图像板上。MIL 用系统的观念识别硬件板，单一应用程序可控制一种以上硬件板。MIL 能单独在主机上运行，但使用专用加速 Matrox 硬件效率更高。

MIL 软件包具有以下功能：

1）获取高达 16 位的灰度图或彩色图。

2）处理 1、8、16 和 32 位整数或浮点数图像。

3）根据操作处理彩色图像。彩色图像的每一层会被相继的独立处理。统计分析、斑痕分析、测量、图案匹配、光学符号识别和代码操作不支持彩色处理。

4）显示 1、8 或 16 位灰度或彩色图像（平台支持情况下）。

MIL 函数功能：点对点、统计、滤波、形态学处理、几何变换、粒子分析、测量、压缩/解压缩、边缘查找、几何模型查找、模式匹配、条码和矩阵码、校准、光学字符识别 OCR、相机自动聚焦、应用程序控制、数据控制、显示控制、数字设备控制等。

7. eVision 机器视觉软件

eVision 机器视觉软件包是由比利时 euresys 公司推出的一套机器视觉软件开发 SDK。eVision 机器视觉软件开发包所有代码都经过 mmx 指令的优化，处理速度非常快，且提供了比较多的机器视觉功能，例如 OCR、OCV、基于图像比对的图像质量检测、Barcode 和 MatrixCode 识别。

eVision 主要由以下几个模块组成：

1）Easy：通用库，包含数据结构的定义以及图像文件的存储和读取等。

2）EasyImage：数字图像处理通用库，包含通用的数字图像处理操作和算法，比如 FFT、图像的代数运算、直方图统计和分析、图像配准和几何变换等。

3）EasyColor：彩色图像处理库，包括彩色图像空间的转换、Bayer 转换、基于 K 均值的彩色图像分割算法等。

4）EasyObject：Blob 分析库，包括 Blob 的特征提取、图像分割等。

5）EasyGauge：基于亚像素的图像测量工具。

6）EasyMatch：基于灰度相关性的图像匹配包，速度非常快，而且能够达到亚像素精度的匹配结果。对于旋转、尺度变化和平移等都能精确找到模板图像的位置。

7）EasyFind：基于几何形状的图像匹配包，速度也非常快，但是精度不太准确，受图像噪声影响大。euresys 公司还在继续完善中。

8）EasyOCR：字符识别工具包，因为是基于模板匹配的方法，没有基于神经网络的精确，但是在大部分场合下还是非常适用的，速度快，定位精度高。

9）EasyOCV：印刷质量检测包，做得尤其好，和下面要介绍的 EChecker 使用，可以广泛适用于印刷检测和字符质量检测等场合，速度和准确度都非常高。

10）EChecker：更广泛的印刷质量检测包，适用于所有的印刷检测对象。

11）EasyBarcode 和 EasyMatrixCode：一维、二维条码识别库。做的也是相当一流的，和 CVL 不相上下。

12）EasyBGA：半导体芯片的 BGA 检测包。

13）EasyWorldShape：计算机视觉标定工具。

8. HexSight

Adept 公司出品的 HexSight 是一款高性能的、综合性的视觉软件开发包，它提供了稳定、可靠及准确定位和检测零件的机器视觉底层函数。其功能强大的定位器工具能精确地识别和定位物体，不论其是否旋转或大小比例发生变化。HexSight 即使在最恶劣的工作环境下都能提供可靠的检测结果，呈现出非凡的性能。

HexSight 软件包含一个完整的底层机器视觉函数库，程序员可用它来构建完整的高性能 2D 机器视觉系统，节省整个系统开发的时间。HexSight 可利用 Visual Basic、Visual C++或 Borland Dephi 平台方便地进行二次开发。

HexSight 的定位工具是根据几何特征，采用最先进的轮廓检测技术来识别对象和模式。这一技术在图像凌乱、亮度波动、图像模糊和对象重叠等方面有显著效果。HexSight 能处理自由形状的对象，并具有功能强大的去模糊算法。HexSight 处理快速，在一台 2GHz 的处理器上，一般零件寻找和定位不超过 10ms，并可达到 1/40 亚像素位置重复精度和 0.01°旋转重复精度。此外 HexSight 有丰富但易用的图像标定工具，而且它的定位器可以方便嵌入到 OEM 的产品中。

9. RVB

利维机器视觉应用软件开发包（Real View Bench，RVB）是致力于自动化领域的专业机器视觉和图像处理算法软件包，是机器视觉行业极具竞争力和价格优势的专业算法软件包。

RVB 包含各种 Blob 分析、形态学运算、模式识别和定位、尺寸测量等性能杰出的算法，提供不同形状关注区（Region of Interest，ROI）操作，可以开发强大的视频人机界面功能。RVB 同样提供了稳定、可靠及准确定位和检测零件的机器视觉底层函数，其功能强大的定位器工具能精确地识别和定位物体，即使在最恶劣的工作环境下都能提供可靠的检测结果，呈现出非凡的性能。

RVB 软件包含一个完整的底层机器视觉函数库，程序员可用它来构建完整的高性能 2D 机器视觉系统，节省整个系统开发的时间。可利用 Visual Basic、Visual C++或 Borland Dephi 平台方便地进行 RVB 二次开发。

RVB 与图像采集设备无关，目前支持多种厂家的相机，接口包括 USB2.0/3.0、GigE、1394a/b。如有更多相机接口要求，可以免费定制。

（1）RVB 软件精华版功能

1）支持 8、16、24、32 位深度数字图像。支持绝大部分文件图像格式，如 BMP、JPG、GIF、TIF 等。

2）提供各种图像预处理功能，如规范化处理、边缘增强、去噪、形态学运算，如腐蚀、膨胀、几何变换如缩放、旋转等。

3）提供各种统计分析功能，如面积、方向、椭圆度、投影统计、柱状图分析、定位、模式识别等。

4）提供强大的 Blob 分析和相关处理功能，如自动二值化、Blob 属性分析、Blob 与图像的变换。

5）支持多种形状的 ROI 对象处理功能，如矩形、圆形、环行、自定义形状、满足绝大多数应用系统的需要。

6）提供基于高性能的 GUI 功能，支持各种几何图形、数字图像和 RVB 各种特定对象的绘制，满足复杂多变的视频交互要求。

（2）RVB 软件专业版功能

1）包含所有精华版的功能。

2）提供各种常用功能的 Caliber 类，如定位、Blob 分析、正反识别、记数等，可以快速应用到具体视觉方案里面，缩小应用系统开发周期。

3）提供专用的支持 Caliber 显示和编辑的视频编辑窗口类，支持缩放显示、拉伸等，可以开发灵活的应用界面。

4）支持 Caliber 类快速进行文件读写操作。

思考题与习题

1. 什么是机器视觉技术？试论述其基本概念和目的。
2. 机器视觉系统由哪几部分组成？试论述各部分的基本概念和目的。
3. 机器视觉常用应用软件有哪些？各有什么优势？
4. 常见的智能传感器有哪些？分别应用在什么场合？
5. 什么是内部传感器和外部传感器？分别具有什么特点？

第6章 故障诊断技术基础

导 读

基本内容：

故障诊断的实质是对故障发出的信号去进行监测和诊断，因此信号分析是故障诊断当中必不可少的重要一环。对于信号分析与处理，本章从三个方面进行了介绍。首先介绍了信号分析与处理的概念，讨论了信号的类型、信号特征参数的概念及作用；其次介绍了设备信号提取的步骤；最后详细地对信号的处理进行了介绍，主要包括信号的幅值域分析、信号的时域分析及信号的频域分析，为后续智能故障诊断技术的学习打下基础。

本章在结合信号处理的基础上，对现代常用的信号处理方法进行了介绍，主要介绍了短时傅里叶变换、Wigner-Ville 分布、小波变换和分形几何在故障诊断中的概念、特点及应用。

学习要点：

了解信号的分类及故障特征参数的概念及作用、设备信号提取的步骤及现代信号分析方法；重点掌握故障信号的处理方法。

6.1 信号分析及处理基础

6.1.1 信号分析及处理的概念

1. 信号的分类

可从不同角度对信号进行分类，如图 6-1 所示。

根据信号的特性，信号可分为连续信号和离散信号两大类。连续信号是指信号函数的变量为连续的信号，而离散信号中的变量是离散变化的。

（1）非随机信号

非随机信号又可称为确定性信号，该信号又可分为周期信号和非周期信号。非周期信号是一种信号取值时间有限的信号，其波形总可以以足够精确度用确切的数学表达式表达出来。工程中有很多现象都可以看作非周期信号。如机械脉冲或电脉冲信号、阶跃信号和指数衰减信号等。

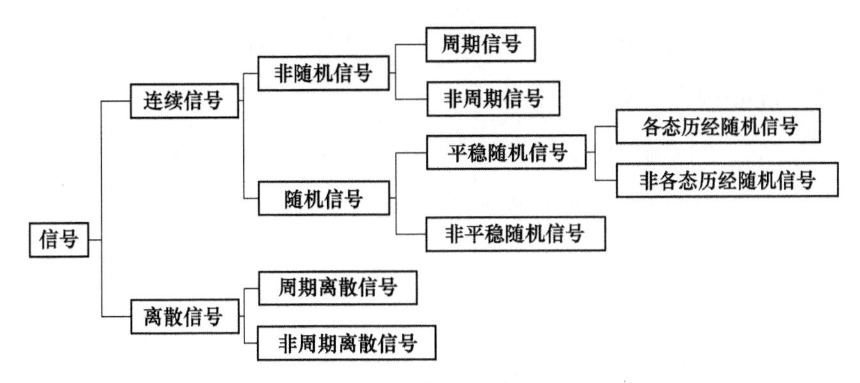

图 6-1　信号的分类

常见的非周期信号有单位阶跃信号、单位脉冲信号和方波信号（矩形脉冲信号）。

1）单位阶跃信号，如图 6-2 所示。数学表达式为：

$$x(t)=\begin{cases}1 & t\geqslant 0\\ 0 & t<0\end{cases} \tag{6-1}$$

工程上，通过在某时刻给系统加载或卸载来实现单位阶跃信号，常采用这种信号来测试系统的动态特性，即分析其阶跃响应曲线等。

2）单位脉冲信号。数学表达式为：

$$\delta(t-t_0)=\begin{cases}\infty & t-t_0=0\\ 0 & t\neq t_0\end{cases} \tag{6-2}$$

且：

$$\int_{-\infty}^{\infty}\delta(t-t_0)\,\mathrm{d}t=1 \tag{6-3}$$

在实际应用中，常采用瞬时冲击来近似实现 $\delta(t)$ 信号，如图 6-3 所示。

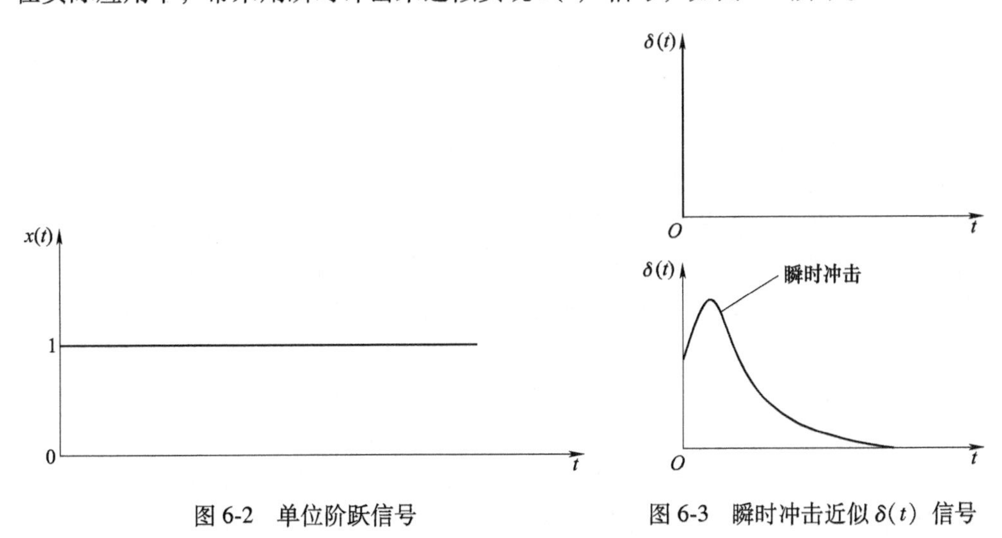

图 6-2　单位阶跃信号

图 6-3　瞬时冲击近似 $\delta(t)$ 信号

在工程测试中，$\delta(t)$ 信号非常有用，常用系统的单位脉冲响应来表征一个系统的动态特性。$\delta(t)$ 函数有很多特殊性质，例如筛选性质。有延时的 δ 函数 $\delta(t-t_0)$，对于任意信号 $x(t)$，总有：

$$\int_{-\infty}^{\infty} x(t) \cdot \delta(t - t_0) \mathrm{d}t = \int_{-\infty}^{\infty} x(t_0) \cdot \delta(t - t_0) \mathrm{d}t = x(t_0) \tag{6-4}$$

特殊情况，当 $t_0=0$ 时，有：

$$\int_{-\infty}^{\infty} x(t) \cdot \delta(t) \mathrm{d}t = \int_{-\infty}^{\infty} x(t_0) \cdot \delta(t) \mathrm{d}t = x(0) \tag{6-5}$$

该性质可用来描述模拟信号的离散采样过程。

$\delta(t)$ 信号具有无限广的频谱，$\delta(t)$ 信号又称为理想的“白噪声”。

3）方波信号（矩形脉冲信号），如图 6-4 所示。数学表达式为：

$$x(t)=\begin{cases}1 & |t|<\tau/2 \\ 0 & |t|>\tau/2\end{cases} \tag{6-6}$$

在实际应用中，该信号常用来对其他信号进行加权处理，即加窗处理。

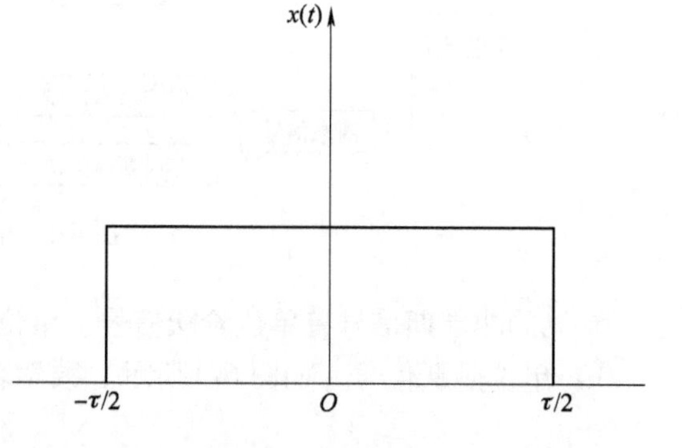

图 6-4　方波信号

（2）随机信号

在工程中，存在大量非随机性信号，即随机信号。其特点是，它在各瞬时取值（幅值、相位或频率）无复现性，又无法预支其确切的瞬时值。如图 6-5 所示。

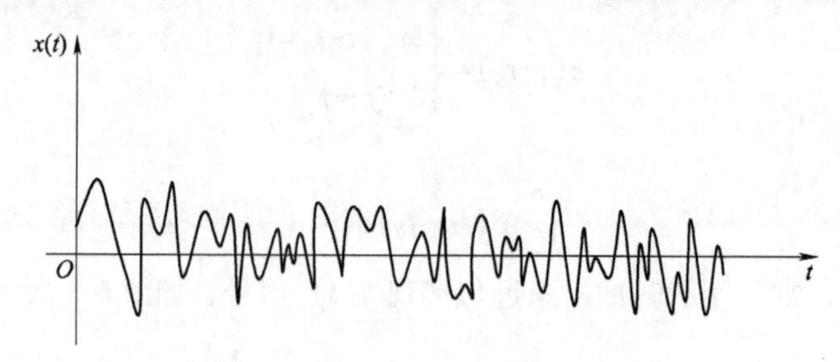

图 6-5　随机信号

随机信号虽不能用严格数学公式表达，却可用统计方法描述。

判断随机信号统计特征参数是否是时间的函数，又可分为平稳随机信号（特征参数不随时间变化）和非平稳随机信号（特征参数随时间变化）。在平稳随机过程中，若任一个单个样本函数的时间平均统计特征等于该过程的集合平均统计特征，这样的平稳随机过程称为各态历经随机过程。这也就说明一个样本表现出各种状态都经历的特征，有充分的代表性。因此，只要有一个样本函数就可以描述整个随机过程了。实际的测试工作一般把随机信号按各态历经过程来处理。

（3）离散信号

按照时间函数取值的离散性可将信号划分为离散时间信号，简称离散信号。离散信号在时间上是离散的，只在某些不连续的规定瞬时给出函数值，在其他时间没有定义，如图 6-6 所示。此图对应的函数只在 $t=-2$、-1、0、1、2、3、4、…离散时刻给出函数值 2. 1、-1、1、2、0、4. 3、-2、…。给出函数值的离散时刻的间隔可以是均匀的，也可以是不均匀的。

$$x(n)=\begin{cases}2.1 & n=-2\\ -1 & n=-1\\ 1 & n=0\\ 2 & n=1\\ 0 & n=2\\ 4.3 & n=3\\ -2 & n=4\end{cases} \tag{6-7}$$

一般情况都采用均匀间隔。这时，自变量 t 简化为用整数序号 n 表示，函数符号写作 $x(n)$，仅当 n 为整数时 $x(n)$ 才有定义，见式（6-7）。离散时间信号也可认为是一组序列值的集合，以 $\{x(n)\}$ 表示。

为简化表达方式，此信号也可写作：

$$x(n)=\{2.1\quad -1\quad 1\quad 2\quad 0\quad 4.3\quad -2\} \tag{6-8}$$

如果离散时间信号的幅值是连续的，则又可取名为抽样信号，如图 6-6 所示。另一种情况是离散信号的幅值也被限定为某些离散值，也即时间与幅度取值都具有离散性，这种信号又称为数字信号，如图 6-7 所示，各离散时刻的函数取值只能是“0”“1”的二者之一。数字计算机处理的是离散时间信号，当处理对象为连续信号时需要经抽样（采样）将它转换为离散时间信号。此外，还可以有幅度为多个离散值的多电平数字信号。

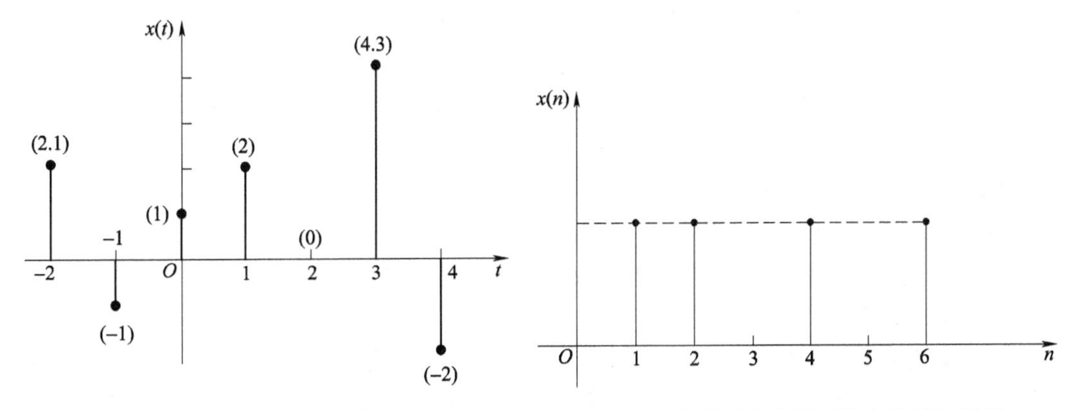

图 6-6　离散时间信号（抽样信号）示例　　图 6-7　离散时间信号（数字信号）示例

2. 故障特征参量

对于某一具体的故障类型，人们所关心的问题是：

1）这种故障通过哪些物理参量表现出来。

2）这种故障与各物理参量间的关系强弱情况如何。

一般而言，对于前一个问题，只要机械系统的状态发生了变化，就必定会影响到与之相联系的各个动态物理参量，牵涉面较广。而故障类型与物理参量的关系强弱是人们最感兴趣的。因为只有那些与某种故障类型之间的关系密切、对故障敏感可靠的物理参量才被用于故障的诊断。

故障特征参量的定义：对故障敏感、稳定可靠的物理量（原始/运算后）称为故障特征参量。

说明 1：机械系统的故障类型千差万别，与每一种故障类型相对应，机械系统必定会通过一个或多个物理参量将其表征出来（一因多果）；每一种故障类型也必须由一种或多种原因所引起（一果多因）。如齿轮齿面点蚀。

故障表现与其特征参量和故障原因之间存在的对应关系：

$$F=f(\alpha_1,\alpha_2,\alpha_3,\cdots) \tag{6-9}$$

式中　　F——某种故障类型；

α_1，α_2，α_3——各特征参量或故障原因。

故障诊断就是要确定 F 与 α_1，α_2，α_3，…之间的某种对应关系 f，以便通过检测 α_1，α_2，α_3，…来判断故障类型 F 是否发生，或在已知 F 发生的情况下去查明造成 F 的原因 α_1，α_2，α_3，…等。

说明 2：对于同一种故障类型，当它们发生在不同的机械系统上时，其故障特征参量也不同，因此，在确定某种故障的特征参量时，应结合具体的系统进行。

例如：一般机器的轴承发生故障时，其温度会升高，此时温度可选为故障特征参量。然而，对于矿用通风机，其转子轴承处于风道内，受到强风冷却，即使出现故障温度也未必明显升高，此时就不宜选用温度作为轴承故障的特征参量。

（1）故障特征参量的选取原则

1）高度敏感性。机械系统状态的微弱变化应引起故障特征参量较大的变化。

2）高度可靠性。故障特征参量是依赖于机械系统的状态变化而变化的，如果把系统状态取作自变量，故障特征参量取作因变量，则故障特征参量应是系统状态这个自变量的单值函数。

3）实用性（或可实现性）。故障特征参量应便于检测，如果某个物理参量虽对某种故障足够灵敏，但这个参量不易获得（经济、技术方面的考虑），那么这个物理参量也不便用作故障特征参量，如齿面温度。

（2）故障特征参量的选定方法

一般通过理论分析和实验的方法进行故障特征量的选择。原因是：

1）故障的复杂性及多因多果性。

2）故障类型不同，其故障特征不同，其故障特征参量也不同。

3）即使是同一种故障类型，当其环境条件（包括故障主体）发生变化时，其故障特征参量也不同。

6.1.2 信号的采集

1. 信号调理

通过传感器采集到的信号还不能直接使用。首先需要对该信号进行调理，调理的作用是为了进行 A/D 转换。因为对 A/D 转换的信号有一定要求，转换前需先进行调理。

信号调理的主要过程如图 6-8 所示。

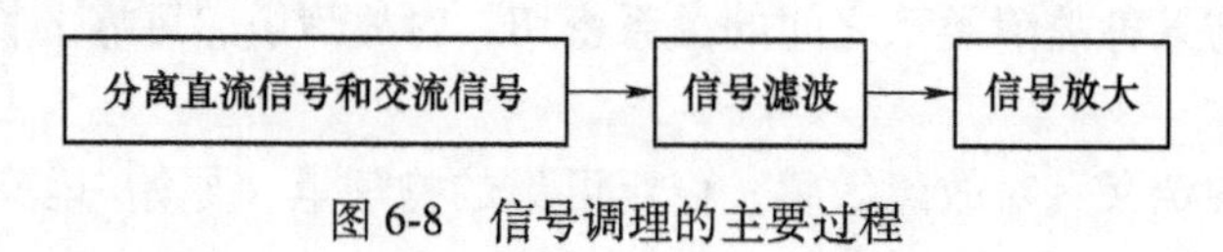

图 6-8　信号调理的主要过程

（1）交、直流分离

振动信号有直流和交流分量，两种信号的作用和应用的工况不同，因此需对信号当中的直流信号和交流信号进行分离，以适用不同的检测需求。例如，对于旋转机械而言，交流信号反映振动的瞬变情况，主要应用于振动的谱分析、统计分析以及转子轴心轨迹分析；而直流信号反映转子的轴心位置，主要用于转子轴心位置的在线监测。

（2）信号滤波

一般来说，采集到的信号往往含有很多的干扰信号，如噪声等。这部分干扰信号是后续的诊断不需要提取的，因此需要在前期消除这些干扰信号，最常用的方法就是滤波。滤波的目的是对信号进行不同的频域加窗处理，通过合理地选择滤波器的类型及参数，保留和提取对故障诊断有用的信号。滤波器有多种类型，一般分为低通、高通、带通和带阻四类滤波器，需根据需求合理选用。

（3）信号放大

信号放大的目的是为了满足 A/D 转换的要求。一般 A/D 转换要求输入±5V 范围内的电压信号，过小的模拟电压不能保证转换的精度，而过大的模拟电压会被截波，因此在经过 A/D 转换前，需将信号放大到该范围内。

2. A/D 转换

传感器的输出是连续的模拟信号，而计算机无法分析和处理模拟信号，就必然要求将调理后的模拟信号转换成数字信号，即 A/D 转换。如图 6-9 所示对 A/D 转换的过程进行了描述。

A/D 转换包括两个步骤：

（1）取样

即将模拟信号 $x(t)$ 按一定的时间间隔逐点取其瞬时值，如图 6-10 所示。

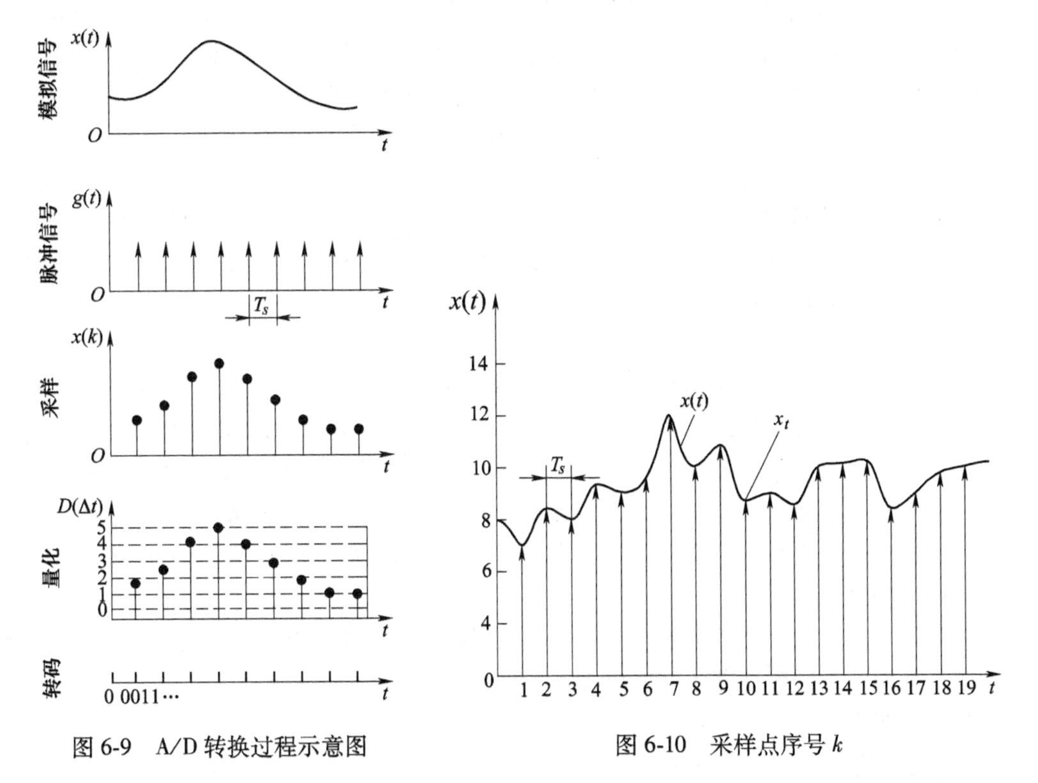

图 6-9　A/D 转换过程示意图

图 6-10　采样点序号 k

需要说明的是，既然是按照一定的时间间隔进行采集，就需要合理地选择间隔的周期，即采样频率。根据香农采样定理，带限信号（信号中的频率成分 $f \leqslant f_{max}$，此处 f_{max} 为最高分析频率）不丢失信息的最低采样频率：

$$f_s \geqslant 2f_{max} \tag{6-10}$$

即采样频率不能低于要分析的上限频率的 2 倍。研究证明，如果模拟信号中含有高于采样频率 0.5 倍的高频分量，则会产生频率混叠效应。也就是说，后续的数字信号处理手段不仅对分析这些高频分量本身无能为力，而且这些高频分量形成了污染源，并在频域上与分析频率范围内的信号相互混叠，对频谱分析的准确性造成影响，并影响诊断结果。

解决频率混叠的方法，一方面可提高采样频率，另一方面就是在 A/D 转换前对模拟信号进行滤波处理，以消除不必要的高频分量。

（2）量化

量化是指从一组有限个离散电平中取一个来近似采样点信号 $x(kT_s)$ 的实际电平幅值，即将取样得到的瞬时值量化成一个二进制代码，以提供给计算机分析和处理。需要说明的是，量化后的二进制代码与实际电平幅值必然存在误差。可通过增加 A/D 转换器的位数来减少量化误差。但是增加位数会影响数据转换的速率，难以保证较高的采样频率，同时也会导致系统成本的显著增加，因此不能盲目地增加 A/D 转换器的位数，需综合以上因素进行合理选择。

在 A/D 转换结束后，对采集到的数字信号进行频谱分析时，一般希望同一批处理的数据是对若干个完整的工频周期采样得到的，这样可以减小栅栏效应的影响，有效地避免谱泄露，保证谱估计结果的正确性。

常用的谱估计方法——快速傅里叶变换（Fast Fourier Transform，FFT）一次处理的数据点数为 2^N，若要求 2^N 点数据正好是数个完整的工频周期内的模拟信号的采样值，其必要条件是在每一个工频周期内进行 2^n 次采样，也就是说采样频率应为设备工作频率的 2^n 倍（$n<N$），其中指数 n 的取值可视拟分析的上限频率确定，例如若要在 10 倍于工作频率的范围内分析振动的能量分布，则取 $n=5$，即在每个工频周期内采样 32 点。

3. 转速测量及采样控制

对于实际运行的机组，往往需要同时采集多路振动信号，并对交、直流分量分别进行采集，此外采样频率和采样起始时刻等也必须根据机组的实际运行工况进行选择。采样控制模块的主要任务就是协调和控制采样电路的正常工作。

（1）转速测量

转速测量子模块的主要功能如下：其一，它可提供一个相位基准信息。对于选择机械振动，相位及频谱一样反映振动的主要特征，它为工况分析和故障诊断提供重要的特征信息。其二，转速信号可用于采样频率的确定，以保障振动信号的整周期采样。在设备正常工作的情况下，由于转速是相对稳定的，通常采用固定的采样频率，但在设备起停等转速不稳定的情况下，根据转速确定采样频率对整个周期采样则是必须的。其三，由转速传感器发出的脉冲信号可用于控制同步采样。

转速测量可采用光电传感器或位移传感器，转子每旋转一周，传感器发出一个脉冲信号，单位时间内的脉冲数列即为实际转速。

（2）采样控制

采样控制电路对振动信号采集子模块不断发出控制信号或指令，以协调整个模块的正常工作。其主要功能如下：

1）通道选择控制。在振动信号测点较多的情况下，由于 A/D 转换通道数的限制，往往需要对各测点的振动信号进行分组、分时采集，通道选择电路接受由采样控制子模块发出的控制信号，对各时刻被转换的诊断信号进行选择。

2）交直流选择控制。诊断信号的交流分量从不同的角度反映设备运行的特征信息。因此，对分离后的诊断交流信号和直流信号需分别进行采集，这一工作也是由采样控制子模块来协调的。

3）采样控制子模块不断向采样电路发出来自转速传感器的脉冲信号，控制采样的起始时刻，以保证同步采样。

4. 异常值处理

在从传感器检测、信号调理到 A/D 转换的过程中，其中的任何一个环节都可能因瞬时失常或外界的随机干扰导致最后生成的数字信号中包含异常值。而异常值的出现，对信号的分析可能会产生很大的影响，因此对异常值的识别和处理就成了需要解决的问题。

常采用 3σ 规则对异常值进行处理。该规则计算简便，计算公式为：

$$x_i-k\sigma_{xi}\leqslant x_{i+1}\leqslant x_i+k\sigma_{xi} \tag{6-11}$$

式中　k——3~5；

σ_{xi}——第 i 点前 x_i 的标准差。

该原则利用的是测试数据的平稳正态假设。当 x_{i+1} 超出式（6-11）的范围时，就会被判定为异常值，给予剔除。剔除后，采用插值法代替此点的数据。需要说明的是，3σ 规则并非适用于所有的测试数据。此时，可采用其他异常值处理的方法，如模式识别方法等。在实际的工况检测和故障诊断系统中，考虑到分析、诊断的实时性要求，必须在处理方法的简便性和有效性两方面进行权衡。

6.1.3　信号的处理

1. 信号的幅值域分析

幅值分析的目的，是通过对信号某幅值参数的提取，去诊断机器的运转情况。常见的幅值参数有幅值的最大值和最小值、平均幅值和幅值的波动程度、信号的平均能量及波形幅值的概率分布。

现假设有一已离散化后的信号 $x(t)$，已完成取样，离散数据分别为 x_1，x_2，…，x_n。

（1）常见的幅值域特征参数

1）均值。均值为所有离散样本量的和的二次方，即：

$$\bar{x}=\frac{1}{N}\sum_{i=1}^{N}x_i \tag{6-12}$$

2）最大值。所有离散样本量取绝对值的最大值，即：

$$x_{\max}=\{|x_i|\},i=1,2,\cdots,N \tag{6-13}$$

3）最小值。所有离散样本量取绝对值的最小值，即：

$$x_{\min}=\{|x_i|\},i=1,2,\cdots,N \tag{6-14}$$

4）均方根值。均方根值反映信号的能量大小：

$$x_{\mathrm{rms}} = \sqrt{\frac{1}{N}\sum_{i=1}^{N} x_i^2} \tag{6-15}$$

5）方差。方差反映信号的分散程度：

$$D_x = \frac{1}{N-1}\sum_{i=1}^{N}(x_i - \bar{x})^2 \tag{6-16}$$

6）方差和均方根的关系。由数理统计的知识可知，方差和均方根的关系如下：

$$D_x = x_{\mathrm{rms}}^2 - \bar{x}^2 \tag{6-17}$$

以上幅值域参数，对故障诊断有一定作用，但均对故障不太敏感。其中，对于简单的振动检测仪器，常采用均方根值、峰值或峰峰值来进行振动检测。因此，需探究一些对故障更敏感、性能更好的幅值域参数，但无论何种参数，均取决于随机信号的概率密度函数。下面先介绍随机信号的幅值概率密度函数的概念。

（2）随机信号的幅值概率密度函数

如图 6-11 所示为一随机信号，横坐标是监测时间，纵坐标是信号的幅值。虽然该信号为随机信号，但并不代表其幅值无规律可循。研究发现，对同一过程进行多次监测，随机信号中任一幅值出现的概率趋向于一个确定的数值，下面介绍该概率的概念及计算。

如图 6-11 所示，该随机信号总的观测时间为 T，现要求幅值落在（x，$x+\Delta x$）区间的概率（因为幅值是一个连续变量，因此求某一个幅值的概率是没有意义的，因此只能求某一个幅值区间的概率），此概率为：

$$P_r[x<x(t)\leqslant x+\Delta x] = \lim_{T\to\infty}\frac{T_x}{T} \tag{6-18}$$

其中，$T_x = \Delta t_1 + \Delta t_2 + \Delta t_3 + \Delta t_4$，当 $T\to+\infty$ 时，式（6-18）就是幅值落在（x，$x+\Delta x$）区间的概率。

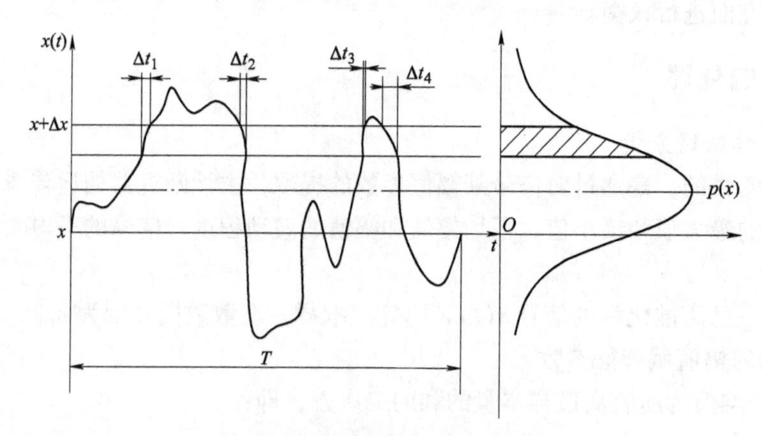

图 6-11　概率密度函数 $p(x)$ 的计算

当 Δx 趋于 0 时，得：

$$p(x) = \lim_{\Delta x\to 0}\frac{P_r[x<x(t)\leqslant x+\Delta x]}{\Delta x} = \lim_{\Delta x\to 0}\frac{1}{\Delta x}\left(\lim_{T\to\infty}\frac{T_x}{T}\right) \tag{6-19}$$

$p(x)$ 表示幅值落在小区间（x，$x+\Delta x$）上的概率与区间长度之比，因此称为幅值的概率密度，其具体含义是幅值落在（x，$x+\Delta x$）区间的概率：

$$P[x_t \in (x, x+\Delta x)] = p(x)\Delta x \tag{6-20}$$

对于一个随机信号，概率密度函数提供了该随机信号在幅值域的某些特征，不同的随机信号有不同的概率密度函数，因此可利用概率密度函数的图形作为故障诊断的依据。如图 6-12 所示为常见的四种随机信号的概率密度函数图形。其中，图 6-12a 表示正弦信号的时域波形和概率密度函数，呈盆形。图 6-12b 和图 6-12c 表示随机噪声，其概率密度函数通常为正态曲线。图 6-12d 所示曲线为正弦波和随机噪声的叠加，因而其概率密度函数图形为盆形和正态曲线的叠加。

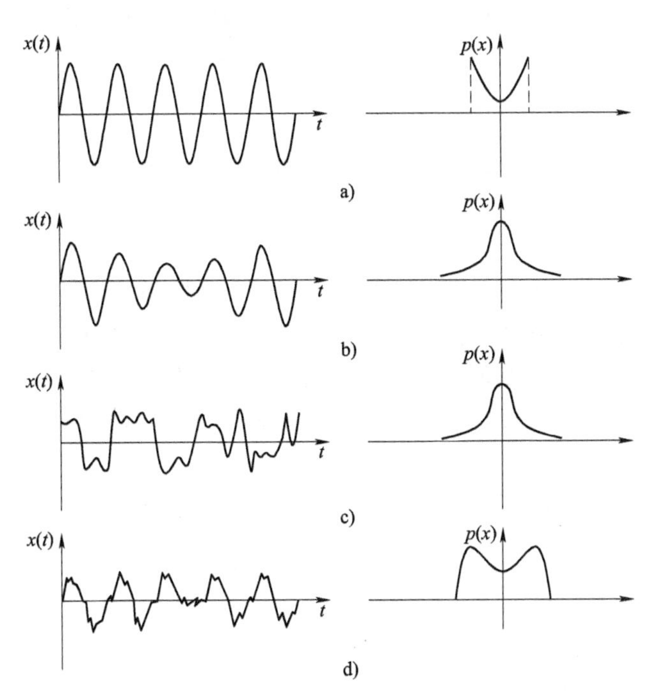

图 6-12　四种常见的信号的时域波形和概率密度函数

a）正弦信号的时域波形和概率密度函数　b）、c）随机噪声

d）正弦波和随机噪声叠加的时域波形和概率密度函数

不同的信号所具有的幅值概率密度函数可以有很大差别，这是利用 $p(x)$ 作为故障诊断的依据。例如：某电动机的振动波形如图 6-13 所示，现分别采集到图 6-13a、b、c 三个时域幅值信号，通过这三个信号，无法诊断电动机的故障情况。

但若将三个信号分别转化成概率密度函数图形，如图 6-14 所示，就可以非常快速地判断出该电动机是否出现了故障。图 6-14a 所示曲线为正态分布，为合格产品，而图 6-14b、c 所示曲线明显与正态分布不同，因此为不合格品。其中图 6-14c 所示的概率密度函数曲线，大幅值概率密度函数明

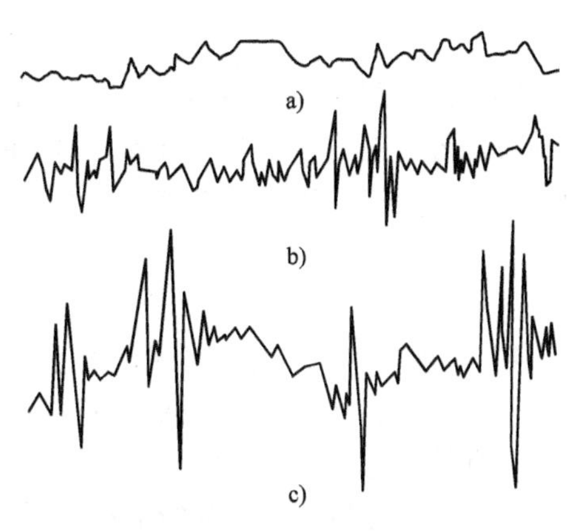

图 6-13　某种电动机的振动信号

a）合格品　b）废品　c）废品

显增加，这表明故障引起了严重冲击。

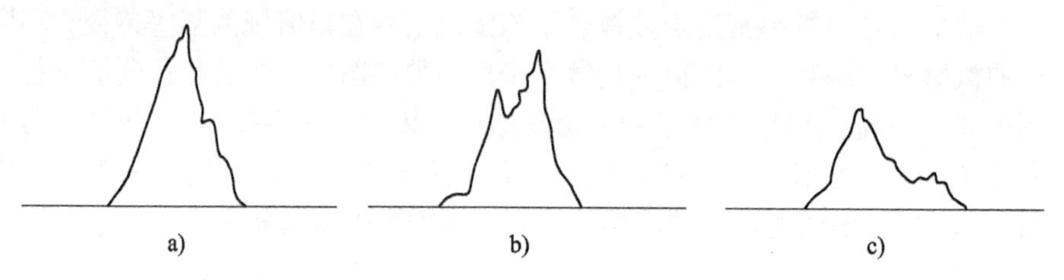

图 6-14　某种电动机振动信号的幅值概率密度函数示意图
a）合格品　b）废品　c）废品

（3）无量纲幅值诊断参数

前面说到，幅值的最大值和最小值、平均幅值和幅值的波动程度、信号的平均能量等幅值域参数，对故障诊断有一定作用，但均对故障不太敏感。因此，需探究一些对故障更敏感、性能更好的幅值域参数。

同时，在实际应用中，希望幅值域诊断参数对故障足够敏感，而对信号的幅值和频率的变化不敏感，即和机器的工作条件关系不大。通俗地讲，在不同振动频率和不同振幅的工况下工作的同一机器，识别出的幅值域诊断参数相差不大。通常把这类参数称为无量纲幅值域参数，它们只取决于概率密度函数的形状，常用的无量纲幅值参数有波形指标、峰值指标、裕度指标和峭度指标，下面分别做简单说明。

1）波形指标。均方根值除以绝对平均值称为波形指标，用 S_t 表示，表达式如下：

$$S_t=\frac{x_{\mathrm{rms}}}{|\bar{x}|}=\frac{\sqrt{\int_{-\infty}^{+\infty}x^2p(x)\mathrm{d}x}}{\left|\int_{-\infty}^{+\infty}xp(x)\mathrm{d}x\right|} \tag{6-21}$$

其中，$x_{\mathrm{rms}}=\sqrt{\int_{-\infty}^{+\infty}x^2p(x)\mathrm{d}x}$，$|\bar{x}|=\left|\int_{-\infty}^{+\infty}xp(x)\mathrm{d}x\right|$。

2）峰值指标。峰值除以均方根值称为峰值指标，用 C_f 表示，表达式如下：

$$C_f=\frac{x_{\max}}{x_{\mathrm{rms}}} \tag{6-22}$$

3）脉冲指标。峰值除以绝对平均值称为脉冲指标，用 I_f 表示。和峰值指标一样都是用来检测信号中是否存在冲击振动。由于峰值的稳定性不好，对冲击的敏感性也较差，因此在故障诊断系统中的应用逐步减少，而被峭度指标所代替，表达式如下：

$$I_f=\frac{x_{\max}}{|\bar{x}|} \tag{6-23}$$

4）裕度指标。一般用于检测机械设备的磨损情况。若歪度指标（反映振动信号的非对称性。由于存在某一方向的摩擦或碰撞，造成振动波形的不对称，使歪度指标增大）变化不大，有效值与平均值的比值增大，说明由于磨损导致间隙增大，因而振动的能量指标有效值比平均值增加快，其裕度指标也增大。裕度指标用 CL_f 表示，表达式如下：

$$CL_f=\frac{x_{\max}}{x_r} \tag{6-24}$$

其中，$x_r=\left(\int_{-\infty}^{+\infty}\sqrt{|x|}\,p(x)\,\mathrm{d}x\right)^2$ 称为方根幅值。

5）峭度指标。表示实际峭度相对于正常峭度的高低，峭度指标反映振动信号中的冲击特征，用 K_v 表示，表达式如下：

$$K_v=\frac{\beta}{x_{\mathrm{rms}}^4} \tag{6-25}$$

式中　β——峭度，$\beta=\frac{1}{T}\int_0^T x^4(t)\,\mathrm{d}t=\int_{-\infty}^{+\infty}x^4p(x)\,\mathrm{d}x$。它对大幅值敏感，这样对探测信号中含有脉冲的故障有效。

几种典型信号的无量纲幅值参数见表 6-1。

表 6-1　几种典型信号的无量纲幅值参数

信号类型	S_t	C_f	I_f	CL_f	K_v
正弦波	1.11	1.41	1.57	1.73	1.50
三角波	1.56	1.73	2.00	2.25	1.80

对正弦波和三角波，不管幅值和概率为多大，这些参数是不变的。因为对这类信号，频率不会改变其幅值概率密度函数，振幅的变化对这些参数计算式中分子和分母的影响相同，因而抵消。下面以脉冲指标举例说明。

【例 6-1】　求 $x_1(t)=4\sin 2t$ 和 $x_2(t)=5\sin t$ 的脉冲指标。

解：对于 $x_1(t)$，$x_{\max}=4$。

$$|\bar{x}|=\frac{8}{\pi};I_{f_1}=\frac{x_{\max}}{|\bar{x}|}=\frac{4}{8/\pi}=\frac{\pi}{2}=1.57$$

对于 $x_2(t)$，$x_{\max}=5$。

$$|\bar{x}|=\frac{10}{\pi};I_{f_2}=\frac{x_{\max}}{|\bar{x}|}=\frac{5}{10/\pi}=\frac{\pi}{2}=1.57$$

尽管 $x_1(t)$ 和 $x_2(t)$ 的振幅和频率不同，但是其脉冲指标相同，即不受振幅和频率的影响。

对于正态随机信号，波形指标和峭度指标为定值（原因同上），而对其余几个指标则随峰值概率减少而上升，这是因为在公式中分母会随着峰值概率减小而减小。正态随机信号的无量纲幅值参数见表 6-2。

表 6-2　正态随机信号的无量纲幅值参数

正态随机信号 f 峰值概率	S_t	C_f	I_f	CL_f	K_v
32%		1	1.25	1.45	
4.55%	1.45	2	2.51	2.89	3
0.27%		3	3.76	4.33	
6×10^{-7}%		5	6.27	7.23	

无量纲幅值参数诊断齿轮故障的实例：新齿轮经过运行产生了疲劳剥落故障，诊断信号中有明显的冲击脉冲，各振幅域参数处理波形参数外，其余的均有明显上升。各参数见表 6-3。

表 6-3　齿轮诊断信号的无量纲幅值域诊断参数

齿轮类型	S_t	C_f	I_f	CL_f	K_v
新齿轮	4.143	2.659	3.536	2.867	1.233
坏齿轮	7.246	4.335	6.122	4.797	1.376

峭度指标、裕度指标和脉冲指标对冲击型故障比较敏感，当早期发生故障时，大幅度的脉冲还不是很多，均方根值变化不大，上述参数已有增加；当故障逐步发展时，它们上升较快，但上升到一定程度后会逐步下降。这表明这些参数对早期故障有较高的敏感性，但是稳定性不是很好。如图 6-15 所示为滚动轴承振动信号的峭度系数随轴承运动的时间变化。

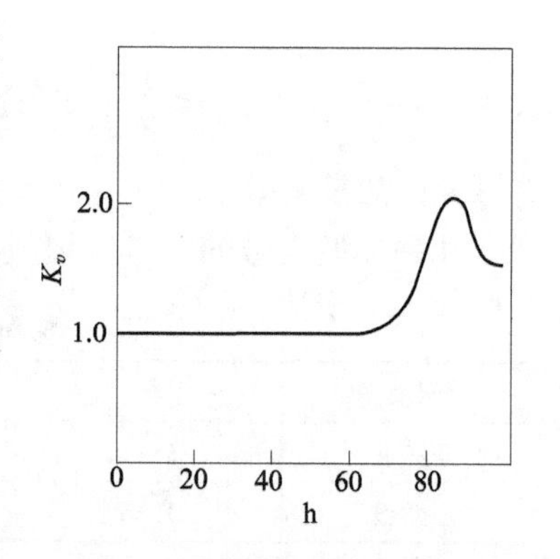

图 6-15　峭度系数随轴承运行时间的变化

均方根值则相反，对早期故障不敏感，但稳定性良好，随着故障发展单调上升。

综上所述，要想取得较好的故障检测效果，可以采用以下措施。

1）同时用峭度指标（或裕度指标）与均方根值进行故障监测，以兼顾敏感性与稳定性。

2）连续检测可发现峭度指标（或裕度指标）的变化趋势，当指标上升到顶点开始下降时，就要密切注意是否有故障发生。

2. 信号的时域分析

一般采集到的原始信号是时域信号，时域信号的波形直观，易于理解。时域分析最重要的特点是信号的时序，也就是信号在时间上出现的先后顺序。在前面的幅值域分析中，尽管均值、方差及各种幅值参数可用样本时间波形来计算，但是在计算中，顺序是不起任何作用的，将数据次序任意排列，所得的结果是一样的。

在时域中抽取信号特征的主要方法有相关分析和时序建模分析。由于篇幅有限，本书仅介绍相关分析。而相关分析又包括相关系数、自相关函数和互相关函数等内容。

（1）相关及相关系数

1）相关。所谓相关，是指两个变量之间的相互关系。以信号的时域分析为例，假设有两个确定性信号，分别是 $x(t)$ 和 $y(t)$，都是关于时间的确定函数，即时域信号。可简单地认为相关是研究这两个信号的相似程度。如果两个信号的时域波形形状完全相似，即随时间变化对应相同，仅两者的幅值大小不同，如图 6-16a、6-16b 所示，那么，就称这两个信号完全相关。反之，如图 6-16b、图 6-16c 所示的两个波形，没有任何相似之处，则它们是互不关联的。如果两个信号的波形虽不完全相似，但也有点相似，就认为存在一定的相关程度。为了量化这种相关程度的大小，引出的相关系数的概念。

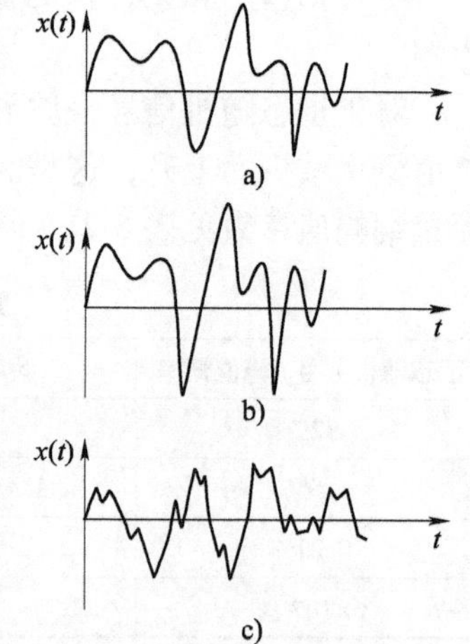

图 6-16　相关在研究信号时的含义

2）相关系数。对两个变量 x 和 y 的相关程度通常用系数 ρ_{xy} 表示，有：

$$\rho_{xy}=\frac{E[(x-\mu_x)(y-\mu_y)]}{\sigma_x\sigma_y} \tag{6-26}$$

式中　E——数学期望；

μ_x——随机变量 x 的均值，$\mu_x=E[x]$；

μ_y——随机变量 y 的均值，$\mu_y=E[y]$；

σ_x、σ_y——随机变量 x、y 的标准差。

由柯西-许瓦兹不等式可得：

$$\sigma_{xy}^2\leqslant\sigma_x^y\sigma_y^2 \tag{6-27}$$

由上式可知，$|\rho_{xy}|\leqslant 1$，即 $\rho_{xy}=1$ 时，说明 x、y 两个变量呈理想的线性相关性。$\rho_{xy}=-1$，x、y 也呈理想的线性相关性，只是直线的斜率为负。$\rho_{xy}=0$ 表示 x、y 两个变量之间完全不相关。由此可见，相关性是从概率分布的角度反映两随机变量之间的依赖关系。

（2）自相关函数

对于某个随机过程取得的随机数据，可以用自相关函数来描述一个时刻与另一个时刻之间的依赖关系。这就相当于研究 t 时刻和 $t+\tau$ 时刻的两个信号 $x(t)$ 和 $x(t+\tau)$ 之间的相关性，如图 6-17 所示。

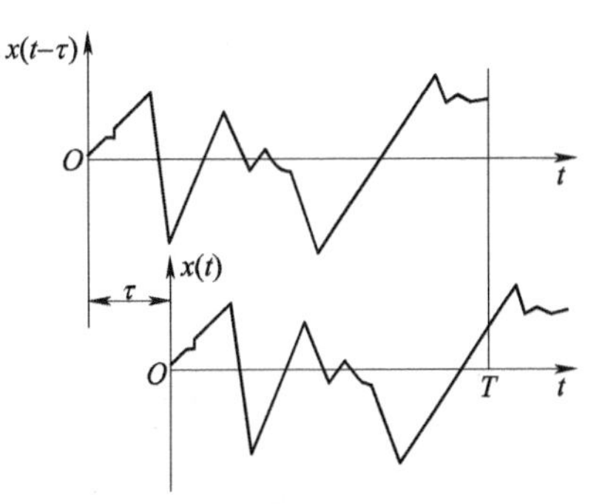

图 6-17　自相关函数的计算

根据相关系数的定义得：

$$\rho_{x(t)x(t+\tau)}=\frac{\lim\limits_{T\to\infty}\frac{1}{2T}\int_{-T}^{T}(x(t)-\mu_x)(x(t+\tau)-\mu_x)\mathrm{d}t}{\sigma_x^2}$$

$$=\frac{\lim\limits_{T\to\infty}\frac{1}{2T}\int_{-T}^{T}x(t)(x(t+\tau)\mathrm{d}t-\mu_x^2}{\sigma_x^2}$$

若用 $R_x(\tau)$ 表示时间自相关函数，按照自相关函数的定义，有：

$$R_x(\tau)=\lim_{T\to\infty}\frac{1}{2T}\int_{-T}^{T}x(t)x(t+\tau)\mathrm{d}t \tag{6-28}$$

将 $\rho_{x(t)x(t+\tau)}$ 简写成 $\rho_x(\tau)$，按照相关系数的定义，有：

$$\rho_x(\tau)=\frac{R_x(\tau)-\mu_x^2}{\sigma_x^2}=\frac{R_x(\tau)-\mu_x^2}{\Psi_x^2-\mu_x^2} \tag{6-29}$$

式中　Ψ_x^2——信号的平均功率。

下面简要说明自相关函数的基本性质。

1）若 $\tau=0$，则有：

$$R_x(\tau)=\lim_{T\to\infty}\frac{1}{2T}\int_{-T}^{T}x(t)x(t+0)\mathrm{d}t=\lim_{T\to\infty}\frac{1}{2T}\int_{-T}^{T}x(t)^2\mathrm{d}t=\Psi_x^2$$

$$\rho_x(\tau)=\frac{R_x(\tau)-\mu_x^2}{\Psi_x^2-\mu_x^2}=\frac{\Psi_x^2-\mu_x^2}{\Psi_x^2-\mu_x^2}=1 \tag{6-30}$$

显然，$\tau=0$ 表示相比较的对象就是信号本身，其相关值最大，其值就是信号的平均功率，相关系数为 1。

2）若 $\tau=\infty$，则有：

$$R_x(\tau)=\lim_{T\to\infty}\frac{1}{2T}\int_{-T}^{T}x(t)x(t+\infty)\mathrm{d}t=\lim_{\tau\to\infty}E[x(t+\tau)][x(\tau)]=\mu_x^2$$

$$\rho_x(\tau)=\frac{R_x(\tau)-\mu_x^2}{\Psi_x^2-\mu_x^2}=\frac{0}{\Psi_x^2-\mu_x^2}=0 \tag{6-31}$$

显然，当 $\tau=\infty$ 时，两个相比较的信号相关值为 0，即两个信号毫不相关，且 $R_x(\tau)$ 趋近于 μ_x^2，这说明当 τ 逐渐增大，自相关函数曲线总是收敛于水平线 μ_x^2，如图 6-18 所示。

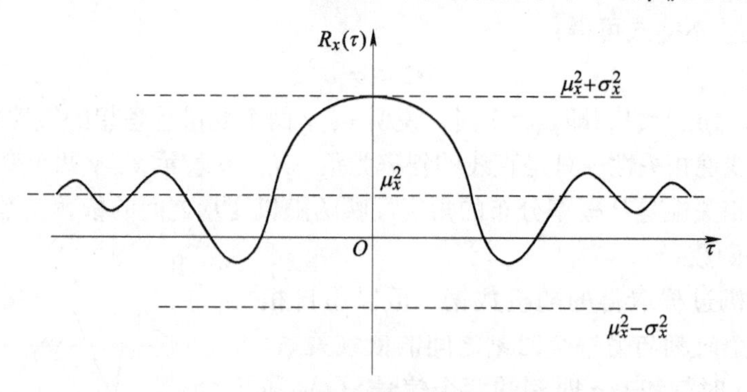

图 6-18　$R_x(\tau)$ 随 τ 的变化曲线图

3）$R_x(\tau)$ 的极值范围。因 $\rho_x(\tau)=\dfrac{R_x(\tau)-\mu_x^2}{\Psi_x^2-\mu_x^2}=\dfrac{R_x(\tau)-\mu_x^2}{R_x(0)-\mu_x^2}$，又 $R_x(\tau)\leqslant R_x(0)$，所以 $-1\leqslant\rho_x(\tau)\leqslant 1$，即 $-1\leqslant\dfrac{R_x(\tau)-\mu_x^2}{\sigma_x^2}\leqslant 1$，得（见图 6-18）：

$$u_x^2-\sigma_x^2\leqslant R_x(\tau)\leqslant u_x^2+\sigma_x^2 \tag{6-32}$$

4）自相关函数是偶函数，表达式如下：

$$R_x(\tau)=R_x(-\tau) \tag{6-33}$$

因此，自相关函数曲线对称于纵坐标。

【例 6-2】　求正弦函数 $x(t)=x_0\sin(\omega t+\varphi)$ 的自相关函数，初始相位角 φ 为一随机变量。

解： 因此正弦函数是一个各态历经随机函数，其各种平均值可用一个周期内的平均值表示，由自相关函数的定义：

$$R_x(\tau)=\lim_{T\to\infty}\frac{1}{2T}\int_{-T}^{T}x(t)x(t+\tau)\mathrm{d}t=\lim_{T\to\infty}\frac{1}{T}\int_{0}^{T}x_0^2\sin(\omega t+\varphi)\sin(\omega(t+\tau)+\varphi)\mathrm{d}t$$

式中　$T=2\pi/\omega$。

令 $\omega t+\varphi=\theta$，则 $\mathrm{d}t=\mathrm{d}\theta/\omega$，得：

$$R_x(\tau)=\frac{x_0^2}{2\pi}\int_{0}^{2\pi}\sin\theta\sin(\theta+\omega t)\mathrm{d}\theta=\frac{x_0^2}{2}\cos\omega\tau$$

可见，正弦函数的自相关函数是一个余弦函数，在 $\tau=0$ 时具有最大值，但它不随 τ 的增加而衰减至零。它保留了正弦信号的幅值和频率，而丢失了初始相位信息。

【例 6-3】　某一随机过程 $x(t)$ 的自相关函数为 $R_x(\tau)=100\mathrm{e}^{-10|\tau|}+100\cos10\tau+100$，求

其均值、均方差和方差。

解：(1) 均值

由题可知 $R_x(\tau)=100e^{-10|\tau|}+100\cos 10\tau+100$，由三部分组成。此时，根据自相关函数的性质 2）可知，第一项、第二项由余弦波产生，其均值为零；第三项为常数。因此

$$\mu_x^2=\lim_{\tau\to\infty}R_x(\tau)=100$$

则

$$\mu_x=\pm 10$$

(2) 均方差

根据自相关函数性质 1）有

$$\psi_x^2=E(x^2)=R_x(0)=100+100+100=300$$

(3) 方差

$$\sigma_x^2=E[x^2]-\mu_x^2=300-100=200$$

常见信号的自相关函数及其图形见表 6-4。将表中的图形稍加对比就可以看到，自相关函数是区别信号类型的一个非常有效的手段。只要信号中含有周期成分，其自相关函数在 τ 很大时都不衰减，并具有明显的周期性。不包括周期成分的随机信号，当 τ 稍大时自相关函数就趋近于零。因此它是故障诊断的依据，利用这个特点，可以用较大的延时计算信号的自相关函数，以抑制噪声的影响，从而将周期性成分检测出来，这是自相关函数的重要应用之一。

表 6-4　常见信号的自相关函数及图形

信号的分类	自相关函数 $R_x(\tau)$	
	数学描述式	图　形
常数	$R_x(\tau)=c^2$	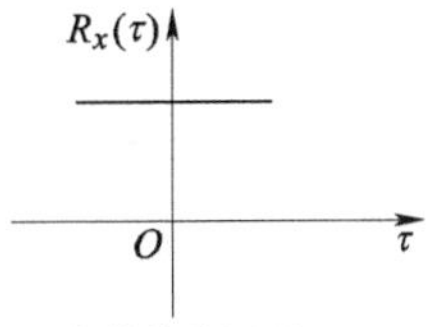 常数信号图形
正弦波	$R_x(\tau)=\frac{x^2}{2}\cos 2\pi f_0\tau$	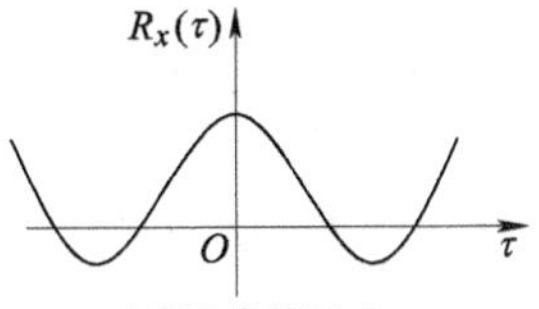 正弦波信号图形
指数	$R_x(\tau)=e^{-a\|\tau\|}$	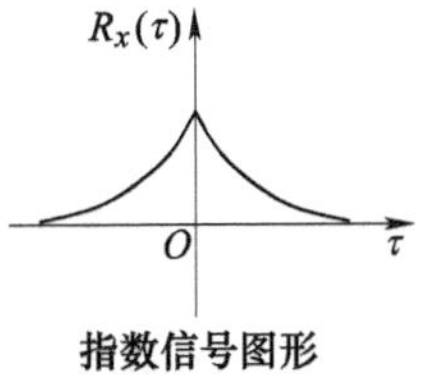 指数信号图形

（续）

信号的分类	自相关函数 $R_x(\tau)$	
	数学描述式	图形
指数余弦	$R_x(\tau)=e^{-a\|\tau\|}\cos 2\pi f_0\tau$	指数余弦信号图形
白噪声	$R_x(\tau)=a\delta(\tau)$	白噪声信号图形
低通白噪声	$R_x(\tau)=aB\left(\frac{\sin 2\pi B\tau}{2\pi B\tau}\right)$	低通白噪声信号图形
带通白噪声	$R_x(\tau)=aB\left(\frac{\sin 2\pi B\tau}{2\pi B\tau}\right)\cos 2\pi f_0\tau$	带通白噪声图形

实例1：某一机械加工表面粗糙度的波形如图6-19a所示，经自相关分析后得到的自相关函数（如图6-19b所示）呈周期性，这表明造成粗糙度的原因中包含某种周期因素，从自相关图形中可以确定周期因素的频率，从而可以进一步分析其原因。

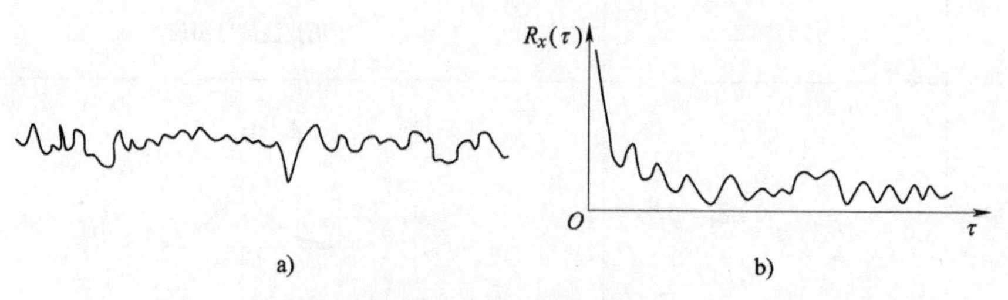

图6-19 表面粗糙度波形与自相关函数

a）粗糙度波形 b）自相关函数

实例 2：新机器或正常机器，其平稳状态下的振动信号的自相关函数往往同带宽随机噪声接近，当出现故障时，特别是有周期性冲动时，在滞后量为周期的整数倍处，自相关函数就会出现较大的峰值。如图 6-20 所示给出了某种轴承在不同状态下振动加速度信号的自相关函数。

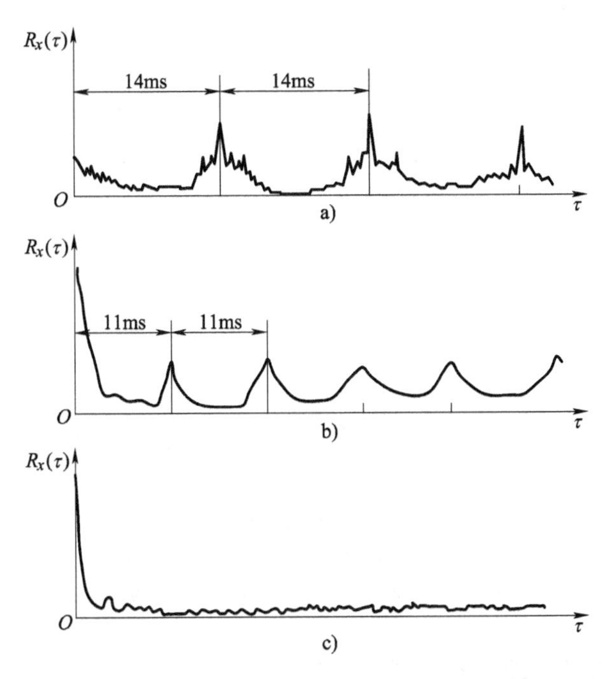

图 6-20　轴承在不同状态下振动加速度信号的自相关函数

a）因外圈滚道上有疵点，间隔 14ms 处有峰值　b）因内圈滚道有疵点，在 11ms 间隔处有峰值

c）正常轴承自相关函数图形，接近于宽带随机噪声的自相关函数

（3）互相关函数

互相关函数研究两个信号的相关性。若两个信号分别为 $x(t)$ 和 $y(t)$，其中一个信号 $x(t)$ 不变，而有 $y(t)$ 延迟一个时刻 τ，求它们的相关程度，称为互相关分析，这种互相关程度也随 τ 的取值不同而变化，是 τ 的函数，称为互相关函数，其定义为：

$$R_{xy}(\tau) = \lim_{T\to\infty} \frac{1}{2T}\int_{-T}^{T} x(t)y(t+\tau)\,\mathrm{d}t \tag{6-34}$$

互相关函数的物理意义由图 6-21 说明。图 6-21a 为信号 $x(t)$ 的波形；图 6-21b 为信号 $y(t)$ 的波形；图 6-21c 为信号 $y(t)$ 延迟一个时刻 τ_1 的信号；图 6-21d 为 $x(t)$ 和 $y(t+\tau_1)$ 对应时刻瞬时值相乘后的波形 $x(t)y(t+\tau_1)$；图 6-21e 为 $x(t)y(t+\tau_1)$ 积分平均后所得 $R_{xy}(\tau)$ 的值，当 $\tau\to\infty$ 时，它将趋近于一个稳定值；图 6-21f 为互相关函数图形，即 $R_{xy}(\tau)$ 随 τ 变化而变化的函数图形。$R_{xy}(\tau)$ 只是图中对应于 τ_1 时刻的互相关值。

为了进一步帮助理解互相关函数的物理含义，下面介绍它的某些基本特征。

1）两个互相独立的随机信号的相关值。两个互相独立的平稳的随机信号必须满足：

$$R_{xy}(\tau)=E[x(t)y(t+\tau)]=E[x(t)]E[y(t+\tau)]=\mu_x\mu_y \tag{6-35}$$

这说明两个信号互不相关时，其相关函数值将停留在水平线 $\mu_x\mu_y$ 上。对于 $\mu_x=\mu_y=0$ 的

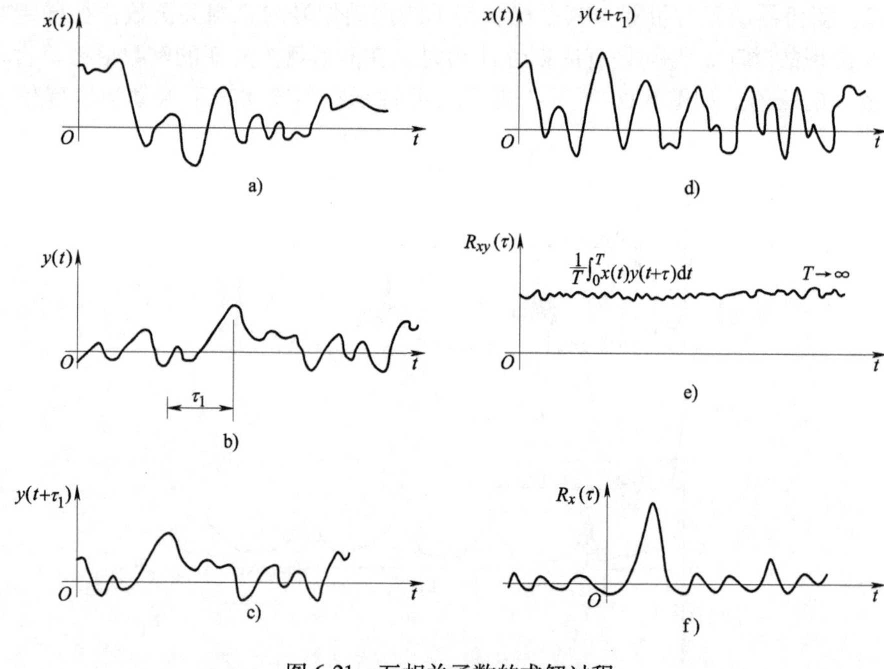

图 6-21　互相关函数的求解过程

a）信号 $x(t)$ 的波形　b）信号 $y(t)$ 的波形　c）信号 $y(t)$ 延迟一个时刻 τ_1 的信号　d）$x(t)y(t+\tau_1)$ 波形　e）$R_{xy}(\tau)$ 值　f）互相关函数图形

两个随机信号，则其互相关函数将收敛于 τ 轴上。

2）$\tau=0$ 时的互相关函数。前面说过，对于自相关函数，当 $\tau=0$ 时，$R_x(\tau)$ 具有最大值，但对于两个信号的互相关函数，由于 $\tau=0$ 时，波形并不相同，因而不一定具有最大值，最大值可能在某个其他时刻 τ_2，如图 6-21f 所示。

3）互相关函数的极值范围。由前面相关系数的定义，对两个各态历经随机过程有：

$$\rho_{xy}(\tau)=\frac{\lim\limits_{T\to\infty}\dfrac{1}{2T}\displaystyle\int_{-T}^{T}[x(t)-\mu_x][y(t+\tau)-\mu_x]\mathrm{d}t}{\sigma_x\sigma_y}$$

$$=\frac{\lim\limits_{T\to\infty}\dfrac{1}{2T}\displaystyle\int_{-T}^{T}x(t)y(t+\tau)\mathrm{d}t-\mu_x\mu_y}{\sigma_x\sigma_y}$$

$$=\frac{R_{xy}(\tau)-\mu_x\mu_y}{\sigma_x\sigma_y}$$

因为 $|\rho_{xy}(\tau)|\leqslant 1$，故互相关函数的变化范围为：

$$\mu_x\mu_y-\sigma_x\sigma_y\leqslant R_{xy}(\tau)\leqslant\mu_x\mu_y+\sigma_x\sigma_y \qquad (6\text{-}36)$$

综上所述，互相关函数的某些特征可用图 6-22 表示。

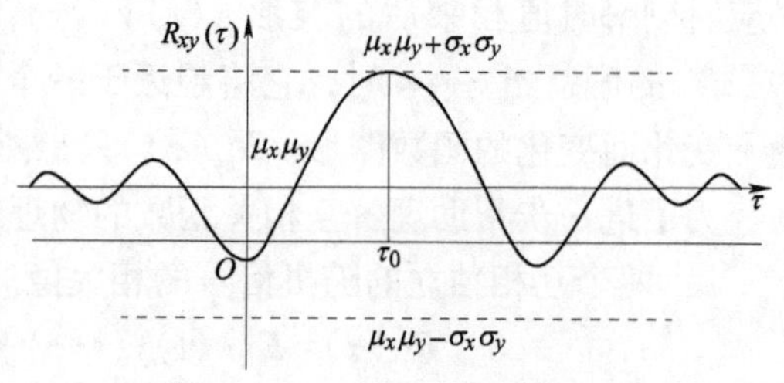

图 6-22　互相关函数的极限范围

【例 6-4】　设有两个周期信号 $x(t)$ 和 $y(t)$

$$x(t)=x_0\sin(\omega t+\theta)$$

$$y(t)=y_0\sin(\omega t+\theta-\varphi)$$

式中　θ——$x(t)$ 相对于 $t=0$ 时刻的相位角；

φ——$x(t)$ 与 $y(t)$ 的相位角。

试求其互相关函数 $R_{xy}(\tau)$。

解： 因为信号是周期函数，可以用一个共同周期内的平均值代替其整个历程的平均值。故

$$R_{xy}(\tau)=\lim_{T\to\infty}\frac{1}{T}\int_0^T x(t)y(t+\tau)\,\mathrm{d}t=\frac{1}{T_0}\int_0^{T_0}[x_0\sin(\omega t+\theta)][y_0\sin(\omega(t+\tau)+\theta-\varphi)]\,\mathrm{d}t$$

$$=\frac{1}{2}x_0y_0\cos(\omega\tau-\varphi)$$

由题可知，两个均值为零且具有相同频率的周期信号，其互相关函数中保留了这两个信号的圆频率 ω、对应的幅值 x_0 和 y_0 以及相位差 φ 的信息。

【例 6-5】 若两个周期信号的圆频率不等

$$x(t)=x_0\sin(\omega_1 t+\theta)$$

$$y(t)=y_0\sin(\omega_2 t+\theta-\varphi)$$

试求其互相关函数。

解： 因为两个信号的圆频率不等（$\omega_1\neq\omega_2$），不具有共同的周期，因此按式（6-34）计算

$$R_{xy}(\tau)=\lim_{T\to\infty}\frac{1}{T}\int_0^T x(t)y(t+\tau)\,\mathrm{d}t=\lim_{T\to\infty}\frac{1}{T}\int_0^T x_0y_0\sin(\omega_1 t+\theta)\sin[\omega_2(t+\tau)+\theta-\varphi]\,\mathrm{d}t$$

根据正（余）弦函数的正交性，可知

$$R_{xy}(\tau)=0$$

可见，两个非同频率的周期信号是不相关的。

互相关函数的以上特性，使它在工程应用中具有重要的价值。

实例 1：在很长的输液管线上，特别是铺设在地下的管线，要发现漏损之处往往是很困难的。目前采用相关分析的新技术，顺利地解决了这一问题。

用相关方法检测管道破裂点的原理示意图如图 6-23 所示。输液管道在 K 点上有一突破点，压力液体由此处泄露发出一种特殊频率啸叫声，这一信号波由管道壁传送出去。现在

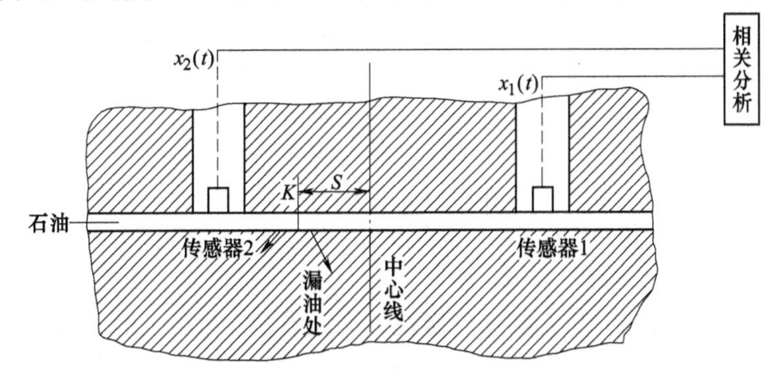

图 6-23　用相关方法检测管道破裂点的原理示意图

1、2两点管道上设置两个相同的传感器，检测出上述破裂处传出的信号波。将1、2两点所检测到的信号送入相关仪器，在进行相关处理后，得到一个相关函数曲线，这一曲线的峰值所处点τ_M是1、2处两信号的时移，它反映了同信号源在管壁上传递到两个传感器的时差。这样就可以计算出破裂点的位置：

$$S=\frac{1}{2}V_{\tau_M} \tag{6-37}$$

式中 S——破裂点与1、2两点的中点距离；

V——弹性波在管道中的传播速度。

3. 信号的频域分析

频域分析是机械设备故障诊断中应用得最为广泛的信号处理方法之一。因为故障的发生、发展往往会引起信号频率结构的变化。例如，滚动轴承滚道上的疲劳剥落可引起周期性的冲击，在信号中会有相应的频率成分出现；回转机械在发生不平衡故障时，振动信号就会有回转频率成分等。

频域分析的基础是频谱分析方法，即利用某种变换将复杂信号分解为简单信号的叠加。使用最普遍的变换是傅里叶变换，它将复杂信号分解为有限或无限个频率的简谐分量。将动态信号的各频率成分的幅值、相位、功率、能量与频率的关系表达出来就是频谱。频谱有离散谱（谱线图）与连续谱之分，前者与周期性及准周期信号相对应，后者与非周期信号及随机信号相对应。对于连续谱，所用的是“谱密度”概念。

频域分析还研究系统的传递特性、系统输入与输出的关系等。这可以帮助人们了解系统的固有特性以及故障源的信息变化是如何传递的。

（1）周期信号的频谱

一个周期为T且满足狄利克雷（Dirichlet）条件的周期函数$x(t)$，可以展开成如下的傅里叶级数（Fourier series）：

$$x(t)=\frac{a_0}{2}+\sum_{n=1}^{\infty}(a_n\cos n\omega_1 t+b_n\sin n\omega_1 t) \tag{6-38}$$

其中，$\omega_1=2\pi/T$，系数$a_n(n=0, 1, \cdots)$、$b_n(n=0, 1, \cdots)$由式（6-39）和式（6-40）确定：

$$a_n=\frac{2}{T}\int_0^T x(t)\cos n\omega_1 t\mathrm{d}t \tag{6-39}$$

$$b_n=\frac{2}{T}\int_0^T x(t)\sin n\omega_1 t\mathrm{d}t \tag{6-40}$$

令$c_n=\sqrt{a_n{}^2+b_n{}^2}$，则：

$$\varphi_n=\arctan(b_n/a_n) \tag{6-41}$$

可简单地理解为，任何周期函数都可以看作是不同振幅、不同频率、不同相位正弦波的叠加。如果把a_n、b_n、c_n和$\omega=n\omega_1$的关系描绘成图，可以看出各频率分量幅值的相对大小，即信号能量随频率的变化，如图6-24a所示，称c_n-ω为幅值谱，如图6-24b所示，称φ_n-ω为相位谱。由以上分析可知，它们都是确定性周期函数，频率的变化是以正整数n的变化为基础，其谱线只出现在0、ω_1、$2\omega_1$，…等频率点上，故为离散谱。通过以上分析可知，周期信号可以分解为无数多个频率为基频整数倍的谐波分量之和。

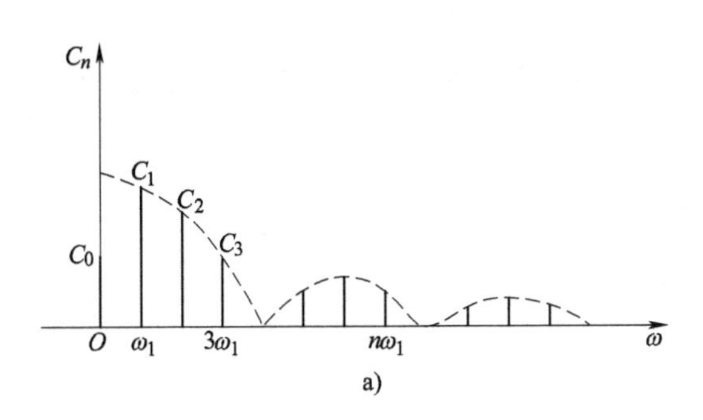

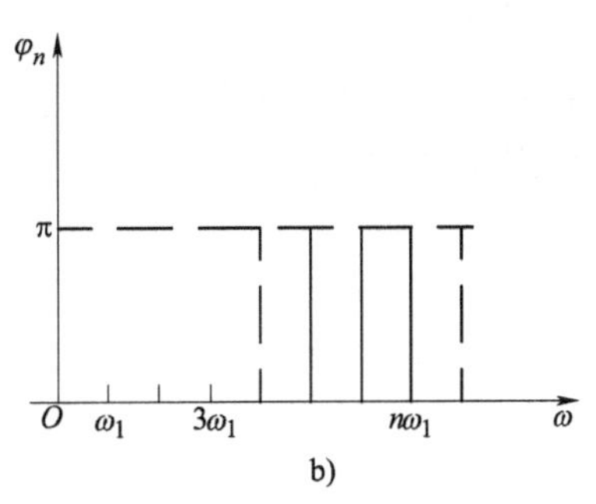

图 6-24　周期函数的频谱

a）幅值谱　b）相位谱

图 6-25 给出了一简单周期信号的谱图。该周期信号的时域波形是三个正弦波的叠加，即三个谐波分量的叠加，其中基频为 f_0，其余两个分别为 $2f_0$ 和 $3f_0$。幅值分别为 5、3、2；相位分别为-90°、0°和 90°。

$$x(t)=5\cos2\pi f_0t+3\sin4\pi f_0t-2\sin6\pi f_0t$$

需要注意的是，各个谐波分量叠加为复杂波形时，其相位是很重要的。各谐波分量振幅不变时，仅改变相位角会使合成波形有很大变化，甚至可能面目全非。

信号的总能量等于各谐波分量与直流分量的能量之和，即 $x(t)$ 的均方根值。为计算方便，先将 $x(t)$ 简化处理：

$$x(t)=A_0+\sum_{k=1}^{\infty}A_k\cos(2\pi kf_0t+\varphi_k) \tag{6-42}$$

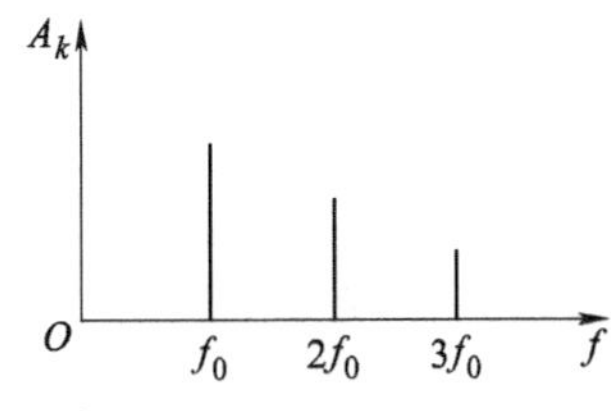

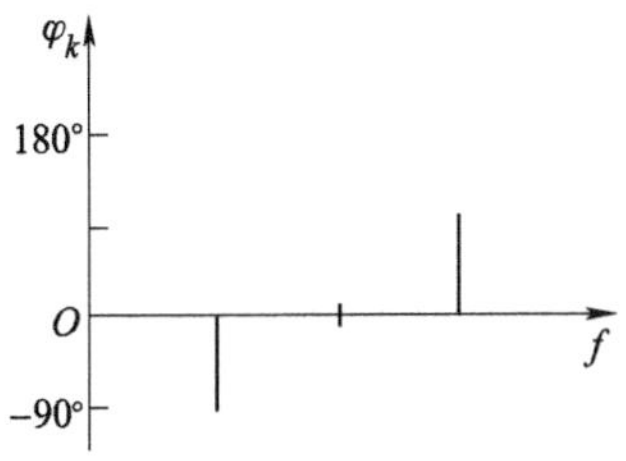

图 6-25　周期信号的幅值谱和相位谱

则有：

$$x(t)=A_0^2+\frac{1}{2}\sum_{k=1}^{\infty}A_k^2 \tag{6-43}$$

傅里叶级数也可以表示为如下的复数形式：

$$x(t)=\sum_{n=-\infty}^{\infty}F(n\omega_1)\mathrm{e}^{in\omega_1t} \tag{6-44}$$

式中　$F(n\omega_1)$——傅里叶级数系数。

$F(n\omega_1)$ 是频率 $\omega=n\omega_1$ 的函数，简记为 F_n，则有：

$$F_n=\frac{1}{2T_1}\int_{-T_1}^{T_1}x(t)\mathrm{e}^{-in\omega_1t}\mathrm{d}t \tag{6-45}$$

因为 F_n 是复变函数，因此相应的频谱为复数频谱，又称傅里叶级数系数，其物理意义表示信号能量随频率的变化，简称频谱。由欧拉公式可知，指数形式的幅值谱图形为对称形式，因信号的总能量不变，因此 $|F_n|$ 的大小只有 c_n 的 1/2。

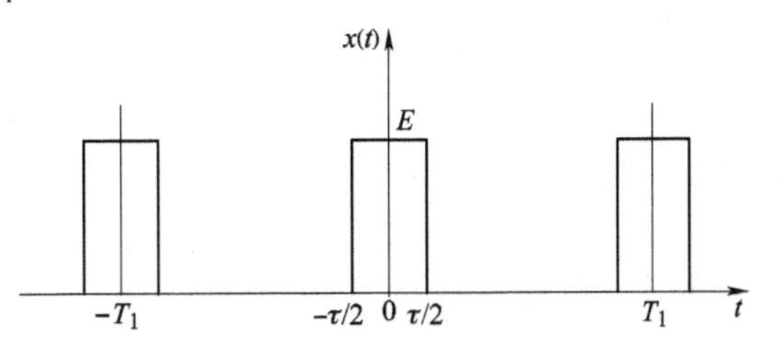

图 6-26　周期性矩形脉冲的波形

如图 6-26 所示为周期性矩形脉冲的

波形。

脉冲宽度为 τ，重复周期为 T_1，角频率为 $\omega_1=2\pi f_1=2\pi/T_1$，在一个周期内（$-\tau/2\leqslant t\leqslant\tau/2$）的表达式可写成：

$$x(t)=\begin{cases}E, & |t|\leqslant\tau/2\\0, & |t|>\tau/2\end{cases}\tag{6-46}$$

该信号的三角函数形式的频谱和指数形式的频谱如图 6-27 所示。

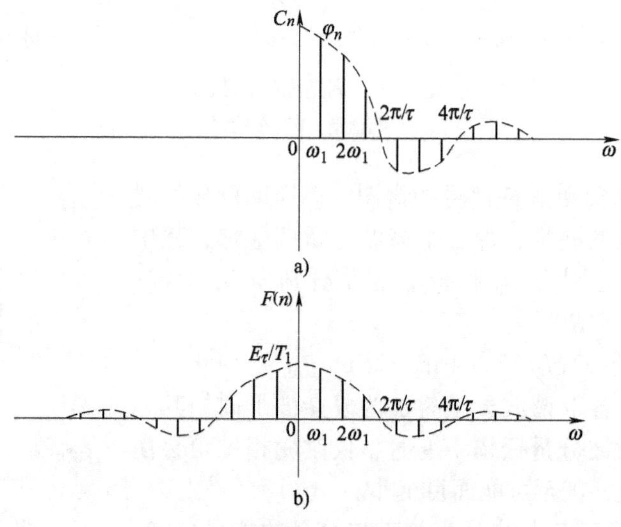

图 6-27　周期性矩形脉冲的频谱

a）+ω 域　b）±ω 域

周期性矩形信号和一般的周期信号相似，它的频谱是离散的，两谱线的间隔为 $\omega_1=2\pi f_1=2\pi/T_1$，当脉冲的重复周期越大，谱线越靠近。

（2）非周期信号的频谱

对于非周期信号，可将其看成周期无限大的周期信号。若周期趋于无穷大，即周期信号变为非周期信号，则离散谱就变成了连续谱。

需要注意的是，连续谱不能用幅值谱的概念。如同概率密度的概念一样，对于一个连续型变量，因为有无数个点，因此分母是无穷大，也就是说任意一个点的概率都是无穷小，但相对大小有区别，因此一个点的概率是没有意义的。但是可以研究连续型随机变量落在某个区间的概率，一般采用概率密度的方法，如式（6-47）：

$$P(a\leqslant X\leqslant b)=\int_a^b f(x)\,\mathrm{d}x\tag{6-47}$$

式中　$f(x)$——概率密度。

同样的道理，因为信号的能量有限，而组成它的频率成分有无穷多个，因此不能说某一个具体值的频率对应的幅值大小，因为每个频率对应的幅值都为无穷小，但相对大小仍有区别。但是可以研究信号在某个频率区间的幅值，因此提出幅值谱密度的概念，用 $X(f)$ 表示。

非周期信号 $x(t)$ 的幅值谱密度和相位谱可以通过傅里叶变换得到，其定义是：

$$X(f)=\int_{-\infty}^{\infty}x(t)\,\mathrm{e}^{-\mathrm{j}2\pi ft}\mathrm{d}t\tag{6-48}$$

式中　j——虚数单位，$j=\sqrt{-1}$。

尽管 $x(t)$ 是实数，但其傅里叶变换 $X(f)$ 一般为复数，其模 $|X(f)|$ 为幅值谱密度，其幅角 $\varphi(f)=\arg X(f)$ 即为相位谱。

$X(f)$ 的逆傅里叶变换为：

$$x(t)=\int_{-\infty}^{\infty}X(f)\mathrm{e}^{\mathrm{j}2\pi ft}\mathrm{d}t \tag{6-49}$$

式（6-49）为 $x(t)$ 按频率分解的表达式。如将 $X(f)$ 表示为复数 $|X(f)|\mathrm{e}^{\mathrm{j}\varphi(f)}$，代入式（6-49）：

$$x(t)=\int_{-\infty}^{\infty}|X(f)|\mathrm{e}^{\mathrm{j}[2\pi ft+\varphi(f)]}\mathrm{d}f$$

化简得：

$$x(t)=\int_{-\infty}^{\infty}|X(f)\cos(2\pi ft+\varphi(f)|\mathrm{d}f \tag{6-50}$$

对比周期信号的傅里叶级数表达式：

$$x(t)=A_0+\sum_{k=1}^{\infty}A_k\cos(2\pi kf_0t+\varphi_k) \tag{6-51}$$

可见它们是相似的，区别仅在于，第一个式子中频率是连续的，$|X(f)|$ 为幅值谱密度，而第二个式子频率是离散的，A_k 代表幅值。

（3）平稳随机信号的频谱

如果随机过程的分布函数或概率密度函数（若存在）不随时间的变化而变化，则称该过程为平稳随机过程。以上介绍了确定信号的频谱分析可以采用傅里叶变换这个工具进行分析。由傅里叶变换的充要条件可知，一般随机信号的总能量是无限的，因此不能进行傅里叶变换，也就是无法得到这类信号的频谱。那么随机信号如何才能进行傅里叶变换呢？下面来解决这个问题。

现假设将一个随机过程取得的一个样本函数进行截取，如图 6-28 所示，截取函数为：

$$x_T(t)=\begin{cases}x(t) & (|t|\leqslant T)\\ 0 & (t>T)\end{cases} \tag{6-52}$$

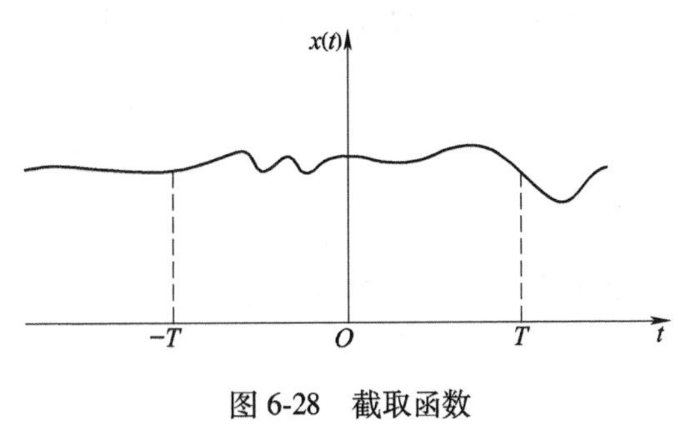

图 6-28　截取函数

显然，此时该截取后的样本函数的能量有限，因此其傅里叶变换如下：

$$X(f,T)=\int_{-T}^{+T}x_T(t)\mathrm{e}^{-\mathrm{j}2\pi ft}\mathrm{d}t$$

对于能量有限的信号，截取函数需满足巴塞伐（Parseval）等式：

$$\int_{-T}^{T}x^2(t)\mathrm{d}t=\int_{-\infty}^{\infty}|X(f,T)|^2\mathrm{d}f \tag{6-53}$$

式（6-53）表示信号在时域的总能量与在频域的总能量相等。

对式（6-53）进行如下运算：

$$\frac{1}{2T}\int_{-T}^{T}x^2(t)\mathrm{d}t=\frac{1}{2T}\int_{-\infty}^{\infty}|X(f,T)|^2\mathrm{d}f \tag{6-54}$$

式（6-54）表示随机过程某一样本函数截取后的平均功率，该平均功率也为一个随机变量，因此需对其求期望，即对于一个随机过程的平均功率如下：

$$E\left[\frac{1}{2T}\int_{-T}^{T}x^2(t)\,\mathrm{d}t\right]=E\left[\frac{1}{2T}\int_{-\infty}^{\infty}|X(f,T)|^2\mathrm{d}f\right] \tag{6-55}$$

需要说明的是，一个随机过程的样本函数，尽管其总能量无限，但是其平均功率是有限的，即：$\lim\limits_{T\to\infty}\frac{1}{2T}\int_{-T}^{T}|x(t)|^2\mathrm{d}t<\infty$，因此等式左右两边同时取极限，该极限存在，得：

$$\lim_{T\to\infty}E\left[\frac{1}{2T}\int_{-T}^{T}x^2(t)\,\mathrm{d}t\right]=\lim_{T\to\infty}E\left[\frac{1}{2T}\int_{-\infty}^{\infty}|X(f,T)|^2\mathrm{d}f\right]$$

化简可得：

$$\lim_{T\to\infty}\frac{1}{2T}\int_{-T}^{T}E[x^2(t)]\,\mathrm{d}t=\int_{-\infty}^{\infty}\lim_{T\to\infty}\frac{E[|X(f,T)|^2]}{2T}\mathrm{d}f$$

等式左边表示 $E[x(t)^2]$ 的时间平均，即该随机过程的平均功率，而等式右边的被积分式称为随机过程的功率谱密度，记为：

$$S_x(f)=\lim_{T\to\infty}\frac{1}{2T}E[|X(f,T)|^2] \tag{6-56}$$

式中　$S_x(f)$——平稳随机过程的平均功率关于频率的分布。

对于一个平稳随机过程，式（6-56）化为：

$$\lim_{T\to\infty}\frac{1}{2T}\int_{-T}^{T}E[x^2(t)]\,\mathrm{d}t=E[x^2(t)]=\int_{-\infty}^{\infty}\lim_{T\to\infty}\frac{E[|X(f,T)|^2]}{2T}\mathrm{d}f \tag{6-57}$$

$S_x(f)$ 有如下性质：

1）$S_x(f)$ 是 f 的实的、非负的偶函数。

2）$S_x(f)$ 是自相关函数 $R_x(\tau)$ 的傅里叶变换，$R_x(\tau)$ 是 $S_x(f)$ 的逆傅里叶变换，只要是绝对可积的 $\int_{-\infty}^{\infty}|R_x(\tau)|\mathrm{d}\tau<\infty$，即有以下关系：

$$S_x(f)=\int_{-\infty}^{\infty}R_x(\tau)\mathrm{e}^{-\mathrm{j}2\pi f\tau}\mathrm{d}\tau \tag{6-58}$$

$$R_x(\tau)=\int_{-\infty}^{\infty}S_x(f)\mathrm{e}^{\mathrm{j}2\pi f\tau}\mathrm{d}f \tag{6-59}$$

图 6-29 展示了几种常见平稳随机噪声的功率谱密度与频率的关系。

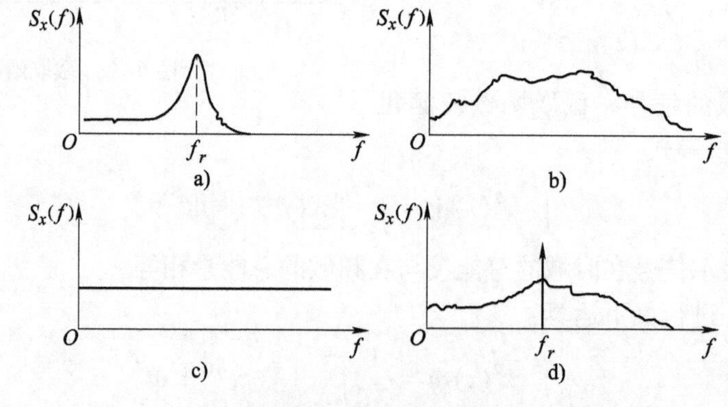

图 6-29　平稳随机噪声的功率谱密度与频率的关系

a）窄带随机噪声　b）宽带随机噪声　c）白噪声　d）正弦波加随机噪声

（4）傅里叶变换的基本性质

傅里叶变换在信号分析中占据着至关重要的作用，因此为了便于后续的学习，现对傅里叶变换的基本性质进行展示。目前，傅里叶变换实际上是用计算机对时域信号的离散数据进行计算的，因此这里重点讨论离散傅里叶变换（Discrete Fourier Transform，DFT）的性质以及介绍快速傅里叶变换（Fast Fourier Transform，FFT）的概念。

表 6-5 展示了傅里叶变换的基本性质

表 6-5　傅里叶变换的基本性质

性　质	时　域	频　域
互为变换对	$x(t)$	$X(f)$
线性叠加	$c_1x(t)+c_2x(t)$	$c_1X_1(f)+c_2X_2(f)$
翻转	$x(-t)$	$X(-f)$
对称	$X(t)$	$x(-f)$
尺度变幻	$x(ct)$	$\frac{1}{c}X\left(\frac{f}{c}\right)$
延时	$x(t-t_0)$	$e^{-j2\pi ft_0}X(f)$
调制	$e^{j2\pi f_0t}x(t)$	$X(f-f_0)$
卷积	$x_1(t)*x_2(t)$	$X_1(f)X_2(f)$
乘积	$x_1(t)x_2(t)$	$X_1(f)*X_2(f)$
微分	$\frac{dn}{dt^n}x(t)$	$(j2\pi f)*X(f)$
积分	$\int_{-\infty}^{t}x(\tau)d\tau$	$\frac{1}{j2\pi f}X(f)+\pi X(0)\delta(f)$
单位脉冲	$\delta(t)$	1
单位阶跃	$u(t)$	$\pi\delta(f)+\frac{1}{j2\pi f}$
余弦	$\cos 2\pi f_0t$	$\frac{1}{2}[\delta(f-f_0)+\delta(f+f_0)]$

（5）离散傅里叶变换

离散傅里叶变换的过程如图 6-30 所示。设连续信号 $x(t)$ 的傅里叶变换为 $X(f)$，变换前必须对 $x(t)$ 进行采样，得到离散的数字信号，如图 6-30c 所示。由于计算的数据有限，因此需对离散后的数字信号进行截断，但是截断后会产生频率泄漏，矩形窗函数的长度 T_0 越长，泄漏越小。如图 6-30e 所示，此时已得到有限个离散的时域数字信号，但是其频域依然是连续的，因此需对频域进行离散，如图 6-30f 所示，离散后的时域和频域信号如图 6-30g 所示。通过上述处理后发现，原来连续的时域信号和对应的频域函数都变成了离散的周期信号，因此称为离散傅里叶变换。

离散傅里叶变换需要注意以下问题：

其一，根据香农采样定理，采样频率不能低于要分析的上限频率的 2 倍，即 $f_s \geqslant 2f_{max}$。如果模拟信号中含有高于采样频率 0.5 倍的高频分量，则会产生频率混叠效应。

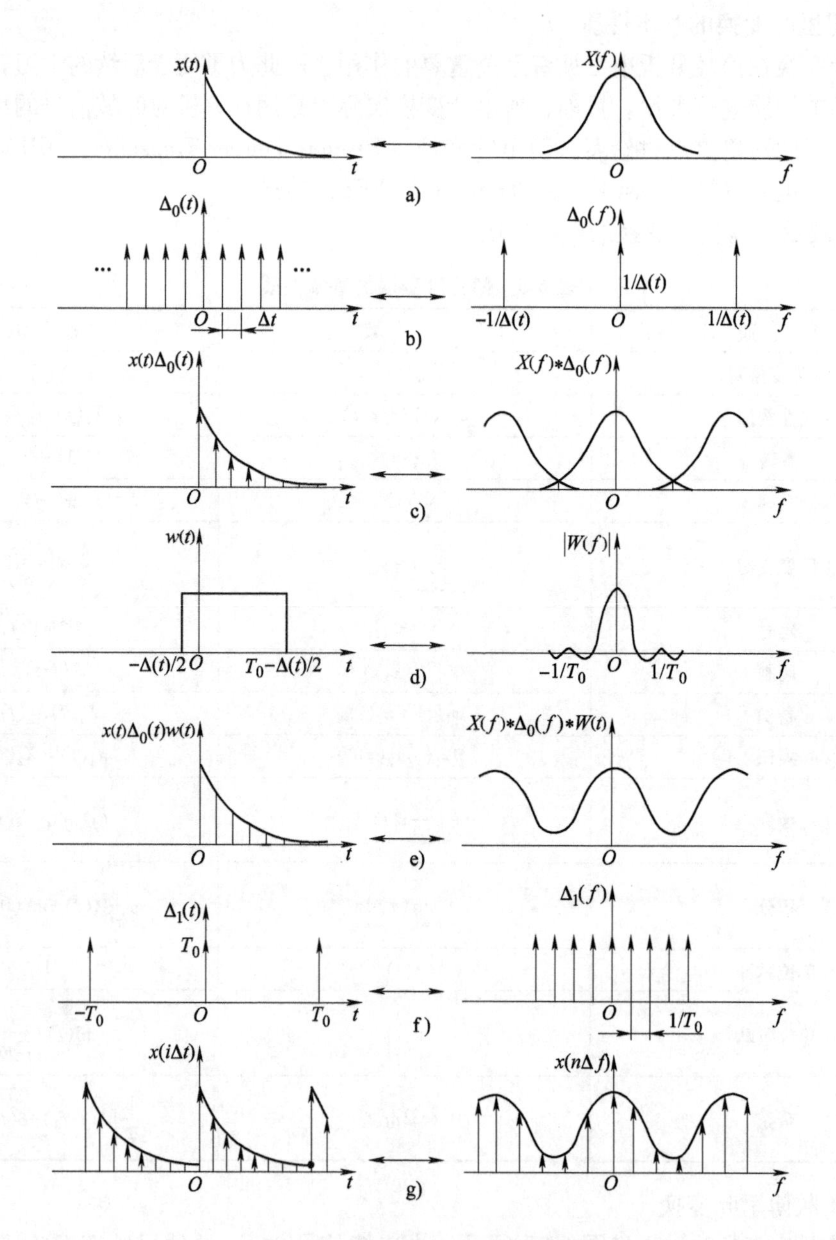

图 6-30　离散傅里叶变换的过程

其二，采样长度 T_0 要足够长，以减少频率泄露，并提高频率分辨率（$\Delta f = 1/T_0$）。

离散傅里叶变换的表达式为：

$$X(n\Delta f) = \frac{1}{N}\sum_{k=0}^{N-1} x(k\tau)\mathrm{e}^{-\mathrm{j}2\pi nk/N} \quad (n = 0,1,2,\cdots,N-1) \tag{6-60}$$

式中　Δf——频率分辨率，$\Delta f = 1/T_0 = 1/N\tau$；

τ——采样间隔，$\tau = 1/f$；

N——采样点数。

由式（6-60），将 N 个时域信号的离散值变换为 N 个频率的离散值，$X(n\Delta f)$ 一般是复数，其实部为 $R(n\Delta f)$，虚部 $I(n\Delta f)$，其幅值为：

$$|X(n\Delta f)| = \sqrt{R^2(n\Delta f)+I^2(n\Delta f)} \tag{6-61}$$

其相位角为：

$$\varphi(n\Delta f) = \arctan[I(n\Delta F)/R(n\Delta f)] \tag{6-62}$$

离散逆傅里叶变换公式为：

$$x(k\tau) = \frac{1}{N}\sum_{n=0}^{N-1} X(n\Delta f)\mathrm{e}^{\mathrm{j}2\pi nk/N} \quad (k = 0,1,2,\cdots,N-1) \tag{6-63}$$

上述离散傅里叶变换称为 DFT。

（6）快速傅里叶变换

用 DFT 算在 N 很大时，计算量会很大。因此提出了一种计算离散傅里叶变换的新方法，大大提高了运算速度，该方法称为快速傅里叶变换（Fast Fourier Transform，FFT）。

FFT 的原理大致是将原来的数据序列 $\{x_k\}$（$k=0$，1，2，…，N）分成若干个较短的子序列，分别做 DFT 计算，然后再将它们合并，最终得到整个序列 $\{x_k\}$ 的 DFT。因为做 DFT 所需要的时间和序列长度二次方成正比，所以可以减少运算时间。根据此思想，还可将每个子序列继续分解为更短的子序列，直到最后每个子序列只有一项为止。

FFT 与直接算法的速度比为 $N/\log_2 N$，在不同序列长度的情况下，FFT 的计算效率见表 6-6。由表可见，FFT 在序列长 N 很大时，其运算速度的提升是非常显著的。

表 6-6　FFT 的计算效率

序列长 N	4	6	64	256	1024	4096	16384
速度比 $N/\log_2 N$	2	4	10.7	32	102.4	341.3	1170.3

（7）双通道频域分析

以上分析的是单个时间波形，即单通道的频谱分析，但是在故障诊断中还有两个时间波形，即双通道的时间频谱分析，研究两个随机过程之间的联系。下面介绍传递函数和单位脉冲响应函数。

对于线性系统，设 $X(f)$ 为输入信号 $x(t)$ 的傅里叶变换，$Y(f)$ 为输出信号 $y(t)$ 的傅里叶变换，输出与输入信号的拉普拉斯变换之比称为频率响应函数，也称为传递函数，记为：

$$H(f) = \frac{Y(f)}{X(f)} \tag{6-64}$$

式中　$|H(f)|$——幅值特性，$H(f)$ 是一个复数，写成指数形式 $H(f) = |H(f)|\mathrm{e}^{\mathrm{j}\varphi(f)}$；

　　$\varphi(f)$——相频特性。

传递函数的物理意义是：若输入频率是 f 的正弦波，则输出也是同频率的正弦波，且输出与输入的振幅比为传递函数的模 $|H(f)|$，输出与输入的相位差等于传递函数的相位角 $\varphi(f)$。

传递函数在故障诊断中应用十分广泛，可用来研究故障信息的传递方式和传递特性等。传递函数根据输入和输出的不同可以是有量纲的，也可以是无量纲的。特别的，对于无量纲的传递函数，此时将其称为动态放大因子。

6.2 现代信号分析方法简介

6.2.1 短时傅里叶变换

1. 傅里叶变换的缺陷

傅里叶变换在平稳信号的分析和处理中有着突出贡献的原因在于，人们利用它可以把复杂的时间信号和空间信号变换到频域中，然后用相对简单的频谱特性去分析和发现原信号的动态特性。

由傅里叶变换正变换可知：从时间（空间）信号中提取信号的频谱信息 $F(W)$，就是使用整个时间域的所有信息来计算单个确定频率的谱值（频域函数 $F(W)$ 的任一频率 ω_0 对应的函数值），这是由时间轴（$-\infty$，$+\infty$）的确定信号 $f(t)$ 决定的。因此，它求出的频域函数对应的是整个时间轴，所以，傅里叶变换对频谱的描绘是“全局性”的，不能反映时间维度局部区域上的特征。人们虽然从傅里叶变换能清楚地看到一整段信号包含的每一个频率的分量值，但很难看出对应于频率域成分的不同时间信号的持续时间和发射的持续时间，缺少时间信息使得傅里叶分析在更精密的分析中失去作用。

伊利诺依大学教授 Y. Meyer 曾说：“若记录 1 小时长的信息而在最后 5 分钟出错，这一错误就会毁了整个傅里叶变换。相位的错误是灾难性的，如果在相位上哪怕犯了一个错误，最后就会发现你所干的事与最初的信号无关了。” 简单说，傅里叶变换只能获取一段信号总体上包含哪些频率的成分，但是无法描述各成分出现的时刻，因此时域相差很大的两个信号可能频谱图一样。

2. 短时傅里叶变换

平稳信号通常是人为制造的，而在实际的工程应用中，诊断信号几乎都是非平稳的。对于非平稳信号，只知道包含哪些频率成分是不够的，还需知道各个成分出现的时间，知道信号频率随时间变化的情况，各个时刻的瞬时频率及其幅值——这就是时频分析。短时傅里叶变换基本思想是把非平稳过程看成是一系列短时平稳信号的叠加，短时性可通过将信号加滑动时间窗，并对窗内信号做傅里叶变换，得到信号的时变频谱。因而它的时间分辨率和频率分辨率受海森堡测不准原理约束，一旦窗函数选定，时频分辨率便确定下来。这就使它对突变信号和非平稳信号的分析存在局限性，因而不是一种动态的分析方法，不能敏感地反映信号的突变，只适用于对缓变信号的分析。通过该方法，至少可以确定，无论发现了什么频率成分，它一定是发生在信号被截取的某个特定时间段内。

具体则是通过在傅里叶变换中使用时间窗口函数 $g(t-u)$ 与原信号 $f(t)$ 相乘，实现在 u 附近的加窗和平移，然后进行傅里叶变换：

$$STFT_f(\omega,\tau)=\int_{-\infty}^{+\infty}f(t)g^*(t-\tau)\mathrm{e}^{-\mathrm{j}\omega t}\mathrm{d}t \tag{6-65}$$

式中 $*$——复共轭；

$g(t)$——为窗函数，可采用 Hamming、Hanning、Gabor 等窗函数。

随着 τ 的移动，得到一组原信号的“局部”频谱，从而能够反映非平稳信号的时频分布特征。短时傅里叶变换是最常用的一种时频分析方法，它通过时间窗内的一段信号来表示某一时刻的信号特征。在短时傅里叶变换过程中，窗的长度决定频谱图的时间分辨率和频率分辨率，窗长越长，截取的信号越长，信号越长，傅里叶变换后频率分辨率越高，时间分辨率越差；相反，窗长越短，截取的信号就越短，频率分辨率越差，时间分辨率越好。也就是说短时傅里叶变换中，时间分辨率和频率分辨率之间两者不可兼得，必须根据具体需求进行取舍。

6.2.2 Wingner-Ville 分布

Wingner-Ville 分布（简称 WVD）定义为信号中心协方差函数的傅里叶变换。WVD 是典型的二次型变换，定义为信号瞬时相关函数的傅里叶变换，反映了信号瞬时时频关系。对于单分量线性调频信号而言，WVD 在时频平面上的投影为一条直线，即频率随时间的线性变化关系。设 $x(t)$ 为一连续信号，其分布为：

$$w_x(t,f)=\int_{-\infty}^{+\infty}x(t+\tau/2)x^*(t-\tau/2)\mathrm{e}^{-\mathrm{j}2\pi f t}\mathrm{d}\tau \tag{6-66}$$

式中　$*$——复共轭。

实际应用中，采用加窗离散形式：

$$w_x(n,m)=2\sum_{k=M/2+1}^{M/2}P(k)x(n+k)x^*(n-k)\mathrm{e}^{-\mathrm{j}2\pi mk/M} \tag{6-67}$$

式中　$P(k)$——长度为 M，中心位于 n 的窗函数，如 Hamming、Hanning、Gabor 等。

WVD 具有许多优良的性能，如对称性、时移性、组合性、复共轭关系等，不会损失信号的幅值与相位信息，对瞬时频率和群延时有清晰的概念。其不足是不能保证非负性，尤其是对多分量信号或具有复杂调制规律的信号会产生严重的交叉项干扰，这是二次型时频分布的固有结果，大量的交叉项会淹没或严重干扰信号的自项，模糊信号的原始特征。后续有人提出了各种各样的新型时频分布，对交叉项干扰的抑制起了较大的作用，但是不含有交叉项干扰且具有 Wigner-Ville 分布聚集性的时频分布目前是不存在的。

6.2.3 小波变换

由短时傅里叶变换对函数（信号）进行的分析，相当于用一个形状、大小和放大倍数相同的“放大镜”在时频相平面上移动去观察某固定长度时间内的频率特性。这里的问题是：尽管短时傅里叶变换能解决变换函数的局域化问题，但是其窗口的大小和形状是固定的，即窗口没有自适应性。而在实际问题中，对于高频谱信息，由于波形相对要窄，时间间隔相对小，以求给出比较好的精度，进而更好地确定峰值和断点，或者说需要用窄的时域窗来反映信息的高频成分；而对于低频谱信息，由于波形相对是宽的，时间段相对要宽才能给出完整的信号信息，或者说必须用较宽的时域窗来反映信息的低频成分。用短时傅里叶变换，若选择一扇宽窗子，低频成分可以看得清楚，在高频部分确定时间时就很糟糕；若选择一扇窄窗子，在高频可以很好确定时间，但在低频的频率就可能“装不进去”。所以短时傅里叶变换还是无法满足非稳态信号变化的频率的需求。

这样，真正合适的做法是“放大镜”的长宽是可以变化的，正是为了实现这样的目的，人们引进了小波变换。小波变换的定义为：

$$WT_x(\tau,\alpha)=\frac{1}{\sqrt{\alpha}}\int_{-\infty}^{+\infty}x(t)\xi^*\left(\frac{t-\tau}{\alpha}\right)\mathrm{d}t \tag{6-68}$$

式中 $\xi(t)$——满足 $\int\xi(d)\,\mathrm{d}t=0$（振荡性）和在时域内具有紧支性（时域有限）的函数，称为小波基函数，常见的小波基函数有 Lemarie 小波、Danbechies 小波、Morlet 小波等；

α——尺度因子（scale）；

τ——平移量（translation）。

从式（6-68）可以看出，不同于傅里叶变换，变量只有频率 ω，小波变换有两个变量：尺度 α 和平移量 τ。尺度 α 控制小波函数的伸缩，平移量 τ 控制小波函数的平移。尺度对应于频率（反比），平移量 τ 对应于时间。

6.2.4 分形几何

1. 分形

分形具有以非整数维形式充填空间的形态特征，通常被定义为“一个粗糙或零碎的几何形状，可以分成数个部分，且每一部分都（至少近似地）是整体缩小后的形状”，即具有自相似的性质。

分形几何与传统几何相比有以下特点：

1）从整体上看，分形几何图形是处处不规则的。例如，海岸线和山川形状，从远距离观察，其形状是极不规则的。

2）在不同尺度上，图形的规则性又是相同的。上述的海岸线和山川形状，从近距离观察，其局部形状又和整体形态相似，它们从整体到局部，都是自相似的。当然，也有一些分形几何图形，它们并不完全是自相似的。其中一些是用来描述一般随机现象的，还有一些是用来描述混沌和非线性系统的。

2. 分形维数

分维，又称分形维或分数维，作为分形的定量表征和基本参数，是分形理论的又一重要原则。长期以来人们习惯于将点定义为零维，直线为一维，平面为二维，空间为三维，爱因斯坦在相对论中引入时间维，就形成四维时空。对某一问题给予多方面的考虑，可建立高维空间，但都是整数维。在数学上，把欧氏空间的几何对象连续地拉伸、压缩、扭曲，维数也不变，这就是拓扑维数。然而，这种传统的维数观受到了挑战。曼德布罗特曾描述过一个绳球的维数：从很远的距离观察这个绳球，可看作一点（零维）；从较近的距离观察，它充满了一个球形空间（三维）；再近一些，就看到了绳子（一维）；再向微观深入，绳子又变成了三维的柱，三维的柱又可分解成一维的纤维。那么，介于这些观察点之间的中间状态又如何呢？

显然，并没有绳球从三维对象变成一维对象的确切界限。数学家豪斯道夫在 1919 年提出了连续空间的概念，也就是空间维数是可以连续变化的，它可以是自然数，也可以是正有理数或正无理数，称为豪斯道夫维数。设一个整体划分 S 为 $N(r)$ 个大小和形态完全相同的小图形，每一个小图形的线度是原图形的 r 倍，则豪斯道夫维数为：

$$D_f=\lim_{r\to 0}\frac{\ln N(r)}{\ln(1/r)} \tag{6-69}$$

3. 基于分形几何的旋转机械故障诊断

为便于理解，以旋转机械的故障监测与诊断为例，对分形几何在故障诊断当中的原理及作用加以说明。

旋转机械的故障信号通常是非线性、非平稳信号，若采用传统的时频分析方法，已经无法满足旋转机械故障诊断的需要。而采用分形几何的方法为这类非线性、非平稳的复杂信号的分析提供了可能。

图 6-31 为在实验转子上模拟旋转机械几种常见故障时测得的振动信号时域波形，采用同步整周期采样，采样频率为转子旋转频率的 64 倍。表 6-7 为采用前面介绍的方法计算的分维数。由表可以看出：

1）不同的维数定义方法，计算出的分维数是不相同的。

2）不同的维数定义方法，对振动信号的区分程度也不相同，方法 1 比方法 2 有更好的区分度。

分维数反映了机械动力系统的状态，可作为一个重要的特征来对机械系统的状态进行诊断和预报。分维数比时域波形更能区分动力系统的状态。例如，图 6-31a 和 c 两个波形从外观上看很相似，但它们的分维数相差较大，事实上，它们是不同故障下的振动信号时域波形。再对比图 6-31b 和 f，这两个波形也看似相同，但它们代表不同的故障信号，分维数也相差较大。

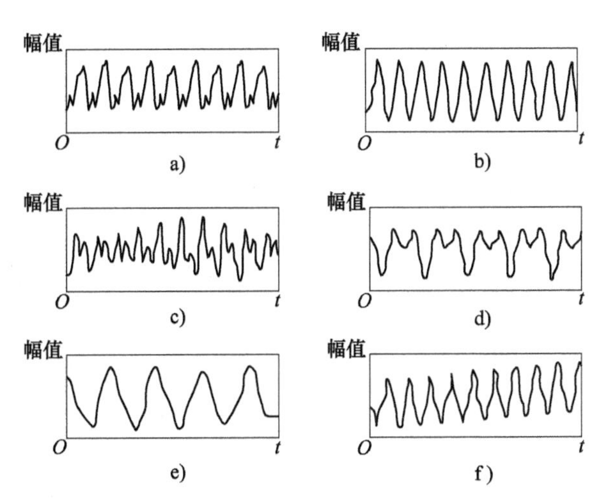

图 6-31 旋转机械几种常见故障的振动信号时域波形

a）动静碰撞故障 b）质量不平衡故障 c）轴承不对中心故障
d）油膜涡动故障 e）油膜振荡故障 f）轴承松动故障

表 6-7 旋转机械振动故障信号的分维数计算结果

故障名称	动静碰撞	质量不平衡	轴承不对中心	油膜涡动	油膜振荡	轴承松动
时域波形	图 6-31a	图 6-31b	图 6-31c	图 6-31d	图 6-31e	图 6-31f
分维数（方法 1）	0.714	1.777	2.008	1.486	0.674	1.003
分维数（方法 2）	0.052	0.765	0.044	0.353	0.260	0.073

思考题与习题

1. 简述信号的分类。
2. 简述平稳随机信号和非平稳随机信号的区别。
3. 信号的采集流程是什么？
4. 为什么采样频率不能低于要分析的上限频率的 2 倍？
5. 为什么可以利用信号的概率密度函数作为故障诊断的依据？
6. 对信号的幅值域分析中，无量纲幅值诊断参数有哪些？
7. 求信号 $x_1(t)=2\sin 3t$ 的脉冲指标。
8. 求正弦函数 $x(t)=x_0\cos(\omega_t+\varphi)$ 的自相关函数，设初始相位角 φ 为一随机变量。
9. 自相关函数和互相关函数的物理意义是什么？
10. 傅里叶变换的作用是什么？
11. 简述傅里叶变换的缺陷以及短时傅里叶变换和小波分析的特点。

第7章 智能故障诊断技术

导 读

基本内容：

故障诊断的方法多种多样，随着计算机和人工智能的发展，形成了多种智能故障诊断技术，例如基于故障树的方法、基于实例的推理方法、基于专家系统的方法、基于神经网络的方法及计算机故障诊断技术等。本章重点对基于故障树的方法、基于神经网络的方法和计算机故障诊断技术进行讨论。同时采用基于故障树的方法对某型号的工业机器人进行故障诊断，以加强理解。最后，介绍在制造过程中基于 6sigma 的质量控制方法，该方法可有效解决在机械加工过程中的故障诊断问题，是当今企业常用的一种故障诊断方法。

学习要点：

了解神经网络和计算机故障诊断技术；掌握故障树故障诊断方法和基于 6sigma 的工况监视和状态识别。

7.1 概述

智能故障诊断是人工智能和故障诊断相结合的产物，主要体现在诊断过程中领域专家知识和人工智能技术的运用。它是一个由人（尤其是领域专家）、能模拟脑功能的硬件和必要的外部设备、物理器件以及支持这些硬件的软件所组成的系统。

故障诊断技术主要根据系统采用特征描述和决策方法，公认检测诊断的方法概括起来分为基于系统数学模型的故障诊断方法和基于非模型的故障诊断方法两大类。

基于系统数学模型的故障诊断方法是通过构造观测器估计出系统输出，然后将它与输出的测量值比较，从中取得故障信息。该方法能与控制系统紧密结合，是监控、容错控制、系统修复和重构的前提；是以现代控制理论和现代优化方法为指导，以系统的数学模型为基础，利用观测器、等价空间方程、滤波器、参数模型估计和辨识等方法产生残差，然后给予某种准则或阈值对该残差进行评价和决策。

基于非模型的故障诊断方法主要包括以下几种方法：

1）基于可测信号处理的故障诊断方法。

2）基于故障诊断专家系统的诊断方法。

3）故障模式识别的故障诊断方法。

4）基于故障树的故障诊断方法。

此外，神经网络、现代信息技术、计算机等新技术在装备故障诊断中均得到了很好的应用。同时，除了针对单一设备的状态监测和故障诊断外，在生产过程中的设备运行状态、运行参数、产品质量参数等也需进行实时监测，从而对生产过程中的故障起到预防和诊断的作用。本章重点对故障树分析方法、神经网络的基本原理、计算机在故障诊断中的应用分别进行了介绍，并提出当前生产过程中广为应用的6sigma方法。

7.2 故障树分析法

故障树分析法是一种逻辑性强的系统分析方法，可以有效处理系统中不确定的信息问题；具有诊断推理和逻辑关系表达的鲜明特点，可以提高故障诊断的效率。

7.2.1 故障树分析法简介

故障树分析法（Fault Tree Analysis，FTA）是1961年由贝尔电话实验室的H. A. Watson提出的，目前已广泛地应用于宇航、核能、电子、机械、化工、采矿等领域。故障树分析法是一种图形演绎方法，是故障事件在一定条件下发生的逻辑规律。它是用一种特殊的倒立树状逻辑因果关系图，清晰地说明系统是怎样失效的。故障树分析法把系统的故障树与组成系统各部件的故障有机地联系在一起，可以找出系统全部可能的失效状态。故障树本身也是一种形象化的技术资料，在它建成以后，对系统的管理和运行人员也起到了直观教学和维修指南的作用。该法常用于分析复杂系统。

故障树分析法采用逻辑的方法，形象地进行分析，将系统故障的形成原因，由总体至部分按树枝状逐级细化，并绘出逻辑结构图（即故障树）。其目的在于判明基本故障，确定故障的原因、影响和发生的概率。特点是直观明了、思路清晰、逻辑性强，可以做定性分析，也可以做定量分析。

7.2.2 故障树的定性分析

对于故障树，逻辑分析的目标就是系统最不希望发生的故障状态，通常把最不希望发生的事件称为顶事件，不再深究的事件为底事件，而介于顶事件与底事件之间的一切事件称为中间事件。中间事件与顶事件称为结果事件，用相应的符号代表这些事件，再用适当的逻辑门把顶事件、中间事件和底事件联结成树形图，即得故障树。故障树是一种为研究系统某功能故障而建立的一种倒树状的逻辑因果关系，故障树的部分元件图见表7-1。

表7-1 故障树的部分元件图

分 类	符 号	说 明
事件		底事件
		结果事件

（续）

分　类	符　号	说　明
逻辑门	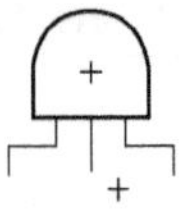	与门 全部输入时才能输出
	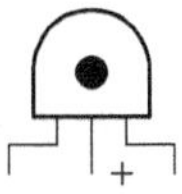	或门 至少一个输入存在时即有输出

求出故障树的所有最小割集的方法有多种，其中最基本的是上行法和下行法。

7.2.3 下行法

下行法的基本方法是：对每一个输出事件而言，如果它是或门输出的，则将该或门的输出事件各排成一行；如果它是与门输出的，则将该门的所有输入事件排在同一行。

下行法的工作步骤是：从顶事件开始由上而下逐个地进行处理，处理的基本方法如前所述，直到所有的结构事件均被处理为止。最后所得每一行的底事件集合都是故障树的一个割集，将这些割集进行比较，即得出所有的最小割集。

7.2.4 上行法

上行法的基本方法是：对每一个输出事件而言，如果它是或门输出的，则用该或门所有输出事件的布尔和表示此输出事件；如果它是与门输出的，则用该与门所有输入事件的布尔积表示此输出事件。

上行法的工作步骤是：从底事件开始由下而上逐个进行处理，直到所有的结果事件都已被处理完为止，这样得到一个顶事件的布尔表达式。根据布尔代数运算法则，将顶事件化成所有底事件的积的和的最简式，此最简式的每一项所包括的底事件集即一个最小割集，从而得出故障树的所有最小割图。

通过对下行法与上行法进行比较，并结合工业机器人的故障情况，合理选择分析方法。

7.3 基于神经网络的故障诊断方法

7.3.1 概述

神经网络的框架结构如图 7-1 所示，且神经网络是一个非常广义的称呼，它包括两类，一类是用计算机的方式去模拟人脑，即人们常说的人工神经网络（Artificial Neural Network，ANN）；另一类是研究生物学上的神经网络，又叫生物神经网络（Biological Neural Networks，BNN）。在 ANN 中，又分为前向神经网络和反馈神经网络这两种。下面对前向神经网络进行重点介绍。

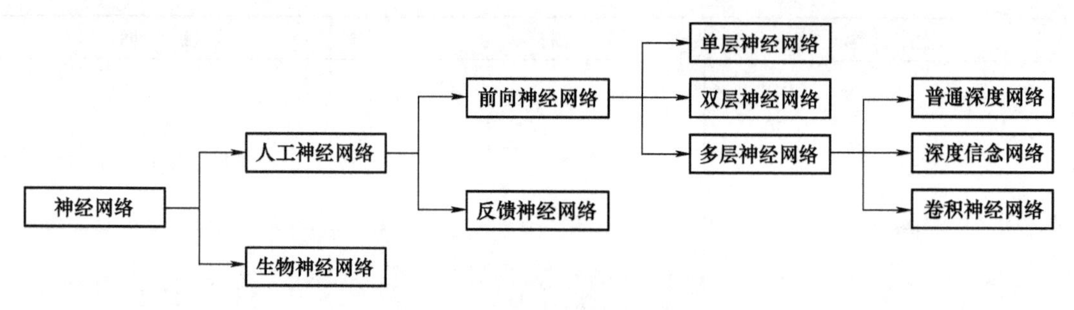

图 7-1　神经网络的框架结构

7.3.2　前向神经网络的拓扑结构

1. 单层神经网络

如图 7-2a 所示为一个经典的神经网络，包括三个层次的神经网络，分别是：输入层、中间层（隐藏层）和输出层。神经网络的拓扑结构的特点是：

1）通常在设计一个神经网络时，输入层与输出层的节点数往往是固定的，中间层（隐藏层）则可以自由指定。

2）神经网络结构图中的拓扑与箭头代表着预测过程时数据的流向，跟训练时的数据流有一定的区别。

3）结构图里的关键不是圆圈（代表“神经元”），而是连接线（代表“神经元”之间的连接）。每个连接线对应一个不同的权重（其值称为权值），这是需要训练得到的。

除了从左到右的表达形式的结构图，还有一种常见的表达形式是从下到上来表示一个神经网络。这时候，输入层在图的最下方，输出层则在图的最上方，如图 7-2b 所示。

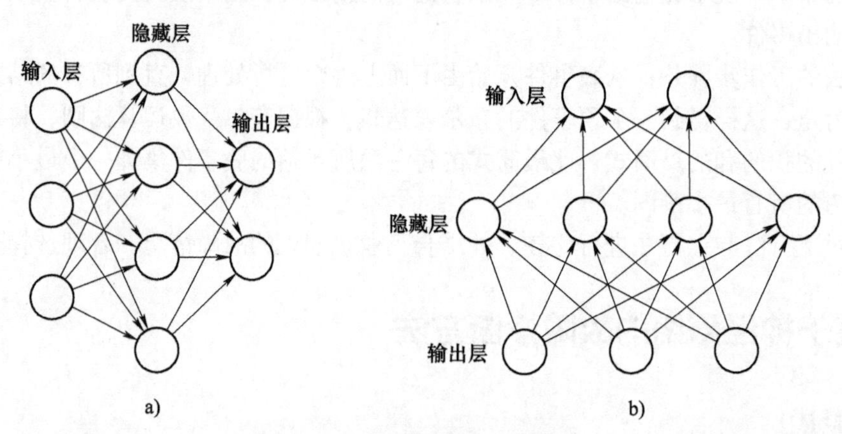

图 7-2　神经网络的拓扑结构
a）经典神经网络　b）从下到上的经典神经网络

（1）神经元的概念

如图 7-3 所示，一个神经元通常具有多个树突，主要用来接收传入信息；而轴突只有一条，轴突尾端有许多轴突末梢可以给其他多个神经元传递信息。轴突末梢跟其他神经元的树突产生连接，从而传递信号。这个连接的位置在生物学上称为“突触”。

（2）神经元模型

神经元模型是一个包含输入、输出与计算功能的模型。输入可以类比为神经元的树突，而输出可以类比为神经元的轴突，计算则可以类比为细胞核。

图 7-4 是一个典型的神经元模型，包含三个输入、一个输出以及两个计算功能。

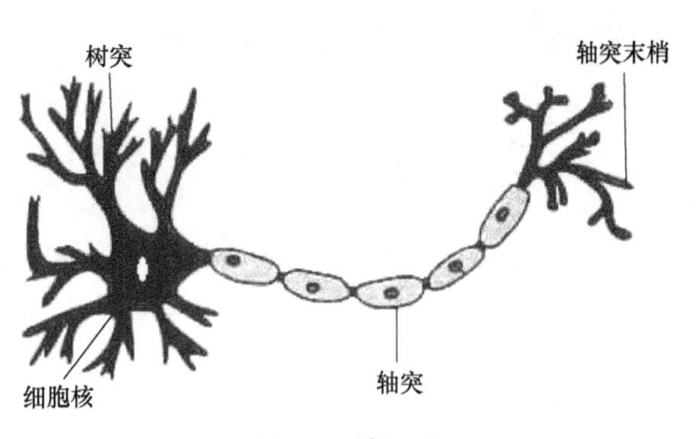

图 7-3　神经元

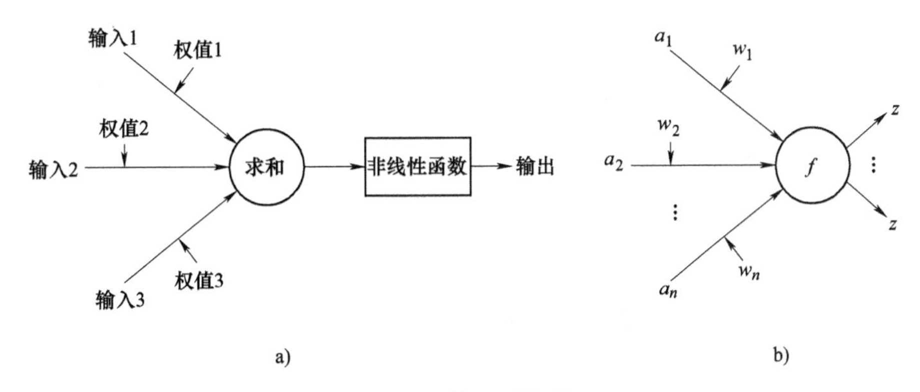

图 7-4　神经元模型

a）带权值的神经网络　b）多输出神经网络

注意中间的箭头线。这些线称为“连接”。每个上有一个“权值”，神经网络的训练算法是让权重的值调整到最佳，以使得整个网络的预测效果最好。在神经元模型里，每个有向箭头表示的是值的加权传递，而非定值传递。如果在图 7-4a 的基础上进行扩展，即：假设有 n 个输入，用 a_1、$a_2 \cdots a_n$ 表示，权重用 w_1、$w_2 \cdots w_n$，内部计算用 f 表示，输出用 z 表示，则得到如图 7-4b 所示的神经元模型。从图 7-4b 还可看出，输出可有多个，且每一个输出的值都相同。

神经元模型的简单理解为，假设有一个数据，称之为样本。样本有 n 个属性，其中 $n-1$ 个属性已知，一个属性未知，需要做的就是通过 $n-1$ 个已知属性预测未知属性。这里的未知属性就是输出 z，可通过输入、权重和内部计算公式进行计算得到。已知的属性在神经网络中称为特征，未知的属性称为目标。

（3）单层神经网络的拓扑结构

如将图 7-4b 进一步在输入位置添加神经元节点，标志其为“输入单元”，将内部计算函数和权重放到连接里面，则神经元模型变为如图 7-5a 所示，也称为单层神经网络。假如要预测的目标不再是一个值，而是一个向量，例如［2，3］。那么可以在输出层再增加一个“输出单元”，如图 7-5b 所示，输入和输出的关系可用式（7-1）表示：

$$\begin{cases} z_1 = g(a_1 w_1 + a_2 w_2 + \cdots + a_n w_n) \\ z_2 = g(a_1 w_{n+1} + a_2 w_{n+2} + \cdots + a_n w_{2n}) \end{cases} \tag{7-1}$$

若将式（7-1）改写成矩阵的形式：

$$g(\boldsymbol{W},\boldsymbol{a})=z \tag{7-2}$$

式中 $\boldsymbol{W}$——系数矩阵$\begin{pmatrix} w_1, & w_2, & \cdots, & w_n \\ w_{n+1}, & w_{n+2}, & \cdots, & w_{2n} \end{pmatrix}$；

g——内部计算函数，在单层神经网络中，通常使用 sgn 函数作为函数 g；

$\boldsymbol{a}$——输入变量矩阵$(a_1, a_2, \cdots, a_n)^{\mathrm{T}}$；

z——输出矩阵$(z_1, z_2)^{\mathrm{T}}$。

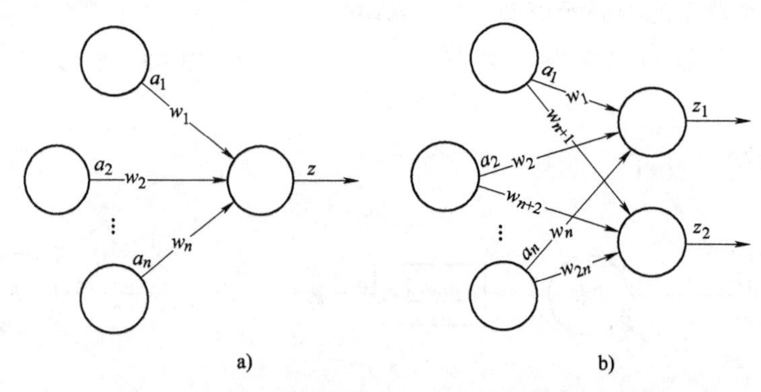

图 7-5 单层神经网络和向量输出型的单层神经网络

a）单层神经网络 b）向量输出型的单层神经网络

2. 两层神经网络

1986 年，Rumelhar 和 Hinfton 等人提出了反向传播（Back-Propagation，BP）算法，解决了两层神经网络所需要的复杂计算量问题，从而带动了业界使用两层神经网络研究的热潮。若将权值变量 w_n 用二维下标 $w_{x,y}$ 表示，则单层神经网络如图 7-6a 所示。其中，第一个下标 x 表示后一层神经元的序号，y 表示前一层神经元的序号。则两层神经网络之间的函数关系如式（7-3）表示（以图 7-6a 为例进行说明）：

$$\begin{cases} z_1 = g(a_1 w_{1,1} + a_2 w_{1,2} + a_3 w_{1,3}) \\ z_2 = g(a_1 w_{2,1} + a_2 w_{2,2} + a_3 w_{2,3}) \end{cases} \tag{7-3}$$

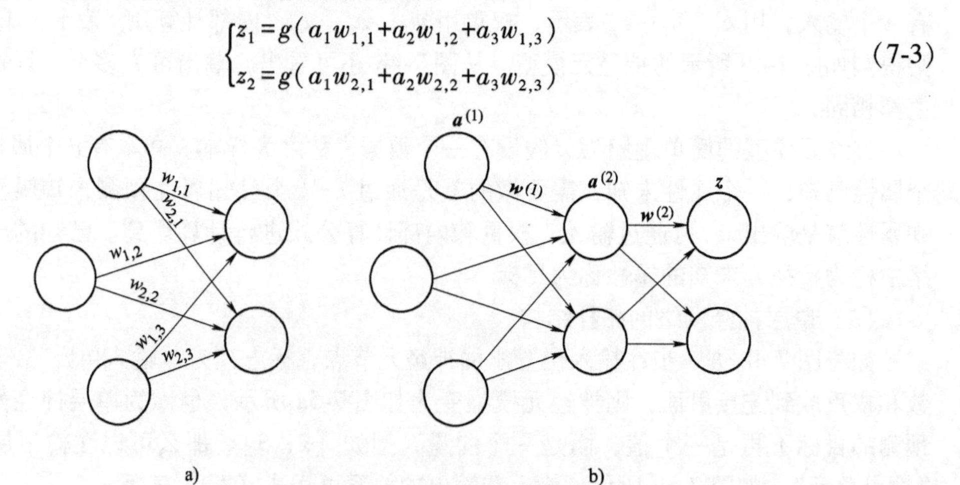

图 7-6 单层神经网络和两层神经网络

a）单层神经网络的另一表达形式 b）两层神经网络

而所谓的两层神经网络，则表示除了包含一个输入层，一个输出层以外，还增加了一个中间层。此时，中间层和输出层都是计算层。为了区分层数的变化，引入上标 $a^{(i)}$、$w_{x,y}^{(i)}$和 $z^{(i)}$。例如 $a_1^{(2)}$ 表示第二层序号为 1 的节点；又如 $w_{1,2}^{(2)}$表示第二层第二个节点输入给第三层第一个节点的权值。同时，将各层权值和节点（包括输入和输出节点）分别用矩阵的形式表示，例如第一层到第二层权值（$w_{1,1}{}^{(1)}$，$w_{1,2}{}^{(1)}$，$w_{1,3}{}^{(1)}$，$w_{2,1}{}^{(1)}$，$w_{2,2}{}^{(1)}$，$w_{2,3}{}^{(1)}$）$=\boldsymbol{w}^{(1)}$，同理有$\boldsymbol{a}^{(i)}$，$\boldsymbol{z}$ 两层神经网络如图 7-6b 所示。

两层神经网络的函数关系如下：

$$\begin{cases} g(\boldsymbol{w}^{(1)},\boldsymbol{a}^{(1)})=\boldsymbol{a}^{(2)} \\ g(\boldsymbol{w}^{(2)},\boldsymbol{a}^{(2)})=z \end{cases} \tag{7-4}$$

若考虑偏执节点，偏置单元与后一层的所有节点都有连接，若设这些参数值为向量 $\boldsymbol{b}$，称之为偏置，则式（7-4）变为：

$$\begin{cases} g(\boldsymbol{w}^{(1)},\boldsymbol{a}^{(1)})+\boldsymbol{b}^{(1)}=\boldsymbol{a}^{(2)} \\ g(\boldsymbol{w}^{(2)},\boldsymbol{a}^{(2)})+\boldsymbol{b}^{(2)}=z \end{cases} \tag{7-5}$$

在两层神经网络中，不再使用 sgn 函数作为函数 g，而是使用平滑函数 sigmoid 作为函数 g。函数 g 也称作激活函数（Active Function）。事实上，神经网络的本质就是通过参数与激活函数来拟合特征与目标之间的真实函数关系。

理论证明，两层神经网络可以无限逼近任意连续函数。两层神经网络通过两层线性模型模拟了数据内真实的非线性函数。

机器学习模型训练的目的，就是使得参数尽可能与真实的模型逼近。具体做法是：首先给所有参数赋上随机值，然后使用这些随机生成的参数值，来预测训练数据中的样本。样本的预测目标为 y_p，真实目标为 y。那么，定义一个值 loss，计算公式如下：

$$\text{loss}=(y_p-y)^2 \tag{7-6}$$

这个值称之为损失（Loss），而目标就是对所有训练数据的损失之和尽可能小。如果将先前的神经网络预测的矩阵公式带入到 y_p 中（因为有 $z=y_p$），那么可以把损失写为关于参数（Parameter）的函数，这个函数称之为损失函数（Loss Function）。下面的问题就是求如何优化参数，能够让损失函数的值最小。

此时这个问题被转化为一个优化问题。一般来说解决该问题使用的是梯度下降算法。梯度下降算法每次计算参数在当前的梯度，然后让参数向着梯度的反方向前进一段距离，不断重复，直到梯度接近零时截止。一般这个时候，所有的参数恰好使损失函数达到一个最低值的状态。

在神经网络模型中，由于结构复杂，每次计算梯度的代价很大。因此还需要使用反向传播算法。反向传播算法是利用了神经网络的结构进行的计算，不一次计算所有参数的梯度，而是从后往前，首先计算输出层的梯度，然后是第二个参数矩阵的梯度，接着是中间层的梯度，再然后是第一个参数矩阵的梯度，最后是输入层的梯度。计算结束以后，所要的两个参数矩阵的梯度就都有了。

但神经网络对一次神经网络的训练时间太长，而且困扰训练优化的一个问题就是局部最优解问题，这使得神经网络的优化较为困难。同时，隐藏层的节点数需要调参，这使得使用也不太方便。

3. 多层神经网络

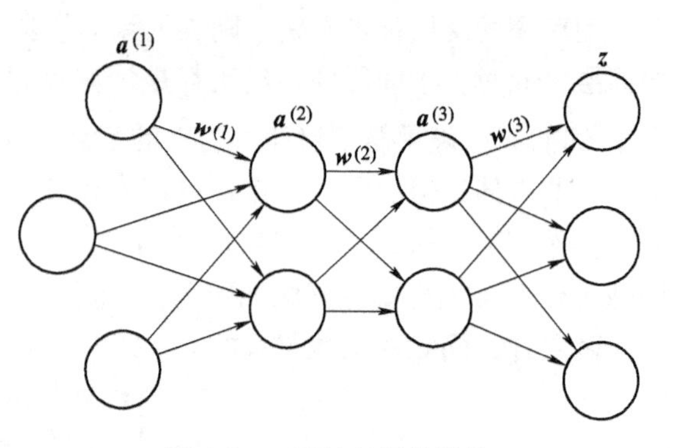

图 7-7 三层神经网络结构

在两层神经网络的输出层后面，继续添加层次。原来的输出层变成中间层，新加的层次成为新的输出层，得到如图 7-7 所示的三层神经网络结构。从图 7-7 可以看出，$\boldsymbol{w}^{(1)}$中有 6 个参数，$\boldsymbol{w}^{(2)}$中有 4 个参数，$\boldsymbol{w}^{(3)}$中有 6 个参数，所以整个神经网络中的参数有 16 个（这里不考虑偏置节点，下同）。

同理，在已知输入 $\boldsymbol{a}^{(1)}$、参数 $\boldsymbol{w}^{(1)}$、$\boldsymbol{w}^{(2)}$、$\boldsymbol{w}^{(3)}$ 的情况下，输出 $\boldsymbol{z}$ 的推导公式如下：

$$\begin{cases} g(\boldsymbol{w}^{(1)},\boldsymbol{a}^{(1)})=\boldsymbol{a}^{(2)} \\ g(\boldsymbol{w}^{(2)},\boldsymbol{a}^{(2)})=\boldsymbol{a}^{(3)} \\ g(\boldsymbol{w}^{(3)},\boldsymbol{a}^{(3)})=\boldsymbol{z} \end{cases} \tag{7-7}$$

多层神经网络中，输出也是按照一层一层的方式来计算。从最外面的层开始，算出所有单元的值以后，再继续计算更深一层。只有当前层所有单元的值都计算完毕以后，才会计算下一层。这个过程有点像计算向前不断推进的感觉，所以称为“正向传播”。

与两层神经网络不同，多层神经网络中的层数增加了很多。这可更深入地表示特征，以及更强的函数模拟能力。更深入地表示特征可简单理解为，随着网络的层数增加，每一层对于前一层的抽象表示更深入。在神经网络中，每一层神经元学习到的是前一层神经元值的更抽象的表示。

在单层神经网络时，使用的激活函数是 sgn 函数；到了两层神经网络时，使用最多的是 sigmoid 函数；而到了多层神经网络时，通过一系列的研究发现，ReLU 函数在训练多层神经网络时更容易收敛，并且预测性能更好。因此，目前在深度学习中，最流行的非线性函数是 ReLU 函数，ReLU 函数不是传统的非线性函数，而是分段线性函数，其表达式为 $y=\max(x,0)$。简而言之，在 x 大于 0 时，输出就是输入；而在 x 小于 0 时，输出就保持为 0。

7.3.3 基于内部回归神经网络的故障诊断

1. IRN 结构

内部回归神经网络（Internally Recurrent Net，IRN）是利用网络的内部状态反馈来描述系统的非线性动力学行为。构成回归神经网络模型的方法有很多，但总的思想都是通过对前馈神经网络中加入一些附加的和内部的反馈通道来增加网络本身处理动态信息的能力，克服 BP 网络固有的缺点。

图 7-8 给出了一种 IRN 模型的结构，它由三层节点组成：输入层节点、隐层节点和输出层节点。两个模糊偏差节点分别被加在隐层和输出层上，隐层节点不仅接收来自输入层的输出信号，还接收隐层节点自身的一步延时输出信号，称为关联节点。

设 NH 和 NI 分别为隐层节点数和输入层节点数（除模糊偏差节点），$I_j(k)$ 是 IRN 在时间 k 的第 j 个输入，$x_j(k)$ 是第 j 个隐层节点的输出，$Y(k)$ 是 IRN 的输出向量，则 IRN 可由式（7-8）描述：

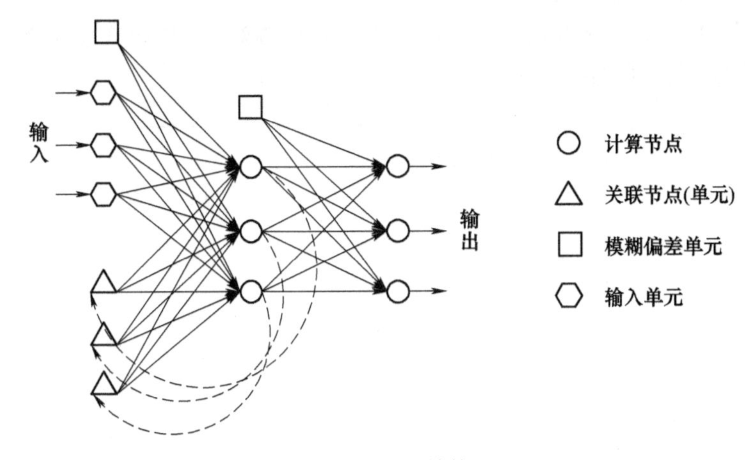

图 7-8　IRN 结构

$$
\begin{cases}
Y(k) = \sum_{j=1}^{NH} WO_j x_j(k) + WO_{bias} \\
x_j(k) = \sigma(S_j(k)) \\
S_j(k) = \sum_{i=1}^{NH} WR_{ij} x_i(k-1) + \sum_{i=1}^{NI} WI_{ij} I_i(k) + WI_{jbias}
\end{cases}
\tag{7-8}
$$

式中　$\sigma(k)$——隐层节点的非线性激活函数；

WI、WR、WO——从输入层到隐层、回归信号，从隐层到输出层的权系数；

WI_{jbias}、WO_{bias}——加在隐层和输出层上的模糊偏差单元的权系数。

隐层节点的输出可以视为动态系统的状态，IRN 结构是非线性动态系统的状态空间表示。IRN 的隐层节点能够存储过去的输入输出信息。

2. 基于 IRN 的故障诊断方法

神经网络故障诊断模型，主要包括三层：

1）输入层：即从实际系统接收的各种故障信息及现象。

2）中间层：是把从输入层得到的故障信息，经内部的学习和处理，转化为针对性的解决办法。

3）输出层：是针对输入的故障形式，经过调整权系数 W_{ij}后，得到的处理故障方法。

简而言之，神经网络模型的故障诊断就是利用样本训练收敛稳定后的节点连接权值，向网络输入待诊断的样本征兆参数，计算网络的实际输出值，根据输出值的模式，确定故障类别。图 7-9 表示基于神经网络的故障诊断流程图。

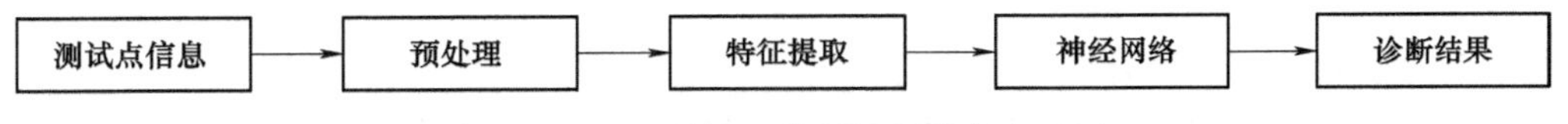

图 7-9　基于神经网络的故障诊断流程图

用 IRN 网络来实现故障分类。IRN 网络输入层有五个神经元对应五个测试点，输出层有五个神经元，隐层有十个神经元，其他关联节点和偏差单元的结构配置与图 7-8 相类似。

以测试编码作为网络输入，以故障编码作为网络输出，第一层学习率为 1.5，第二层学习率为1.5，输入偏差学习率为1.0，输出偏差学习率为3000，网络学习到第7步，其精度优于0.01。图7-10为IRN网络误差的收敛结果。将训练好的网络冻结，以测试编码为输入，使网络处于回想状态，回想结果见表7-2。

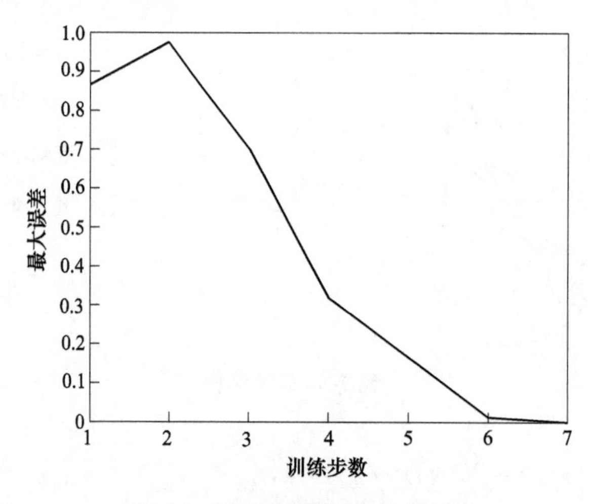

图7-10　IRN网络误差的收敛结果

表7-2　IRN网络对训练模式的回想结果

<table>
<tr><td colspan="5">测试编码</td></tr>
<tr><td>11111</td><td>01000</td><td>10000</td><td>11000</td><td>11100 / 11110</td></tr>
<tr><td colspan="5">故障诊断结果</td></tr>
<tr><td>bit1</td><td>bit2</td><td>bit3</td><td>bit4</td><td>bit5</td></tr>
<tr><td>0.0000</td><td>0.0000</td><td>0.0000</td><td>0.0000</td><td>0.0000</td></tr>
<tr><td>0.9999</td><td>0.0000</td><td>0.0001</td><td>0.0001</td><td>0.0000</td></tr>
<tr><td>0.0000</td><td>0.9999</td><td>0.0001</td><td>0.0001</td><td>0.0000</td></tr>
<tr><td>0.0000</td><td>0.0000</td><td>0.9959</td><td>0.0002</td><td>0.0001</td></tr>
<tr><td>0.0000</td><td>0.0000</td><td>0.0000</td><td>0.9998</td><td>0.0001</td></tr>
<tr><td>0.0001</td><td>0.0001</td><td>0.0000</td><td>0.0000</td><td>0.9975</td></tr>
</table>

7.4　计算机辅助诊断

7.4.1　概述

1. 计算机在监测和诊断中的应用现状

在工矿企业中，当有大量机器需要监测和诊断时，或者关键设备需要连续监测时，要频繁地进行数据采集、分析和比较，这是一项十分繁重的工作。如果依靠人力来进行上述工作，必须配备大量训练有素的监测人员。这时如果应用计算机进行自动监测和诊断，将节省人力和开支，并能保证判断的客观性和可靠性。

目前计算机辅助设计（Computer Aided Design，CAD）和计算机辅助制造（Computer Aided Manufacturing，CAM）技术已经逐渐在生产中得到承认和普及。但把计算机应用于监测设备的运行状态并诊断其故障的产生和发展，则是近年来发展起来的技术，这种技术称为计算机辅助监测和诊断技术。

近年来，许多现代化科学技术手段被广泛地应用到机械故障诊断中来，如信号处理技术、模式识别技术、人工智能技术、模糊数学和神经网络技术等，促进了现代故障诊断技术的迅速发展。特别是随着人工智能科学向实用化方向的发展，已经开发出了机器诊断专家系统，目前已有一些投入使用。

但是，计算机在各种诊断方法中应用的程序是不尽相同的，其中，在振动监测与诊断中应用的程度较高，而在其他诊断方法中的应用起步较晚。

总之，目前发展计算机辅助监测和诊断技术的客观条件日趋成熟，可以有计划、有步骤地在一些企业诸如石油化工、冶金、电厂等部门逐步开展和推广应用，使之不断得到发展和完善。

2. 计算机监测和诊断系统的分类

（1）根据监测范围分类

1）整个工厂的监测和诊断系统：对全厂设备进行大量的测量与标准状态进行比较和分析，以判断整个工厂设备的技术状态，制定可以自动报警及修复的步骤，需要计算机的在线监测技术，以进行大量的数据采集及分析。整个监测系统可以和过程自动控制联系起来，但所需的费用很高，设备很复杂并且要求专门设计，需由专业人员建立和运用该系统。该系统仅适用于产品很重要或有战略意义的少数工厂。

2）关键设备的监测和诊断系统：对工厂中起关键作用的机器做在线监测，可在任何时刻了解其状态，并可实现自动报警。这种方式需要在线监测技术，监测设备通常很贵。该系统适合于大多数工厂企业。

3）关键设备的重要部件的监测和诊断系统：根据以往出现故障的经验，可选择少量关键零部件进行监测。这种方式可广泛采用，而且设备价格不高。监测工作可由企业内部职工或雇佣企业外的技术人员负责。

（2）根据计算机监测和诊断系统所采用的诊断技术分类

1）简易自动诊断系统：通常采用某些简单的特征参数，如信号的RMS值、峰值等，与标准参考状态的值进行比较，能判断故障的有无，但不能判断是何种故障。因所用检测技术和设备简单、操作容易掌握和价格便宜，这种系统得到了广泛的应用。

2）精密自动诊断系统：综合采用各类诊断技术，对简易诊断认为有异常可能的设备进一步的诊断，以确定故障的类型和部位，并预测故障的发展。要求由专门的技术人员操作，在做出诊断结果及其解释以及采取对策方面，仍然需要有丰富经验的人员参与。

3）专家诊断系统：与一般的精密自动诊断系统不同，它是一种基于人工智能的计算机诊断系统。它能模拟故障诊断专家的思维方式，运用已有的故障诊断技术知识和专家经验，对收集到的设备信息进行推理做出判断，并能不断修改、补充知识以完善专家系统的性能。这对于复杂系统的诊断是十分有效的，也是当前的发展方向。

（3）根据计算机监测和诊断系统的工作方式分类

1）连续监测诊断系统：对机械设备的工作状态连续不断地进行监测和诊断，可以随时了解设备的工况，也称为在线监测诊断系统，一般用于重要、关键设备的监测。按照投入使用的计算机的数量及工作方式不同，这种系统可分为单机系统和多机系统。

2）定期监测诊断系统：对机械设备的工作状态定期进行监测和诊断，也称离线监测诊断系统。

7.4.2 计算机自动监测和诊断系统的构成

计算机自动监测和诊断系统（Computer Automatic Monitoring and Diagnosis System, CAMDS）的构成与它所服务的对象、所采用技术的复杂程度有很大关系。各种类型的CAMD差别很大，但一般都包含下列几个部分。

1）数据采集部分：其作用是对所要监测的信息进行采集。对振动监测而言，包括各种传感器、调适放大器和A/D转换器，如果是多通道的监测则还要有多路选择器。

2）计算机：计算机起中枢作用，用以控制整个系统，并进行运算、逻辑推理、给出诊断结果。对振动监测而言，为了加快运算，有的系统还配有快递运算器的芯片或FFT分析仪。

3）输出结果和警报部分：将监测诊断结果输出，可采用打印输出、屏幕显示、声或光报警和继电器切断设备等方式。

4）数据传输、通信部分：简单的计算机监测系统通过内部总线或通过接口在部件间或设备间传递数据和信息，对复杂的多机系统往往要采用网络，距离较远时则采用调制解调器及光纤通信。

1. 连续监测和诊断系统

连续监测和诊断系统（Continuous Monitoring and Diagnosis System, CMDS）是采用仪表和计算机信息处理系统对机器的运行状态随时进行监视或控制的系统。这种监测系统一般适用于被监测对象比较重要，而且便于安装长期固定的传感器的场合。这种系统可以监测机器每时每刻的工作状态，并且可记录下运行过程中的各种数据，对机器的状态随时进行分析。对这种系统，在操作上应尽量提高其运行的自动化程度，减少人工干预，以提高监测速度，降低操作人员的工作强度。在硬件的组成上，要求将传感器测得的信号直接送入计算机进行分析和监测。按采用的计算机的数量及工作方式不同，CMDS可分为单机系统和多机系统。

（1）单机系统

以一台计算机为主体的CMDS称为单机系统，这种系统的硬件组成如图7-11所示。

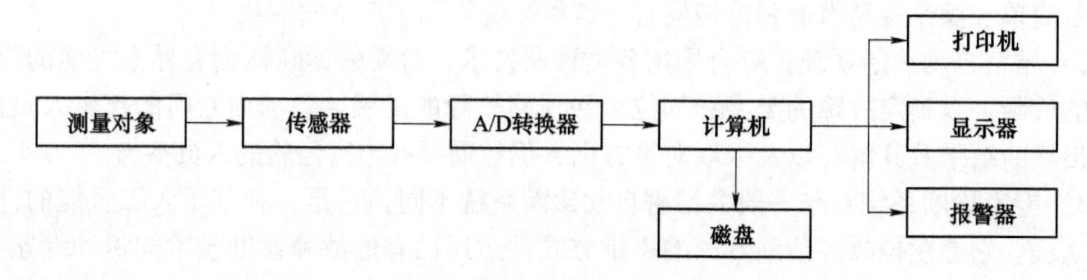

图7-11 单机系统的硬件组成

用传感器测取被监测对象在运行时所产生的信号（如振荡信号等）；用A/D转换器将连续变化的电信号变成离散的数据信号，这些数据信号可以供计算机接收和处理；处理的结果由打印机或显示器输出；当被监测对象出现异常时，报警装置可发出报警；计算机可以通过磁盘读取或储存各种数据信息。其中计算机是监测系统的心脏，它负责完成信号的分析、诊断工作，还控制着 A/D 转换器的转换工作。

（2）多机系统

面向多台设备乃至整个车间、工厂设备的 CMDS，往往采用多台计算机的分级管理形式，即为多机监测和诊断系统，简称多机系统。

这类系统一般由一台主计算机和多台辅助计算机或基于微处理器的专用仪器构成，为了充分利用系统的资源，主计算机一般选用通用微机，子计算机则大多选用专用计算机。主计算机与各子计算机通过网络连接起来。主计算机一般完成整个系统的管理、精密诊断、操作信息输入及监测和诊断结果的输出等工作。各个子计算机或专用仪器一般负责若干个设备的数据采集、数据预处理、简易诊断、异常状态报警及协助主计算机进行信号分析等工作。这种系统的典型结构如图 7-12 所示。

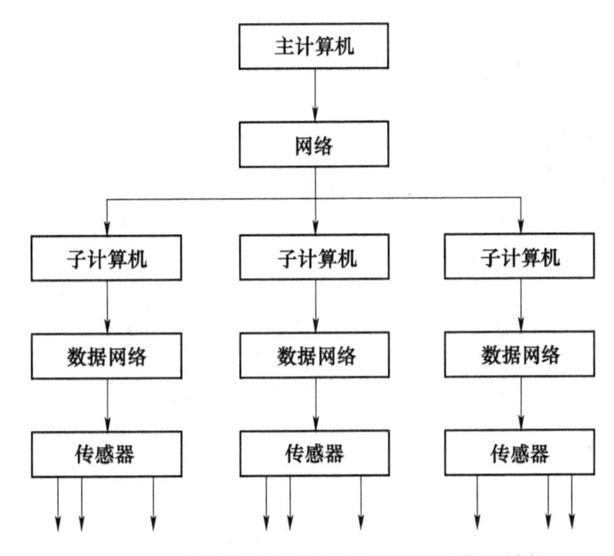

图 7-12　多机连续监测和诊断系统的典型结构

多机系统的性能特点主要包含以下几个方面：

1）信息采集全息化。它包括三方面的内容：一是所采集的信息种类比较全面；二是对参量的信息都采集有足够的通道数；三是不仅可对稳态信息进行采集，而且对非稳态信息（如起停过程、故障发生前后等）也可进行采集。

2）状态监测连续化。这种系统可以不断地对每一信息通道进行监测。

3）数据处理实时化。通过采用新的数据处理技术，可以大大加快数据处理的速度，提高状态监测和诊断的实时性，可以及时了解设备的运行状态。

4）故障诊断精密化。在单机系统中，计算机既要进行状态监测，又要进行故障诊断，因而往往出现顾此失彼的现象。而在多机监测系统中，子计算机承担繁重的状态监测工作，为主计算机节约了大量的时间，因此，主计算机可以“集中精力”进行故障的精密诊断。

由于这种系统具有这些优点，国内也日益重视。与国外同类产品相比，国内开发的系统能够较好地结合生产现场的具体情况，避免了引进系统的二次开发及汉字化问题，而且成本较低，其性能在很多方面达到或超过了国外同类产品的水平。

2. 定期监测和诊断系统

定期监测和诊断系统（Regular Monitoring and Diagnosis System，RMDS）是指每隔一定时间对机器的工作状态进行常规检查的系统。这种系统通常是定期取样并做出分析，以此来监测和诊断机械设备的故障。当被监测的对象很多而又不是很关键的设备，采用连续监测和诊断系统显得太昂贵时，或者难以安装长期固定的传感器时，这时就可采用定期监测和诊断系统。它一般由一台便携式数据采集器和计算机组成可分离的联机系统。

美国的 Scientific Atlanta 公司生产的 M77 数据采集器（Data-trap）属于这种系统，图 7-13 为该系统的使用流程示意图。

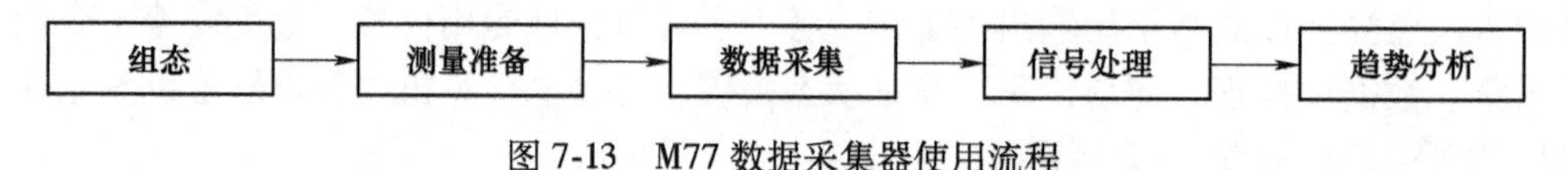

图 7-13　M77 数据采集器使用流程

7.4.3　计算机在故障监测和诊断中的应用实例

目前，计算机在各种诊断方法中得到不同程度的应用，已经成为现代检测和诊断技术的必备手段，可以说没有计算机就没有现代的检测和诊断技术。下面介绍几个应用实例。

1. 计算机在振动监测中的应用

图 7-14 为国内研制的利用计算机进行机械故障振动监测的系统。

图 7-14　利用计算机进行机械故障振动监测的系统

（1）系统的硬件组成

系统的硬件组成如图 7-15 所示。压电式加速度传感器固定在对机器故障敏感、干扰小的位置；监测的信号经放大，滤波后进入 A/D 转换器，并进入 TMS32032 高速信号处理芯片进行快速处理，以提高系统的实时能力；计算机主要负责文件的管理等其他非计算任务；监测结果主要由显示器或打印机输出。

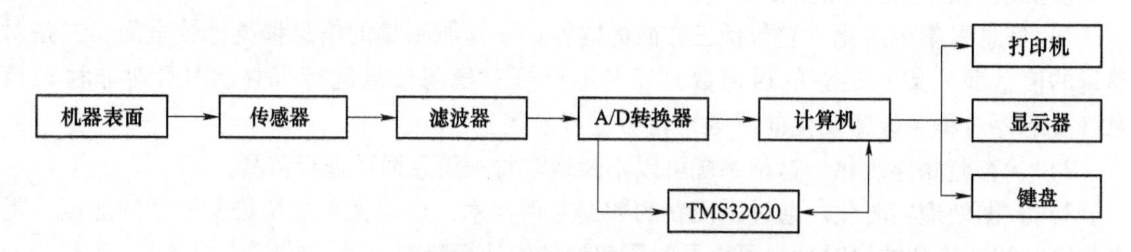

图 7-15　计算机辅助振动监测和诊断系统示意图

（2）监测和诊断方法

本系统的监测方法是将机器的状态分为正常和异常状态两种。通过采集足够多的机器在正常状态下运行的振动信号，提取特征参数，并计算出特征参数在正常状态下的波动范围。在实际监测中，根据测得的振动信号进行特征参数分析，并与预先确定的正常范围数据进行比较，一旦超出此范围，就将机器判为异常状态并发出警报。为了克服采用单一特征参数作为判断指标，会造成误判和漏判等缺点，系统同时采用了 12 个不同的特征参数，当 2 个以上的特征参数同时超过正常范围时才判为异常。

（3）系统的特点

本系统采用了先进的数字信号处理方法和故障诊断理论，并在系统中配备了高速数字信号处理芯片 TMS32020，而且充分利用了计算机的色彩、音响及汉字化等功能，使系统的可靠性、监测的准确性及实时性得到了保证。它可以在极短的时间内完成振动信号的采集、分析处理、判断及报警。

2. 计算机在性能趋势监测中的应用

图 7-16 是用来监测采油机拉缸故障的计算机监测系统。

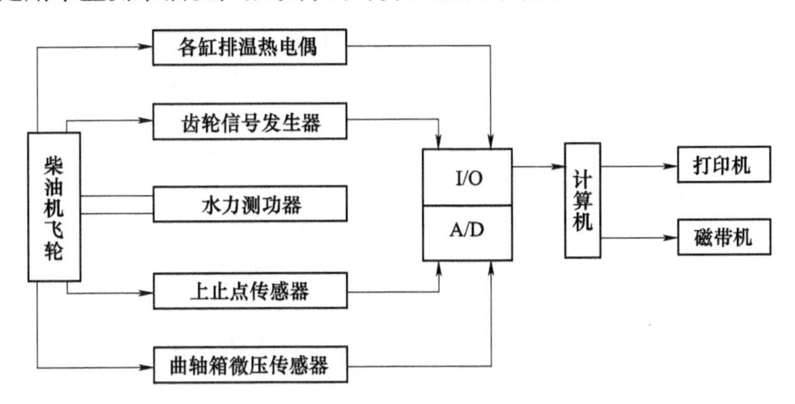

图 7-16　监测采油机拉缸故障的计算机监测系统

本系统通过测量柴油机的曲轴箱压力和柴油机瞬态转速、排气温度等参数，可实时监测柴油机拉缸故障及其他不正常工况。

（1）监测原理

拉缸是柴油机的一种常见故障。其常见的外部特征有：柴油机曲轴箱通气口的排烟明显增多、压力增高、转速自动降低、运转无力、润滑油温度明显升高、振动加剧等，根据这些参数的特征变化就可诊断故障是否存在。

（2）系统的构成

该监测和诊断系统的构成如图 7-16 所示，包括各种信号采集器、计算机硬件、计算机软件等。其中软件分为：主程序、热电偶（测排气温度）线性化子程序、瞬态转速测量子程序、数据运算子程序等。

3. 故障诊断专家系统

（1）专家系统概述

将先进传感技术和信号处理技术与设备诊断领域专家的丰富经验和思维方式相结合，就可形成机械设备诊断的专家系统。专家系统实际上是人工智能计算机程序系统，它利用大量人类专家的专门知识和方法来解决现实生活中的某些复杂问题，这些问题主要有：

1）只有专家才能解决的复杂问题。

2）专家诊断系统用模仿人类专家推理过程的计算机模型来解决这些问题，并能达到人类专家解决问题的水平。

机械设备故障诊断专家系统是近来才出现的，但发展十分迅速，之所以如此，是因为故障诊断专家系统具有以下特点：

1）能记录和传播诊断专家的珍贵经验，使得少数人类诊断专家的专长可以不受时间和空间的限制，随时可加以有效地应用。

2）故障诊断专家系统可以吸收不同诊断专家的知识，从而使得诊断结果更准确和全面。

3）在实际工作中应用故障诊断专家系统，可以提高诊断效率，取得较大的经济效益。

（2）专家系统的构成

目前，比较典型的故障诊断专家系统由以下几个部分组成：知识库、推理机、数据库、解释程序、知识获取程序和用户。它们的互相关系如图 7-17 所示。

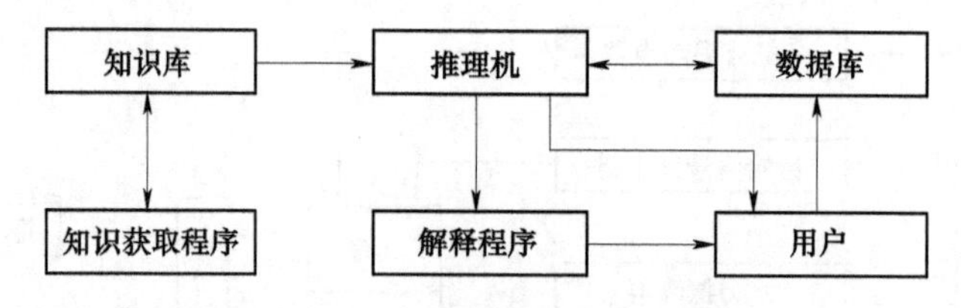

图 7-17　专家系统的构成示意图

（3）实例

如图 7-18 所示，是利用内燃机振动信号对故障进行诊断的专家系统。

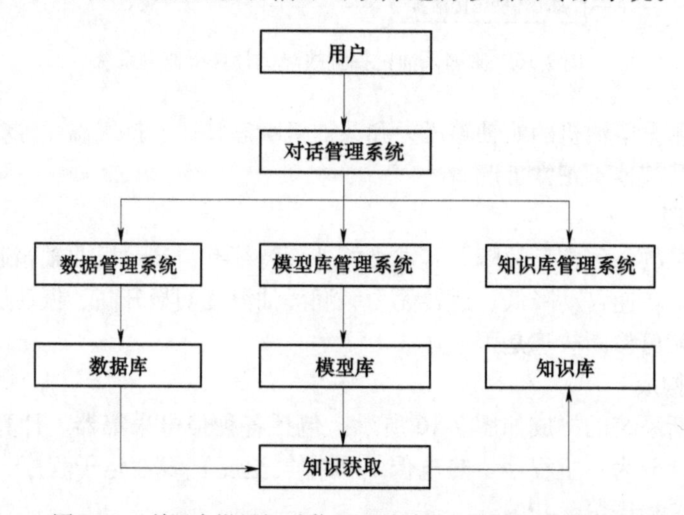

图 7-18　利用内燃机振动信号对故障进行诊断的专家系统

内燃机各测点的振动信号存储于数据中。在模型库中储存有各种对信号处理的算法和数学模型，然后调用知识库中的实例和规则对计算值进行推理分析，得出诊断的结论。

再如美国西屋研究中心和卡内基·梅隆大学联合研制的汽轮发电机组监控专家系统。这个系统已用于监视德州三家主要发电厂的七台汽轮发电机组的全天工作状况。此专家系统能够快速、精准地分析仪表送来的信号，然后立即告诉操作人员应该采取什么动作。在汽轮发电机上装有传感器和监视仪表，并与远处的计算机连接，计算机根据汽轮机和发电机专家的经验编制的程序，分析温度、压力、速度、振动和射频辐射等输出，然后判断机组的工作状态是否正常，如果不正常或有故障征兆，会立即告诉维修人员应如何采取防范措施。这套系统的最终发展目标是将整个电厂的主要设备（包括汽轮机、发电机、锅炉等）都连接到 24 小时连续运行的故障诊断专家系统上。

4. 计算机在油液监测中的应用

油液监测和诊断技术目前已经成为一种重要的监测和诊断技术，在生产实际中得到了广泛的应用。对油液监测中的各类信息进行计算机处理，是这一监测技术发展的必然趋势。因为：首先，油液监测涉及信息很多，依靠有限的人力来进行这些数据的管理与处理较困难；其次，考虑到企业应用油液监测技术的机械数量较多，将有更多的信息量需要及时处理；最后，人们在进行诊断分析时，往往是通过比较历次所取油样的分析结果来评价机械的磨损状态，这需要操作人员积累经验和分析数据，计算机在数据存储方面的功能和逻辑判断能力，恰好可以满足这一要求。将信息与专家经验相结合就可组成具有专家功能的系统。美国铁谱仪公司曾设计了专门处理直读铁谱仪数据的软件，国内也有单位开展过铁谱数据库的研究。如图 7-19 所示是武汉交通科技大学开发的油液监测数据处理系统，该系统的功能包括以下几个方面。

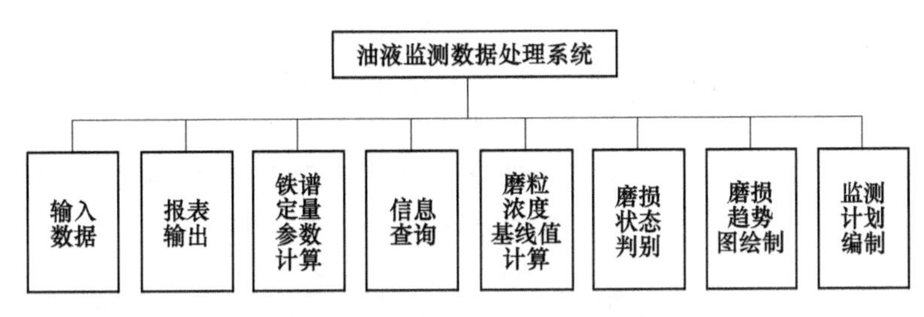

图 7-19　油液监测数据处理系统

1）输入数据。输入数据是系统数据的来源。该系统通过人机界面将数据输入，为进一步的分析处理奠定基础。

2）报表输出。监测实验室常常需要制定各类报表，以备上报或存档，为此，按实际的需要设计了有关报表，这些报表包括以下种类。

① 油样报表包括：油样明细表、单机取样记录汇总表、油样记录月度汇总表、取样记录表。

② 油样分析报表包括：油样分析结果表、单台设备润滑油理化分析汇总表、单台设备润滑记录。

③ 铁谱分析结果表包括：磨粒成分汇总表、磨粒浓度数据汇总表、铁谱分析记录表、摄影记录表。

3）铁谱定量参数计算。一般来说，操作人员测量所得的是一些基本数据，常需要采用其他一些由这些基本数据派生出来的参数来描述机械的状态。铁谱定量参数计算模块可自动完成这一工作，在计算时，该系统将原始数据换算成标准读数，使得各参数之间具有比较性。

4）信息查询。在实际监测工作中常常需要查询信息，本系统开发了功能较强的通用查询模块。查询模块的好坏直接关系到系统的运行效率。该模块可对油样记录、铁谱分析数据、油样理化分析数据和监测分析结果等原始和派生出的信息进行查询。查询字段和条件可根据要求随意进行。查询的结果既可显示又可根据要求进行打印输出。

5）磨粒浓度基线值的计算。在进行铁谱监测时，需要根据油样中的磨粒情况，了解和判断机械的磨损状态和发展趋势。可通过铁谱定量参数与建立的基线值、报警值和危险值进行比较后得出，这方面的信息基线值是按照设备各油样的分析结果，经过一定的数学模型处理之后建立起来的。

6）磨损状态识别。监测的目的是为了了解机械的技术状态，因此，状态判别模块是一个重要的模块，它可利用油品监测和铁谱分析的结果，同时也可综合利用有关专家的状态判别经验，帮助操作者进行初步的磨损状态判别，并给出相应的处理意见，具备辅助诊断的功能。

7）磨损趋势图绘制。磨损趋势图绘制模块可以将油液监测的各种分析数据（包括理化分析数据和铁谱分析数据）随时间的变化规律以图形的方式显示出来，形象直观地显示定量参数的变化趋势，从而了解机械磨损状态的变化。该模块既可绘制二维图形也可绘制三维图形。

8）监测计划编制。根据每一台机械设备各监测点的取样周期及最后一次取样的时间，计算机可以自动编制一个取样分析计划，指导监测工作的开展。

图 7-20 所示是用于铁谱磨粒图像自动识别与分析的系统。该系统由显微镜、摄像机、图像采集卡、图像监视器、计算机系统、打印机及有关的软件（知识库、推理机等）组成。利用这套系统，可以取代人工完成对铁谱的分析和诊断工作。主要工作包含磨粒图像的采集与存储、磨粒的识别和统计分析、磨粒状态的辅助判别等。

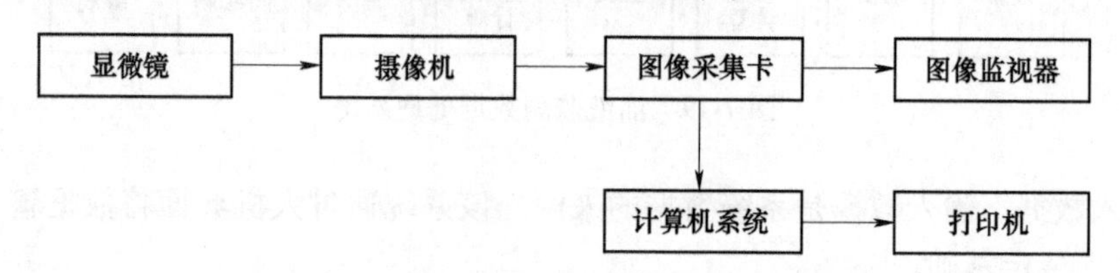

图 7-20　铁谱磨粒图像自动识别与分析系统

7.5　基于故障树的工业机器人故障诊断

7.5.1　概述

工业机器人是面向工业领域的多关节机械手或多自由度的机器人。工业机器人是自动执行工作的机器装置，是靠自身动力和控制能力来实现各种功能的一种机器。它可以接受人类指挥，也可以按照预先编制的程序运行。现代的工业机器人还可以根据人工智能技术制定的原则纲领行动。

工业机器人在工业生产中能代替人做某些单调、频繁和重复的长时间作业，或是危险、恶劣环境下的作业，例如在冲压、压力铸造、热处理、焊接、涂装、塑料制品成形、机械加工和简单装配等工序上，以及在原子能工业等部门中，完成对人体有害物料的搬运或工艺操作。由于工业机器人具有一定的通用性和适应性，能适应多品种中、小批量的生产，从 20 世纪 70 年代起，常与数字控制机床结合在一起，成为柔性制造单元或柔性制造系统的组成部分。当今工业机器人技术正逐渐向着具有行走能力、具有多种感知能力、具有较强的对作业环境的自适应能力的方向发展。

机器人控制系统是机器人的大脑，是决定机器人功能和性能的主要因素。工业机器人控制技术的主要任务就是控制工业机器人在工作空间中的运动位置、姿态和轨迹、操作顺序及动作的时间等。具有编程简单、软件菜单操作、友好的人机交互界面、在线操作提示和使用方便等特点。其关键技术主要包括：开放性模块化的控制系统体系结构、模块化层次化的控制器软件系统、机器人故障诊断与安全维护技术及网络化机器人控制器技术。其中机器人的故障诊断与安全维护技术是指通过各种信息对机器人故障进行诊断，并进行相应维护，是保证机器人安全性的关键技术。

7.5.2　基于故障树的工业机器人故障分析

这里以重庆华数机器人有限公司新研发的 HSR-JR605 六关节工业机器人为研究对象进行故障诊断分析。HSR-JR605 六关节工业机器人是由示教器、控制柜、机械本体及其三者之间的连接线组成。在调试和测试过程中不难发现，HSR-JR605 六关节工业机器人的故障形式主要为执行系统故障和控制系统故障两部分，本书针对以上故障形式进行相应分析。

1. 执行系统故障

（1）执行系统故障分类

HSR-JR605 六关节工业机器人的执行系统是以机械本体的形式存在，作为主要核心部件，其故障主要分为电机故障、减速机故障、连杆结构故障和末端执行机构故障。电机故障主要由电机损坏、操作不当导致电机无法正常运行导致。减速机故障主要有减速机损坏、减速机异常（如受撞击、润滑油泄露等导致运转出现异响、抖动等现象）。连杆结构故障产生原因较多，主要有螺钉松动、传动轴等部件损坏、齿轮或同步带等传动部件损坏。抓取重物超重、驱动结构未正常运行（如抓取气缸未能执行正确动作）是造成末端执行机构故障的主要原因。HSR-JR605 六关节工业机器人的机械本体外观如图 7-21 所示。

（2）执行系统故障实例分析

针对 HSR-JR605 六关节工业机器人在调试及测试过程中出现的一些故障，现列举三个典型的执行系统故障分析实例如下：

故障 1：在使用过程中出现末端执行机构无法正常到达指定位置。

出现此问题时，优先检查机器人是否零点丢失。将机器人回零，发现零点未丢失。手动旋转末端执行机构，发现能够转动。此时考虑将末端执行机构拆卸，旋转机器人末端法兰，发现机器人末端法兰能够旋转，即问题点在机器人第六轴的电机、减速机或结构上。之后经过拆卸发现问题点为机器人减速机螺钉松动导致。重新拧紧螺钉后问题解决。

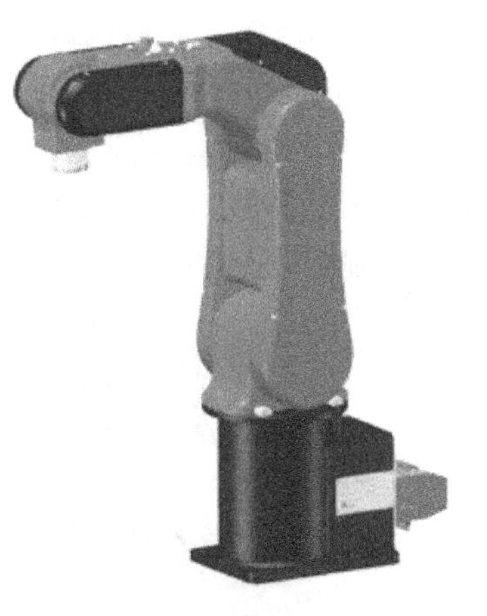

图 7-21　HSR-JR605 六关节工业机器人机械本体外观

故障 2：运动时机器人五轴未能正常动作，即停在某一位置无法动作，且无报警出现。

拆卸机器人防护罩后发现同步带断裂，更换同步带以解决问题。

故障3：在运行过程中第六轴出现报警。

机器人其他轴能够正常运行，在运行第六轴时出现报警。去掉末端执行机构，空载运行依旧出现报警，且未出现螺钉松动，即出现问题点主要应在线缆、驱动、电机上。经排查，控制柜带动其他机器人无问题，即问题点在本体线缆和电机上。经检查，线缆未磨损，更换电机后问题解决，即电机出现故障。

2. 控制系统故障

HSR-JR605六关节工业机器人控制系统主要包括：IPC控制器、伺服驱动器、总线式I/O模块、示教器（含连接线）、伺服电机（内置绝对式编码器）、动力/抱闸连接线及编码器连接线等部件。控制系统故障分为硬件系统故障和软件系统故障。

（1）硬件系统故障分类

示教器单元故障、运动控制单元故障和伺服驱动单元故障是造成硬件系统故障的主要原因，具体的硬件系统故障内容详列如下。

（2）示教器单元故障

示教器的外观如图7-22所示。

HSR-JR605六关节工业机器人示教器采用高性能8英寸彩色LCD触摸屏+周边按键的操作方式，具有多组按键，进行机器人的参数设置、运动控制及状态监视；示教器设有手动/自动模式选择钥匙旋钮，设置有急停按钮和三段式安全开关，确保机器人操作的安全性；示教器至控制柜的连接线缆长8米，保证操作员处于机器人的安全范围内。

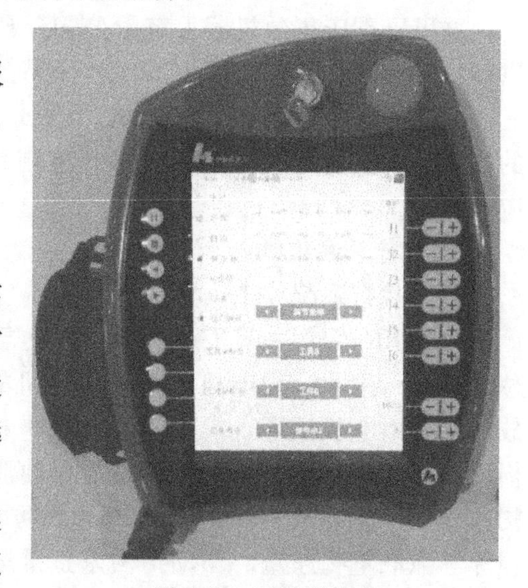

图7-22　示教器外观

示教器单元的硬件故障主要有触摸屏无反应，触摸不灵敏，按键、三段式安全开关和急停按钮操作失灵，连接线断线或接触不良，网络插头松脱及网络通信失败等故障。

1）运动控制单元。HSR-JR605六关节工业机器人的运动控制单元主要包含IPC控制器和总线式I/O模块两部分，其硬件故障主要是IPC控制器故障、I/O模块故障、供电线路故障、信号线路故障及通信线路故障。IPC控制器相当于机器人的大脑，所有程序和算法都在IPC控制器中处理完成。IPC控制器外观如图7-23所示。

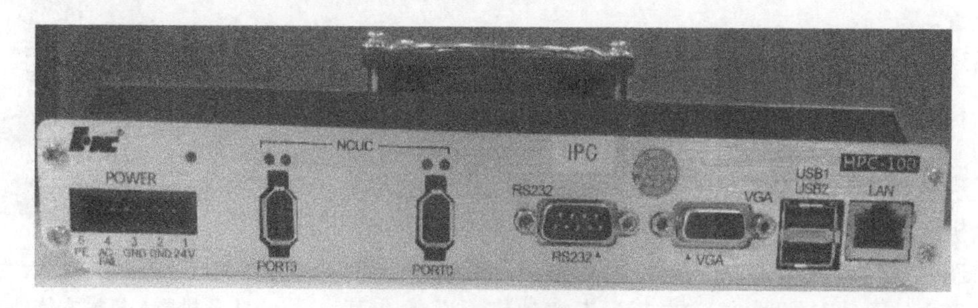

图7-23　IPC控制器外观

2）伺服驱动单元。HSR-JR605 六关节工业机器人采用武汉华中数控股份有限公司推出的新一代全数字交流伺服驱动产品 HSV-160U 系列伺服驱动单元，主要应用于对精度和响应比较敏感的高性能数控领域，其连接原理示意图如图 7-24 所示。

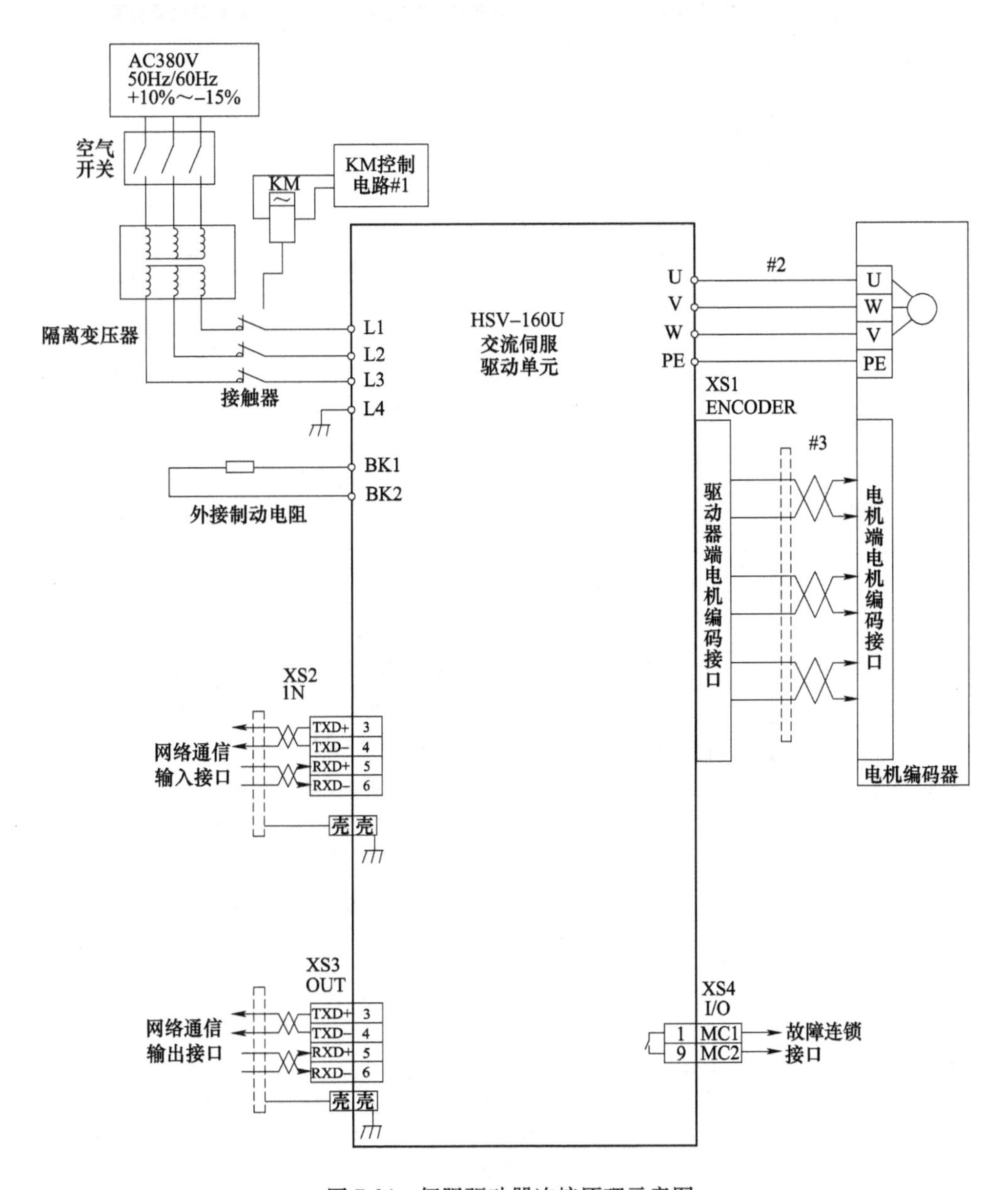

图 7-24　伺服驱动器连接原理示意图

伺服驱动单元的硬件故障主要是伺服驱动单元故障、供电线路故障、输出至伺服电机动力/抱闸线路故障、连接电机编码器信号线路故障及通信线路故障。

HSV-160U 系列伺服驱动单元提供了 30 种不同的保护功能和故障诊断。当其中任何一种保护功能被激活时，驱动单元面板上的报警灯 AL 点亮，同时进入显示菜单 DP-ALM 可查看具体的报警号。常见伺服驱动报警信息如表 7-3 所示。

表 7-3　常见伺服驱动报警信息一览表

报警代码	报警名称	运行状态	故障分析	处理方法
1	主电路欠电压	开机时出现	1. 电路板故障 2. 软起动电路故障 3. 整流桥损坏	更换伺服驱动器
		电机运行过程中出现	1. 电源容量不够 2. 瞬时掉电	检测电源
9	系统软件过热	系统软件过热	1. 电机堵转 2. 电机动力线相序是否正确 3. 电机动力线是否连接牢固	1. 电机相序是否正确 2. 编码器线是否有断线或松动 3. 电机负载是否过大 4. 驱动器参数是否正确
11	系统超速	电机运行过程中出现	输入指令脉冲频率过高	1. 正确设定输入指令脉冲 2. PA17 号参数设置是否正确
		电机刚起动时出现	驱动器参数设置与所使用的电机及编码器型号不匹配	PA24、PA25、PA26 设置是否正确
			负载惯量过大	1. 减小负载惯量 2. 更换更大功率的驱动器和电机
			编码器零点错误	1. 更换伺服电机 2. 调整编码器零点
			电机动力线相序错误	确认动力线相序
12	跟踪误差过大	开机，通过总线输入位置脉冲指令，电机不转动	驱动器参数设置与所使用的电机及编码器型号不匹配	PA24、PA25、PA26 设置是否正确
			1. 电机动力线相序引线接错 2. 编码器电缆引线接错	正确接线
		电机运行过程中出现	设定位置超差检测范围大小	增加位置超差检测范围
			位置比例增益太小	增大 PA0 参数
			转矩不足	1. 检查转矩限制值 2. 减小负载容量 3. 更换大功率的驱动器和电机
13	电机过载	开机过程中出现	电路板故障	更换伺服驱动器
		开机，通过总线输入位置脉冲指令，电机不转动	驱动器参数设置与所使用的电机及编码器型号不匹配	PA24、PA25、PA26 设置是否正确
			1. 电机动力线相序接错 2. 编码器电缆引线接错	正确接线
			电机抱闸没有打开	检查电机抱闸
			转矩不足	1. PA18、PA19、PB42 设置是否正确 2. 减小负载容量 3. 更换大功率的驱动器和电机

（续）

报警代码	报警名称	运行状态	故障分析	处理方法
25	NCUC 通信链路断开错误	开机或运行过程中出现	1. 总线通信断开或不正常 2. 复位驱动单元或系统异常	
26	电机编码器信号通信故障	开机过程中出现	1. 绝对式编码器通信故障 2. 编码器线缆是否正常连接	1. 检查编码器线 2. 检查电机编码器与驱动器编码器类型是否一致 3. PA25 参数设置与所用电机编码器是否一致
			编码器损坏	更换电机
		运行过程中出现	编码器连接不正常	检查编码器线
			编码器损坏	更换电机
34	编码器电池电压低警告	开机过程中出现	电池电压低或未安装电池	更换电池或安装电池

（3）软件系统故障分类

示教编程错误、参数设置错误、系统软件与数据问题是软件系统故障的三大表现，软件系统故障主要包括示教器单元、运动控制单元和伺服驱动单元的软件故障，具体的软件系统故障内容详列如下。

1）示教器单元的软件故障主要是示教编程错误、机械参数及轴参数设置错误、网络设置错误及示教器系统软件故障。

2）运动控制单元的软件故障主要是 IPC 控制器系统软件故障、系统软件版本过低、系统数据丢失、内置 PLC 控制程序与实际硬件接口定义不符及 I/O 模块控制软件故障。

3）伺服驱动单元的软件故障主要是控制软件与硬件不符、伺服参数设置错误及伺服软件故障。

（4）执行系统故障实例分析

针对 HSR-JR605 机器人在调试及测试过程中出现的一些故障，现列举四个典型的控制系统故障分析实例如下：

故障 1：开机上电，示教器触摸屏无显示。

遇到此问题，首先确保示教器的 24V 供电线路正常，经测量控制柜端接示教器电源线缆处 24V 电压正常；拆开示教器外壳，以便测量示教器控制板 24V 供电情况，经检查为示教器控制板 24V 电源插头松脱，重新插紧 24V 电源插头，上电示教器显示正常，问题得以解决。此故障即为典型的示教器单元硬件故障中供电线路故障问题。

故障 2：自动运行示教编辑的程序时，示教器出现报警号“7700 无效运动”报警。

此示教程序包含有关节和直线两种运动指令，自动运行此示教程序，示教器出现报警号“7700 无效运动”报警。经查询示教器报警定义，此故障是由于直角坐标下运动的前后两个示教点采用了不同的关节属性，机器人无法生成轨迹所致。经修改报警处示教指令下直角坐标的关节属性，问题得以解决。此故障即为典型的软件系统故障中示教编程错误问题。

故障 3：示教器手动落下 J3 轴可正常运行，但抬起 J3 轴时，J3 轴不动，电机发出嗡嗡的声音。

针对抬起 J3 轴时，J3 轴不动，电机发出嗡嗡的声音，根据以往的经验判断是否电机缺相所致，故检查伺服驱动器输出至电机动力线路。经检查线路，发现伺服驱动器端动力输出线 U 相线与 PE 线反接，导致电机缺相，将 U 相线与 PE 线进行正确接线，问题得以解决。此故障即为典型的硬件系统故障中伺服驱动单元动力线路故障问题。

故障 4：J3 轴运行报电机过载故障。

经检查相应的线路、机械本体及负载情况均无异常，同一本体，更换别的控制柜进行联机，J3 轴运行正常；经对比，J3 处于同种状态下，两个控制柜的伺服驱动器电流显示不同，经分析及查阅伺服驱动器使用说明书得知，联机 J3 轴运行报电机过载故障的伺服驱动器软件代码设置与硬件电路不符，伺服驱动器对 J3 轴电机电流采样虚高，导致伺服驱动器误报电机过载故障，正确设置伺服驱动器的软件代码，问题得以解决。此故障即为典型的伺服驱动单元故障中控制软件与硬件不符问题。

3. 建立故障树

由以上故障可知，工业机器人故障为顶事件，其余为中间事件或底事件，结合以上所列故障形式建立工业机器人故障树如图 7-25 所示。

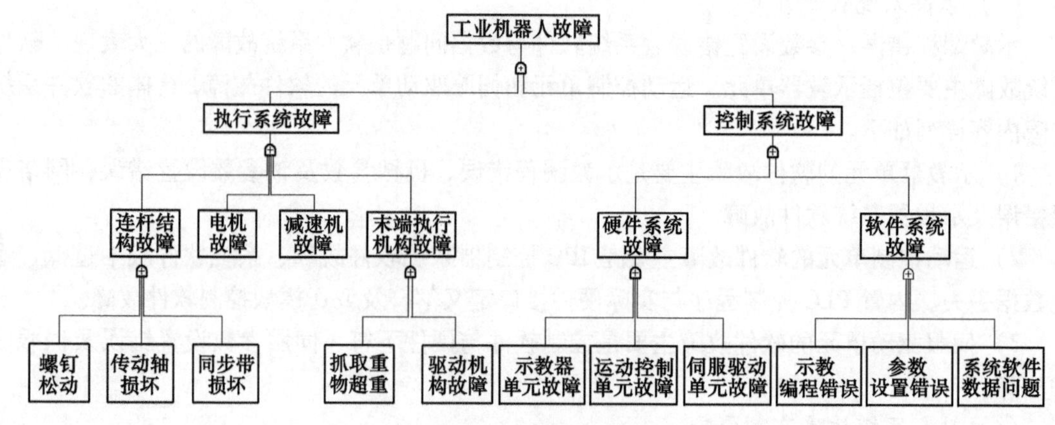

图 7-25　工业机器人故障树

通过对调试及测试过程中，工业机器人常出现的故障、问题进行汇总，形成故障诊断记录，建立工业机器人故障树，避免影响设备的使用。

4. 安全维护

正确的检修作业能使机器人耐用且对防止故障和确保安全也是必不可少的。根据设备维修制度，设备维修主要分为以下几类：

（1）事后维修

设备运行至故障停车后才进行修理。

（2）预防维修

按照预定的检修时间间隔进行维修（计划维修）。

（3）预知维修

对设备进行状态监测，根据设备监测和诊断的结果，视设备劣化或故障的程度，安排在适当的时间进行必要的设备维修。

通过对工业机器人采用故障树诊断技术，能够快速进行故障诊断定位，及时有效地解决问题；同时也可以对早前出现的问题，在维护时对可能故障点进行预知维修，及早避免不必要故障的发生；提高机器人运行安全性，防止维修不到位而导致的事故；提高机器人使用合理性、运行安全性和经济性。

5. 结论

本节以重庆华数机器人有限公司的 HSR-JR605 六关节串联型工业机器人为研究对象，采用基于故障树的故障诊断方法，通过对调试及测试过程中，工业机器人常出现的故障、问题进行汇总，形成故障诊断记录，建立工业机器人故障树，以便在下次遇到类似的问题，能够快速进行故障诊断定位；找出工业机器人中容易发生的故障，以对相应可能故障点进行预知维护。通过此方法提高了工业机器人故障排除率，也大大提高了故障的维修效率。

本节采用故障树分析方法来诊断推理、排查工业机器人系统故障，通过故障分析证明，基于故障树的故障诊断方法是有效的、高效的，可以实现快速诊断故障的目的，也为今后工业机器人的故障维修提供了经验，提高了生产制造系统的工作效率，节约成本，具有实用意义。

7.6　基于 6sigma 的工况监测与故障诊断

7.6.1　6sigma 简介

6sigma（也称 6σ 或 Six Sigma）最早作为一种突破性的质量管理战略在 20 世纪 80 年代末在摩托罗拉公司（Motorola）成型并付诸实践，三年后该公司的 6sigma 质量战略取得了空前的成功：产品的不合格率从百万分之 6210 件（大约 4sigma）减少到百万分之 32 件（5.5sigma），在此过程中节约成本超过 20 亿美元。随后德州仪器公司（Texas Instruments）和联信公司（Allied Signal，后与霍尼维尔 Honeywell 合并）在各自的制造流程全面推广 6sigma 质量战略。但真正把这一高度有效的质量战略变成管理哲学和实践，从而形成一种企业文化的是在杰克・韦尔奇领导下的通用电气公司（General Electric Company）。该公司在 1996 年初开始把 6sigma 作为一种管理战略列在其三大公司战略举措之首（另外两个是全球化和服务业），并在公司全面推行 6sigma 的流程变革方法。而 6sigma 也逐渐从一种质量管理方法变成了一个高度有效的企业流程设计、改造和优化技术，继而成为世界上追求管理卓越性的企业最为重要的战略举措，这些公司迅速运用 6sigma 的管理思想于企业管理的各个方面，为组织在全球化、信息化的竞争环境中处于不败之地建立了坚实的管理和领导基础。

继摩托罗拉、德州仪器、联信/霍尼维尔、通用电气等先驱之后，几乎所有的财富 500 强的制造型企业都陆续开始实施 6sigma 管理战略。值得注意的是，一直在质量领域领先全球的日本企业也在 20 世纪 90 年代后期纷纷加入实施 6sigma 的行列，这其中包括索尼、东芝、本田等。韩国的三星、LG 也开始了向 6sigma 进军的旅程。另一值得注意的现象是，自通用电气之后，所有公司都将 6sigma 战略应用于组织的全部业务流程的优化，而不仅仅局限于制造流程。更有越来越多的服务性企业，如美国的花旗集团（Citigroup）、全球知名的 B2C 网站公司 Amazon 等也成功地采用 6sigma 战略来提高服务质量、维护高的客户忠诚度。所以 6sigma 已不再是一种单纯的、面向制造性业务流程的质量管理方法，同时也是一种有效地提高服务性业务流程的管理方法和战略。更有一些政府机构也开始采用6sigma的方法来改善政府服务。目前，美国公司的平均水平已从3sigma左右提高到了接近5sigma的程度，而日本则已超过了5.5sigma的水平。可以毫不夸张地说，sigma水平已成为衡量一个国家综合实力与竞争力的最有效的指标。

7.6.2 6sigma的概念

1. 6sigma推进过程及其统计工具

表7-4展示了6sigma在不同推进阶段中，改善问题使用的统计工具。

表7-4 6sigma在不同推进阶段中改善问题使用的统计工具

6sigma概念（使用工具）	
阶段	Tools
Define（定义）	1. Process Mapping（流程图） 2. Logic Tree（逻辑树） 3. Pareto Analysis（柏拉图） 4. QFD（质量指标分解），FMEA（失效模式与影响分析）
Measurement（测量）	5. Gage R&R（检测计量器的再现性与重复性分析） 6. Rational Subgroup（有理数群） 7. Process Capability（过程能力）
Analysis（分析）	8. Hypothesis Test（假设检验） 9. Regression（回归分析） 10. Graph Analysis（图形分析）
Improvement（改进）	11. DoE（实验设计） 12. ANOVA（方差分析）
Control（控制）	13. SPC（统计过程控制）

2. 6sigma各阶段推进内容

6sigma Process是以D-M-A-I-C 5阶段构成并经过重要的13步骤。6sigma活动是通过现象分析，展开问题，查明临时性因素，以D-M-A-I-C 5程序改善关键少数因素。

先把握现象，能够1次性改善的部门采取1次性改善活动；然后，下一个阶段再接着进行改善活动。表7-5展示了6sigma各阶段推进内容。

表7-5 6sigma各阶段推进内容

阶 段	展开内容	Focus
Define（定义）	1. 确定问题点/具体改善目标	
Measurement（测量）	2. 选定制品或工序的CTQ	Y
	3. 把握Y的工序能力	Y
	4. 明确Y的测定方法	Y
	5. 将Y的改善对象具体化	Y
Analysis（分析）	6. 明确改善Y的目的	Y
	7. 明确影响Y的因素	$X_i \cdots X_n$

（续）

阶　段	展开内容	Focus
Improvement（改进）	8. 通过筛选抽出关键的少数因素 9. 把握关键的少数因素的相关关系 10. 工序最佳化和验证（再现性实验）	$X_1 \cdots X_n$ 致命的少数因素 X_i 致命的少数因素 X_i
Control（控制）	11. 确立对 X 的测定系统 12. 确立对关键的少数因素的管理方法 13. 确立关键少数因素的工序管理系统及事后管理	致命的少数因素 X_i 致命的少数因素 X_i 致命的少数因素 X_i

3. 6sigma 的定义

sigma 表示工序的散布，其希腊字母 σ 是统计学记述接近平均值的标准偏差（Standard Deviation）或变化（Variation），或定义为事件发生的可能性。sigma 是表示工序能力的统计单位，测定的 sigma 与单位缺陷（DPU，Defect Per Unit）、每百万个产品有多少个不合格品（Parts Per Million，PPM）等一起出现。可以说明拥有高 sigma 值的工序，具备不良率低的工序能力。sigma 值越大品质费用越少，周期越短。

平均值和拐点之间距离用标准偏差 σ 表示。如果目标值（T）和规格上下限（USL 或 LSL）距离是标准偏差的 3 倍的话，说明具备了 3σ 的工序能力。3σ 的含义如图 7-26 所示。

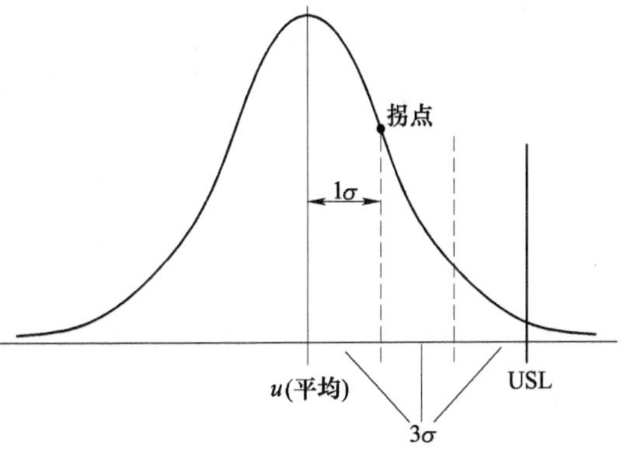

图 7-26　3σ 的含义

4. Z 值的概念与计算

Z 值是已测定的标准偏差 σ 有几个能进入平均值到规格上下界限（USL，LSL）之间的测定值。计算公式如下：

$$Z=\frac{x-\mu}{\sigma} \tag{7-9}$$

式中　x——产品所要求的公差。

如图 7-27a 所示，Z 值为 3；如图 7-27b 所示，Z 值为 6。

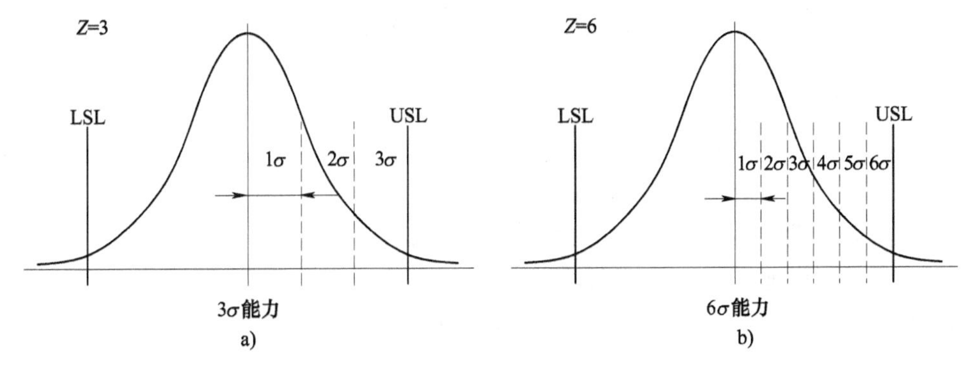

图 7-27　Z 值举例说明

a）3σ　b）6σ

工序的变动（散布）越小，工序能力越强，其结果标准偏差更小，发生不良品的可能性就低。要通过问题的现象分析把握工序能力（Z），以及要提高到 6σ 水平在统计上需采取的措施。

5. 6sigma 品质水平

6sigma 首先是一个衡量业务流程能力的尺度。业务流程的 sigma 值表示该流程的实际结果相对于期望、平均或所要求的结果的偏离程度。举一个航空公司的例子，如果某一航班的预计到达时间是下午五点，由于各种原因，真正准时到达的情况是极少的。假如允许在下午五点半之前到达都算准点到达，一年里该航班共运营了 200 次，显然到达时间是个变量。如果其中 55 班次晚于下午五点半到达，从质量管理的角度来说，这就是不良品，所以航空公司这一航班的合格品率为 72.5%，大约为 2.1sigma。如果该航班的准点率达到 6sigma，意味着每一百万次飞行中仅有 3.4 次超过五点半到达，如果该航班每天运行一次，这相当于每 805 年才出现一次晚点到达的现象。所以 6sigma 的业务流程几乎是完美的。对于制造性业务流程来说，6sigma 意味着每一百万次加工只有 3.4 个不良品。请注意，本书所指的 sigma 值是当平均值有 1.5sigma 漂移时的情形，在 6sigma 中这称为流程的长期 sigma 值。如表 7-6 所示，展示了 sigma 值与产品不良品率（DPPM）的关系。

表 7-6　流程的 sigma 值与产品不良品率（DPPM）的关系

不良品率	合格率（%）	sigma 值
3.4	99.99966	6
230	99.977	5
6200	99.38	4
66800	93.32	3

7.6.3　定义阶段

在定义阶段的工作流程如图 7-28 所示。

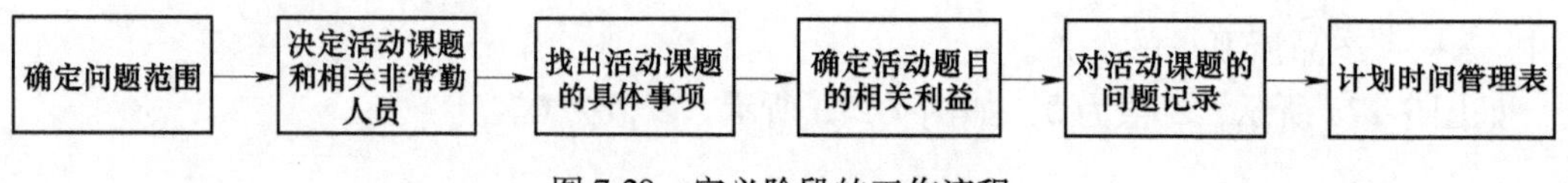

图 7-28　定义阶段的工作流程

1）确定问题范围。问题范围的确定可通过过程流程图、质量指标分解（Quality Function Deployment，QFD）、失效模式与影响分析（Failure Modes & Effects Analysis，FMEA）等手段进行分析得到。

2）决定活动课题和相关非常勤人员。即用逻辑树等方法展开问题后，找出最终区域，选定经验丰富的工程师来执行课题活动。

3）找出活动课题的具体事项。可通过头脑风暴、鱼骨图等手段找到活动课题的具体事项。

4）确定活动题目的相关利益。为保证达成，明确改善金额。

5）对活动课题的问题记录。在现象分析时，记录现在现象和所希望的现象。

6）计划时间管理表。通过分析把全部日程用具体的图表管理。

7.6.4　测量阶段

关于测量阶段（Measurement Systems Analysis，MSA），将从以下几个方面分别加以介绍。

1. 概述

测量系统是用来对被测特性定量测量或定性评价的仪器或量具、标准、操作、方法、夹具、软件、人员、环境的集合，用来获得测量结果的整个过程。测量系统分析是指用统计学的方法来了解测量系统中的各个波动源，以及它们对测量结果的影响，最后给出测量系统是否合乎使用要求的明确判断。

测量系统分析的目的是为了确保收集的信息能真实反映整个过程，即确保收集到的数据质量可靠。

2. 测量变差

测量系统的变差的组成部分如下：

1）准确性。偏倚，多次测量结果均值与基准值之间的偏差（偏倚、线性、稳定性）。

2）精确性。波动，多次重复测量结果的分散程度（重复性、再现性）。

3. 执行测量系统分析

（1）测量系统分析的前提条件

1）测量系统必须具有足够的分辨率——1/10 原则（公差/过程变差）。

2）测量过程必须统计稳定。

（2）变量数据的测量系统分析

测量系统能力判别标准见表 7-7。

表 7-7　测量系统能力判别标准

（P/TV 且 P/T）≤10%	测量系统能力很好
10%<（P/TV 或 P/T）≤30%	测量系统能力处于临界状态
（P/TV 或 P/T）>30%	测量系统能力不足，必须进行改进

其中，P/TV 表示测量系统重复性和再现性合成评估值 R&R 与过程总波动 TV 之比：

$$P/TV=\frac{R\&R}{TV}\times 100\% \tag{7-10}$$

P/T 表示测量系统重复性和再现性合成评估值 R&R 与被测对象质量特性容差之比：

$$P/T=\frac{R\&R}{USL-LSL}\times 100\% \tag{7-11}$$

（3）特性数据的测量系统分析

特性数据的测量系统分析，需从以下四个方面去度量：

1）操作者自身的一致性（考察重复性）。

2）操作者之间的一致性（考察再现性）。

3）操作者与标准的一致性（考察正确性）。

4）总体一致性（考察测量系统有效性）。

特性数据测量系统判断标准见表7-8。

表7-8 特性数据测量系统判断标准

Kappa值	测量系统能力
Kappa≥0.9	测量系统能力良好
0.7≤Kappa<0.9	测量系统能力可接受
Kappa<0.7	测量系统能力不足，不可接受

7.6.5 分析阶段

在分析阶段主要是利用各种分析手段，对各个影响因素进行数据收集，然后进行数据处理和数据分析，找到问题的关键影响因子。主要的分析方法有：过程能力计算、假设实验、箱线图等。在此对数据的过程能力计算加以介绍。

1. 计数型过程能力指标

(1) 计数型数据能力分析PPM

每百万个产品有多少个不合格品（Parts Per Million，PPM），强调的是不合格品（缺陷件）。计算公式如下：

$$\text{PPM}=\frac{\text{不合格的产品数}}{\text{被检验的产品总数}}\times 100\% \tag{7-12}$$

(2) 计数型数据能力分析DPU

单位产品缺陷数（Defects Per Unit，DPU），强调的是缺陷。计算公式如下：

$$\text{DPU}=\frac{\text{被检验产品的总缺陷数}}{\text{被检验的产品总数}}\times 100\% \tag{7-13}$$

(3) 计数型数据能力分析DPMO

每百万产品机会缺陷数（Defects Per Million Opportunities，DPMO）。计算公式如下：

$$\text{DPMO}=\frac{\text{总的缺陷}(D)}{\text{总单元数}(N)\times\text{每个单元机会数}(O)}\times 1000000 \tag{7-14}$$

2. 变量性数据的过程能力计算

1）过程能力指数（Complex Process Capability Index，常用CP或CPK表示），指针对统计受控过程的固有变差的6σ宽度，代表受控成功的最佳表现，主要由普通原因变差决定。

过程能力分析的前提是：首先只有在过程稳定并且统计受控的情况下才可以计算出过程能力。如果过程不稳定且不统计受控，过程能力是没有意义的。其次，过程必须符合正态分布。最后，规范必须基于顾客要求，且要有足够多的样本，一般推荐至少125个数据。

其中正态检验可以用柱状图、正态概率图等多种工具检验是否满足正态分布。

2）过程总波动（Performance Process Index，常用PP或PPK表示），指过程总变差的6σ宽度，是过程总的输出与顾客要求的关系，其中σ通常通过过程总标准差估计，不考虑过程变差是组内的还是组间的。

可借助软件，如minitab对变量性数据的过程能力进行计算。如图7-29所示为基于minitab的某零件垂直度的过程能力计算。

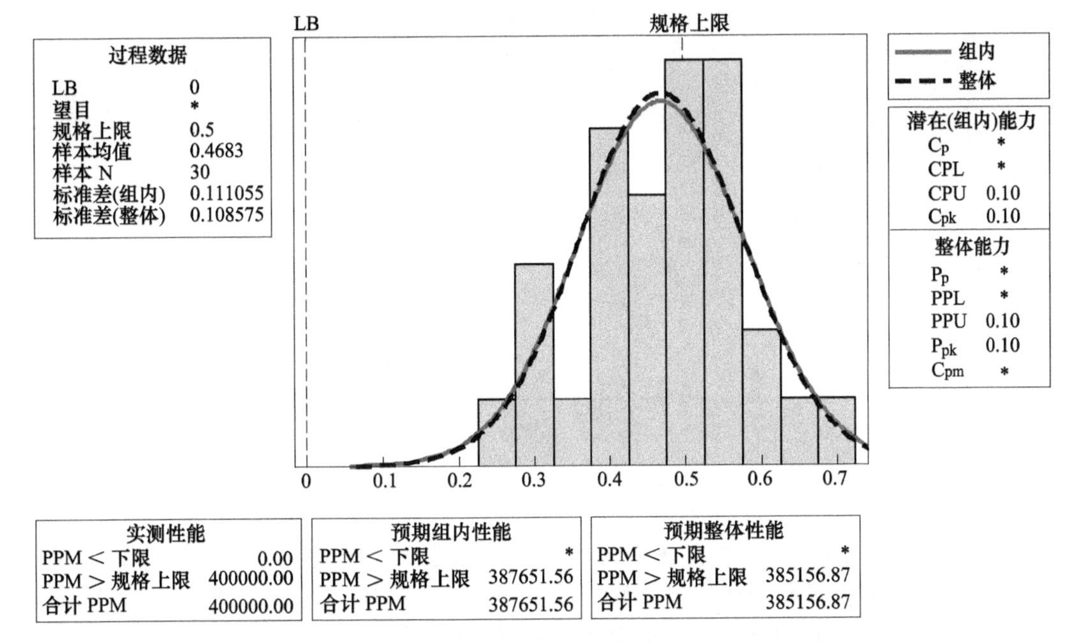

图 7-29　基于 minitab 的某零件垂直度的过程能力计算

7.6.6　改进阶段

改进阶段主要通过分解阶段提出的关键影响因子，提出对应的解决措施，对原问题加以改进和提升。并利用各类分析工具对改进后的数据进行收集和分析。通过比较改进前后的过程能力的各项指标，评估改进是否有效。例如，采用相关分析和回归分析工具，可针对性地检验关键影响因子是否与输出具有线性关系，如果有，则可利用回归分析得到线性函数，从而帮助改进问题。

相关分析用来衡量变量间线性相关的密切程度，回归分析用来定量给出变量间的变化规律，提供变量相关关系的经验公式（回归方程），判断回归方程的有效性。

【例 7-1】　某团队在分析产品加工温度与量产之间的关系时，收集了表 7-9 所示数据。

表 7-9　例 7-1 数据

序号	1	2	3	4	5	6	7	8	9	10
温度 X	2	6	8	8	12	16	20	20	22	26
产量 Y	58	105	88	118	117	137	157	169	149	202

试分析产量 Y 是否与温度 X 相关，如果有关，存在怎样的关系？

解：同样的，可利用 minitab 软件对温度 X 和产量 Y 进行散点图绘制，通过散点图大致了解两个变量之间是否可能存在相关关系，如图 7-30 所示。

从散点图可以看出，温度 X 和产量 Y 存在一定的线性关系。另一方面，也可以利用相关性分析进行量化，确定是否相关，即可对两个变量的数据进行相关系数 r 的计算，评价标准是：

1）$r>0$ 时两个变量之间具有正相关；$r<0$ 时，两个自变量之间具有负相关。

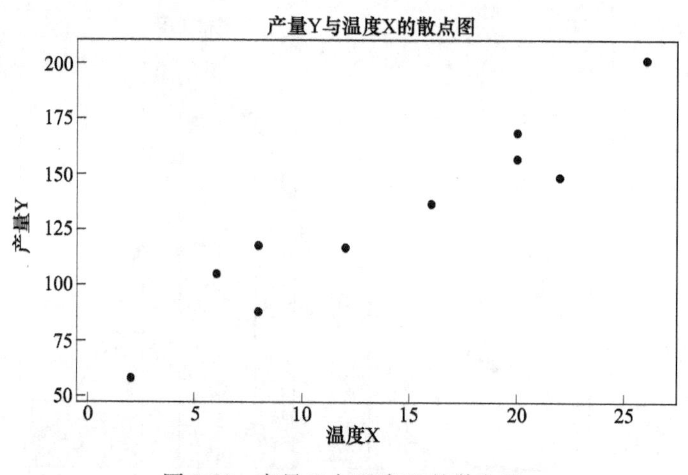

图 7-30　产量 Y 与温度 X 的散点图

2）$|r|$越大，说明两变量之间关系越密切；$|r|$很小时，则变量之间无线性相关关系。

3）判断样本相关系数与样本量有密切的关系，一般来说，当样本量≥9 时，只要相关系数绝对值达到 0.7，可以认为两个变量间是确定线性相关的。

4）当样本量超过 25 时，只要相关系数绝对值达到 0.4，可以认为两变量间确定是线性相关的。

例如，对于上面给出的例子，同样借助软件计算出产量和温度的相关系数为 0.95，因此产量和温度确定具有线性相关性。在确定二者具有线性相关性后，就可利用一元的线性回归分析，得到拟合线图，如图 7-31 所示。

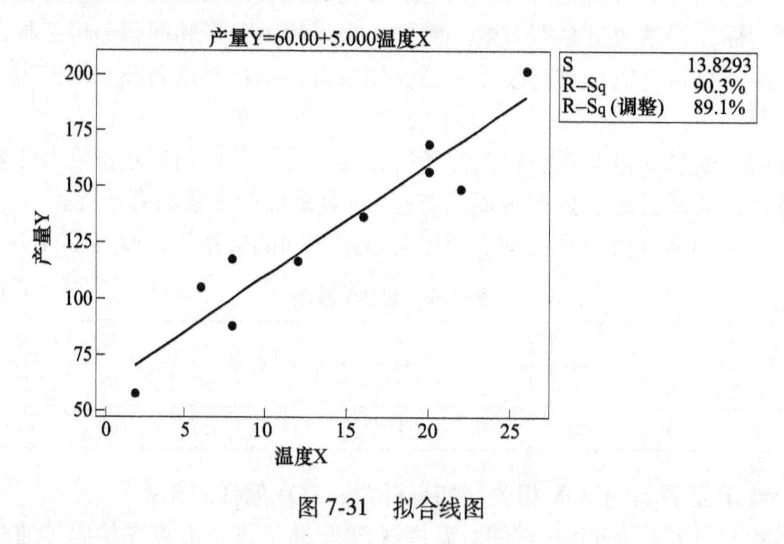

图 7-31　拟合线图

7.6.7　控制阶段

在完成原因分析和措施改进之后，需要对制造过程进行全面的状态监测，以避免类似的故障或问题再次发生，造成经济损失甚至威胁人身安全。控制阶段可采用的方法也是多种多样的，最为常用的是作为七大质量工具之一的控制图。下面对控制图在控制阶段的应用加以介绍。

1. 控制图的基本概念

(1) 控制图的定义及作用

控制图又叫管理图，是用来区分由异常原因引起的波动，或是由过程固有的随机原因引起的偶然波动的一种工具。控制图的作用如下：

1) 在质量诊断方面，可以用来度量过程的稳定性，即过程是否处于统计控制状态。

2) 在质量控制方面，可以用来确定什么时候需要对过程加以调整，什么时候则需使过程保持相应的稳定状态。

3) 在质量改进方面，可以用来确认某过程是否得到了改进。

(2) 控制图的基本构成

控制图的基本构成如图 7-32 所示，具体构成如下：

1) 以随时间推移而变动着的样品号为横坐标，以质量特性值或其统计量为纵坐标。

2) 三条具有统计意义的控制线：上控制线 UCL、中心线 CL、下控制线 LCL。

3) 一条质量特性值或其统计量的波动曲线。

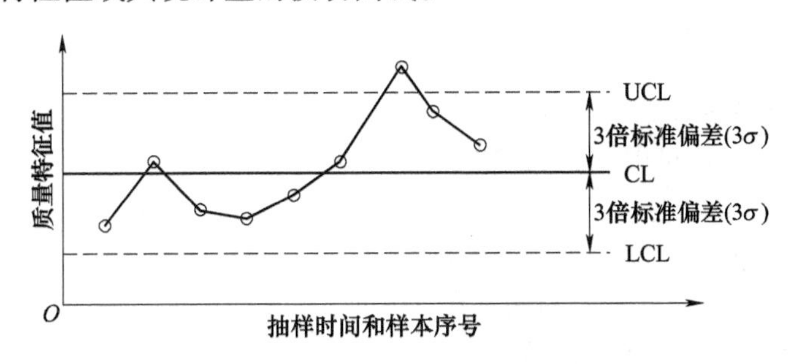

图 7-32 控制图的基本构成

(3) 控制图的分类

控制图的种类很多，一般按数据的性质分为计量值控制图、计数值控制图两大类，见表 7-10。

表 7-10 控制图的分类

类别	名　称	控制图符号	特点	适用场合
计量值控制图	平均值-极差控制图	$\bar{X}-R$	最常用，判断工序是否正常的效果好，但计算工作量很大	适用于产品批量较大的工序
	中位数-极差控制图	$\tilde{X}-R$	计算简便，但效果较差	适用于产品批量较大的工序
	单值-移动极差控制图	$X-R_s$	简便省事，并能及时判断工序是否处于稳定状态。缺点是不易发现工序分布中心的变化	因各种原因（时间、费用等）每次只能得到一个数据或希望尽快发现并消除异常原因
计数值控制图	不合格品数控制图	P_n	较常用，计算简单，操作工人易于理解	样本容量相等
	不合格品率控制图	P	计算量大，控制线凹凸不平	样本容量不等
	缺陷数控制图	c	较常用，计算简单，操作工人易于理解	样本容量相等
	单位缺陷数控制图	u	计算量大，控制线凹凸不平	样本容量不等

2. 应用控制图的步骤

1）选择控制图拟控制的质量特性，如重量、不合格品数等。

2）选用合适的控制图种类。

3）确定样本容量和抽样间隔。

4）收集并记录至少 20~25 个样本的数据，或使用以前所记录的数据。

5）计算各个样本的统计量，如样本平均值、样本极差、样本标准差等。

6）计算各统计量的控制界限。

7）绘制控制图并标出各样本的统计量。

8）研究在控制线以外的点和在控制线内排列有缺陷的点，并标明异常（特殊）原因的状态。

9）决定下一步的行动。

3. 控制图的判断标准

（1）控制图的判稳原则

1）连续 25 点在控制线内。

2）连续 35 点最多有 1 点出界。

3）连续 100 点最多有 2 点出界。

满足上面任意一点都可以判定为稳态。

（2）控制图的判异原则

对控制图最常用的是以下八大判异原则：

1）距中心线大于 3 个标准差的任一点。

2）连续 9 个点在中心线的同一侧。

3）连续 6 个点全部递增或递减。

4）连续 14 个点上下交错。

5）3 个点中有 2 个点距中心线（同侧）大于 2 个标准差。

6）5 个点中有 4 个点距中心线（同侧）大于 1 个标准差。

7）连续 15 个点距中心线（任一侧）1 个标准差之内。

8）连续 8 个点距中心线（任一侧）大于 1 个标准差。

思考题与习题

1. 简述故障树的基本原理。
2. 上行法和下行法的工作步骤分别是什么？
3. 单层神经网络的特点是什么？
4. 两层神经网络中，输入、输出、权值和激发函数之间的关系是什么（用矩阵形式描述）？
5. 计算机自动监测和诊断系统一般包含哪几个部分？
6. 简述 6sigma 在现代企业生产和管理中的重要作用。
7. 4sigma 水平代表什么意思？
8. 在测量阶段如何分别评判变量型数据和计数型数据的测量系统是否合格？
9. 试述 CPK、CP、PPK、PP 几个参数的含义及关系。
10. 在控制阶段，若采用控制图进行控制，如何判断过程有异常情况？

参 考 文 献

[1] 文怀兴，夏田. 数控机床系统设计［M］. 北京：化学工业出版社，2011.
[2] 龚仲华. 现代数控机床设计典例［M］. 北京：机械工业出版社，2014.
[3] 林宋，张超英，陈世乐. 现代数控机床［M］. 北京：化学工业出版社，2011.
[4] 王凤平，许毅. 金属切削机床与数控机床［M］. 北京：清华大学出版社，2009.
[5] 关慧贞. 机械制造装备设计［M］. 北京：机械工业出版社，2014.
[6] 李强，闫洪波，杨建鸣. 虚拟轴并联机床研究的发展、关键技术及趋势［J］. 组合机床与自动化加工技术，2006（8）：1-4.
[7] 熊有伦，等. 机器人学建模、控制与视觉［M］. 武汉：华中科技大学出版社，2018.
[8] 李慧，等. 工业机器人及零部件结构设计［M］. 北京：化学工业出版社，2016.
[9] 赵鹏. 机器视觉理论及应用［M］. 北京：电子工业出版社，2011.
[10] 邵欣，等. 机器视觉与传感器技术［M］. 北京：北京航空航天大学出版社，2017.
[11] 徐元昌. 工业机器人［M］. 北京：中国轻工业出版社，1999.
[12] 兰虎. 工业机器人技术及应用［M］. 北京：机械工业出版社，2014.
[13] 裴洲奇. 工业机器人技术应用——项目化教程［M］. 西安：西安电子科技大学出版社，2019.
[14] 郭洪红. 工业机器人技术［M］. 西安：西安电子科技大学出版社，2014.
[15] 李瑞峰，等. 工业机器人技术［M］. 北京：清华大学出版社，2019.
[16] 赵建伟. 机器人系统设计及其应用技术［M］. 北京：清华大学出版社，2017.
[17] MILAN S. 图像处理、分析与机器视觉［M］. 北京：清华大学出版社，2018.
[18] 汤平. 传感器技术及应用［M］. 北京：电子工业出版社，2019.
[19] 王庆有，等. 图像传感器应用技术［M］. 北京：电子工业出版社，2019.
[20] 王永德，王军. 随机信号分析基础［M］. 北京：电子工业出版社，2013.
[21] 钟秉林，黄仁. 机械故障诊断学［M］. 北京：机械工业出版社，2006.
[22] 王全先. 机械设备故障诊断技术［M］. 武汉：华中科技大学出版社，2013.
[23] 邹新元，李录平，刘林辉. 分形几何在旋转机械故障诊断中的应用［J］. 电站系统工程，2000（1）：52-54.
[24] 李富平，蔡秀云，马国远. 分形理论及其在旋转机械故障诊断中的应用［J］. 流体机械，1998（4）：35-37.
[25] 蒋东翔，黄文虎，徐世昌. 分形几何及其在旋转机械故障诊断中的应用［J］. 哈尔滨工业大学学报，1996（2）：27-31.
[26] 王明亮. 神经网络浅讲：从神经元到深度学习［EB/OL］.（2015-12-31）. https：//www. cnblogs. com/subconscious/p/5058741. html.
[27] 陈明. MATLAB 神经网络原理与实例精解［M］. 北京：清华大学出版社，2013.
[28] 陈雯柏. 人工神经网络原理与实践［M］. 西安：西安电子科技大学出版社，2016.
[29] 文放怀，张驰. 6Sigma 品质管理：方法工具策略［M］. 深圳：海天出版社，2001.
[30] 钟朝嵩. 6Sigma 实践法［M］. 上海：复旦大学出版社，2008.

参考文献